21 世纪全国高等职业教育规划教材

机 械 设 计 基 础
JIXIE SHEJI JICHU

主 编　金崇源　陈凤英　刘长志

副主编　曹　锋　刘绍力　杨春媛

主 审　高　敏

U0350841

大连理工大学出版社

图书在版编目(CIP)数据

机械设计基础 / 金崇源，陈凤英，刘长志主编. —
大连 ：大连理工大学出版社，2014.6
ISBN 978-7-5611-9175-0

Ⅰ. ①机… Ⅱ. ①金… ②陈… ③刘… Ⅲ. ①机械设
计—高等学校—教材 Ⅳ. ①TH122

中国版本图书馆 CIP 数据核字(2014)第 105787 号

大连理工大学出版社出版

地址:大连市软件园路 80 号　邮政编码:116023
发行:0411-84708842　邮购:0411-84703636　传真:0411-84701466
E-mail:dutp@dutp.cn　URL:http://www.dutp.cn

大连美跃彩色印刷有限公司印刷　　大连理工大学出版社发行

幅面尺寸:185mm×260mm　　印张:21.25　　字数:500 千字
2014 年 6 月第 1 版　　2014 年 6 月第 1 次印刷

责任编辑:邵　婉　　　　　　　　责任校对:齐　跃
封面设计:波　朗

ISBN 978-7-5611-9175-0　　　　　　定　价:38.00 元

前　言

　　机械设计基础是高职高专院校中机械类和近机械类专业的一门重要的技术基础课。本教材根据人才培养目标的要求,从工程实际出发,重点放在工程应用中的基本知识、分析问题的思路和解决问题的方法上,并通过一定的例题细致讲解,力求达到使读者能够较快地掌握该课程的主要知识点并能灵活运用的目的。课程内容兼顾电气和仪表类专业的特点,拓宽基础知识的范围。教材在编写过程中始终贯彻"够用为度"的方针来安排相关内容,使学生在学习时能够正确处理好知识的广度和深度,强调理论知识与工程实践的关系。

　　本教材的内容涵盖了理论力学、材料力学、机械原理和机械零件等课程的主要知识,并按机械设计这条主线对课程内容进行了复合、衔接和综合,使其有机地串联起来,成为一门完整、系统的综合课程。

　　本书可以满足80~120学时的教学需要,在教学时各专业可根据教学要求,对相关章节进行取舍。

　　参加本书编写的有:金崇源、陈凤英、刘长志、杨春媛、刘海影、刘绍力、刘珂茭、董少峥、赵颖、陈致欣、王纯杰、曹锋。本书由金崇源、陈凤英、刘长志担任主编,曹锋、刘绍力、杨春媛任副主编,高敏担任本书主审。

　　在本书编写过程中,苑坤文、金宝辉、隋继坤等同志给予了大力支持和帮助,在此表示衷心感谢。

　　由于编者水平有限,书中缺点、错误在所难免,恳请广大读者和同行批评指正。

编　者

2014 年 5 月

目　录

绪　论

导学导读

　　主要内容：本课程的研究对象、性质及任务；本课程的基本要求和学习方法；机械设计的基本要求和一般程序。

　　学习目的与要求：了解机械的组成以及机器、机构、机械的联系与区别；明确本课程的研究对象、性质、任务以及本课程的基本要求和学习方法；了解机械设计的基本要求和一般程序。

§0-1　本课程研究的对象和内容

　　人类通过长期的生产实践，创造和发展了机器。在现代生产和日常生活中，经常见到的电动机、内燃机、汽车、轮船、飞机、起重机、各种机床以及缝纫机、洗衣机等都是机器。

　　机器的类型很多，用途也各不相同，但仔细分析，可以发现它们都有共同的特征。

　　如图 0-1 所示的单缸四行程内燃机，它是由气缸体 1、活塞 2、进气阀 3、排气阀 4、连杆 5、曲轴 6、凸轮 7、顶杆 8、齿轮 9 和 10 等组成。燃气推动活塞作往复移动，经连杆转变为曲轴的连续转动。凸轮和顶杆是用来启闭进气阀和排气阀的。为了保证曲轴每转两周进、排气阀各启闭一次，在曲轴和凸轮轴之间安装了齿轮，齿数比为 1：2。这样，当燃气推动活塞运动时，进、排气阀有规律地启闭，就把燃气的热能转换为曲轴转动的机械能。又如发电机主要是由转子（电枢）和定子所组成，当驱动转子回转时，发电机就把机械能转换为电能。再如洗衣机是由电动机经带传动使叶轮回转，搅动洗涤液来进行工作的。从以上三个例子可以看出，机器具有下列特征：

　　（1）它们是人为的实物组合；

　　（2）它们各部分之间具有确定的相对运动；

　　（3）它们用来代替或减轻人类的劳动去完成有用的机械功（如起重机、金属切削机床和洗衣机）或进行能量转换（如内燃机、发电机）。

　　通过对不同机器的分析可见，一台完整的机器都由四部分组成：

　　（1）原动机　是用来接受外界能源，驱动整个机器完成预定功能的部分，例如，电动机、内燃机等。

　　（2）传动部分　是用来转换运动形式、运动参数以及动力参数的部分。利用它可以实现减速、增速、改变转矩、变换运动形式，以满足执行部分的各种要求。

（3）执行部分（又称工作部分）　是用来直接完成工作任务的部分，例如，起重机的吊钩、车床的刀架等。

（4）控制部分　是用来实现机器控制的部分。一些自动化程度较高的机械，往往还有操作系统、控制系统和信息处理与信息传递系统，如数控机床等。

要研究机械，首先要了解几个基本概念。

（1）零件：零件是机械制造的最小单元。机械中的零件分为两类：通用零件和专用零件。通用零件是指在各类机器中经常用到的尺寸一般、使用频率高、普通工作环境下的零件，如螺栓、轴、齿轮等；专用零件只出现在某些机械中，如曲轴、活塞、叶轮等。

（2）构件：构件是机械运动的最小单元。它由一个或一个以上的零件组成。构件按其运动特性可分为固定构件（或机架）、原动件和从动件三大类。原动件和从动件又统称活动构件，如图 0-2 所示内燃机的连杆就是由连杆体 1、连杆盖 4、螺栓 2 以及螺母 3 等几个零件组成。这些零件形成一个整体而进行运动，所以称为一个构件。由此可知，构件是运动的单元，而零件是制造的单元，一个构件可以由一个零件构成，也可以由若干个零件刚性连接而成。构件只需要位置尺寸即可完整描述，而零件还需要形状尺寸才能确定。

（3）部件：部件是装配的最小单元，如减速器、离合器、滚动轴承等。

（4）机构：机构是具有确定相对运动的人为实体组合，具有确定的机械运动，它可以用来传递和转换运动。机构关注的是各实体之间的运动关系，而不注重实体的形状尺寸，它只具备机器的前两个特征。机构按运动传递特征可分为连杆机构、凸轮机构、齿轮机构、螺旋机构等，按运动性质可分为平面机构和空间机构。

（5）机械：一般情况下，在不强调研究对象的运动关系和结构关系时，把机构或机器统称为机械。机械按用途可分为加工机械、化工机械、食品机械、办公机械、运输机械等多种类型。

本课程主要研究机械中的常用机构和通用零件的工作原理、结构特点、基本的设计理论和计算方法。

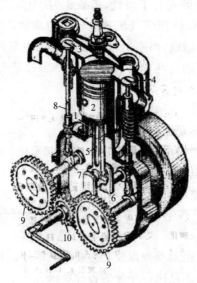 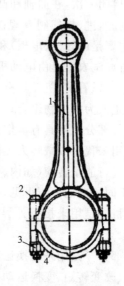

图 0-1　内燃机　　　　　　图 0-2　连杆

本书根据专业教学的需要，将理论力学基础知识、材料力学基本知识、机械原理与机械零件等课程内容有机地结合起来,着重研究机械中的常用机构及机器运动学的基本知识,研究常用的连接(如螺纹连接、键连接等),机械传动(如带传动、链传动、齿轮传动和蜗杆传动等),轴系零、部件(如轴、轴承、联轴器)和弹簧等,并扼要介绍国家标准和有关规范。这些常用机构和通用零件的工作原理、设计理论和计算方法,对于专用机械和专用零件的设计也具有一定的指导意义。

随着科学技术的发展和计算机的广泛应用,出现了一些新的机械设计方法。例如,用优化方法寻求最佳设计方案;用有限元法对强度、刚度、润滑、传热问题进行有效值计算;用可靠性设计精确评定机械零件的强度和寿命等。这些新的设计方法,目前已在我国高等学校单独设课讲授,故不包括在本课程之中。

§0-2　本课程的性质、任务及其在教学中的地位

随着现代机械化生产规模的发展,在机械制造、汽车制造、船舶制造,在动力、采矿、冶金、石油、化工、建筑、轻纺、食品工业及医疗器械等各行业工作的工程技术人员,将会接触到各种类型的通用和专用机械,他们应当具备一定的机械设计基本知识。因此本课程是工科高职院校的一门重要的专业基础课。

本课程将为有关专业学生学习专业机械设备课程提供必要的理论基础。

本课程将使从事工艺、设备和管理的技术人员,在了解各种原理、正确使用设备方面获得必要的基本知识。

通过本课程的学习和课程设计实践,可以培养学生初步设计能力,具备运用工具书设计机械传动装置和简单机械的能力,为日后从事技术革新、设备管理和设备改造创造条件。

机械设计是许多理论和实际知识的综合运用。本课程的先修课程主要是数学、物理、机械制图、金属工艺学及公差与技术测量等。

§0-3　本课程的学习特点

学习各门课程都应讲究方法,本课程学习时,除了应当遵循共同的学习方法以外,还应掌握本课程在学习方法方面的特点。

一、理论力学基础知识的学习特点

理论力学基础知识主要研究处于平衡状态时的受力情况和各力之间的关系,相关内容属于理论力学的静力学部分,要求学生了解空间力系的基本概念,掌握平面构件受力分析的基本知识和基本方法,熟悉平面力系受力分析和平衡计算。

二、材料力学基础知识的学习特点

材料力学基础知识主要研究机器或构件的安全性问题,要求学生掌握构件强度、刚

度、稳定性的概念,理解变形固体基本假设的意义和作用,会区分构件变形的基本形式。熟悉材料在拉伸和压缩时的机械性能指标,以及许用应力和安全系数的意义。熟悉构件基本变形形式下外力、内力、应力、变形、强度的计算方法。

三、机械原理部分的学习特点

机器和机构的主要特征是各个构件相互间都在做确定的运动,所以必须用动的观点(即各个构件时刻都在运动)来观察机构的运动特点和规律,这就要求弄清其结构简图及运动简图。

机械原理中常用图解法解题。图解法的特点是直观、简明、迅速,但图解结果的准确性取决于作图者的技巧和认真程度。所以学生作图,必须图面清晰、线条准确,并从中树立起严谨、求实的工作作风。

四、机械零件部分的学习特点

机械零件涉及的知识较多。学习时,应围绕通用零件的工作原理、结构特点、基本的设计理论和计算方法,综合应用先修课程的知识,去选择或设计出合适的零件。就是说,要以零件为中心进行学习。这样,可以避免堆砌知识所引起的杂乱、繁琐的感觉;也可以避免纠缠理论来源、公式推导,造成本末倒置、抓不住关键的偏向。

五、重视实践、努力创造

在本课程学到的理论和方法,必须通过实践环节加以巩固和提高,习题、实训、设计作业和课程设计都是不同层次的实践性环节,必须循序渐进认真完成,从而逐步提高分析问题和解决实际问题的能力。

本课程有着丰富的内容,也就有着广阔的创造机会。纵观本门学科发展概况:四杆机构发展为多杆机构;基本机构发展为组合机构;综合齿轮和带的特征,创造了齿形带;综合铆钉与螺纹的特征,创造了铆接螺钉等,这些都给我们很大的启发。但这些创造都是在掌握基本内容的基础上实现的。

总之,我们应该辩证地对待理论和实践、继承与创造之间的关系。

第1章 静力学基础知识

导学导读

主要内容:静力分析基础、平面力系的简化与平衡和空间力系的简介。

学习目的与要求:通过本章的学习,要求了解空间力系的基本概念,掌握平面构件受力分析的基本知识和基本方法,熟悉平面力系受力分析和平衡计算。

重点与难点:力、力偶、约束的基本概念;平面力系的受力分析和受力图的绘制;平面平衡力系受力分析和计算。

§1-1 静力学的基本概念

一、力的概念

力是物体间的相互机械作用。这种机械作用使物体的运动状态或形状尺寸发生改变。力对物体的效应取决于力的大小、方向和作用点,这三个因素称为力的三要素。

力是一个既有大小又有方向的物理量,称为力矢量。如图 1-1 所示,力可用一条有向线段表示,线段的长度(按一定比例尺)表示力的大小;线段的方位和箭头表示力的方向;线段的起始点(或终点)表示力的作用点,力的国际单位为牛[顿](N)。

若干个力组成的系统称为力系。如果一个力系与另一个力系对物体的作用效应相同,则这两个力系互称为等效力系。若一个力与一个力系等效,则称这个力为该力系的合力,而该力系中的各力称为这个力的分力。已知分力求其合力的过程称为力的合成,已知合力求其分力的过程称为力的分解。

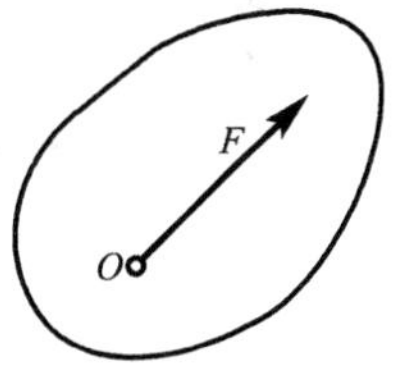

图 1-1 力矢量

二、平衡与刚体的概念

平衡是指物体相对于地球处于静止或匀速直线运动的状态。若一力系使物体处于平衡状态,则该力系称为平衡力系。

静力学研究的物体都被认为是刚体。所谓刚体,是指在外力作用下,大小和形状保持不变的物体。这是一个理想化的力学模型,事实上是不存在的。实际物体在力的作用下,都会产生程度不同的变形。但微小变形对所研究物体的平衡问题不起主要作用,可以忽略不计,这样可以使问题的研究大为简化。

§1-2 力的基本性质

静力学公理是静力学研究与分析的基础。

公理1　二力平衡公理

作用在刚体上的两个力,使刚体保持平衡的充分必要条件是:这两个力大小相等,方向相反,且作用在同一直线上。

对于变形体而言,二力平衡公理只是必要条件,但不是充分条件。例如:在绳索两端施加一对等值、反向、共线的拉力时可以平衡,但受到一对等值、反向、共线的压力时就不能平衡了。

公理2　加减平衡力系公理

在已知力系上加上或者减去任意平衡力系,并不改变原力系对刚体的作用。

推论1　力的可传性原理:作用在刚体上某点的力,可以沿着它的作用线移动到刚体内任意一点,并不改变该力对刚体的作用效应。

如图1-2所示的小车,在 A 点的作用力 **F** 和在 B 点的作用力 **F** 对小车的作用效果是相同的。

公理3　力的平行四边形公理

作用于物体上某一点的两个力,可以合成为一个合力,其作用点也在该点,合力的大小和方向由两已知力所构成的平行四边形的对角线确定,如图1-3所示。力的合成法则可写成矢量式:$F = F_1 + F_2$。

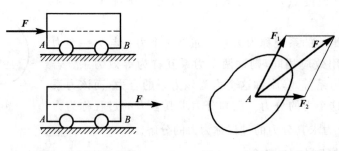

图1-2　力的可传性　　　　图1-3　力的平行四边形公理

推论2　三力平衡汇交原理:作用在刚体上三个相互平衡的力,若其中两个力的作用线汇交于一点,则第三个力的作用线通过汇交点。

公理4　作用与反作用公理

两物体间的作用力与反作用力总是同时存在,且大小相等、方向相反、沿同一条直线,分别作用在这两个物体上。

§1-3　工程中常见的约束

一、约束和约束反力的概念

凡在空间的位置不受任何限制,可以做任意运动的物体称为自由体,如在空间飞行的飞机、炮弹和火箭等。凡是因为受到周围其他物体的限制而不能做任意运动的物体称为非自由体,如机车、机床的刀具等。

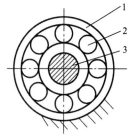

凡是能限制某些物体运动的其他物体,称为约束。如铁轨对于机车、轴承对于电动机转子、机床刀夹对于刀具等,都是约束。约束对非自由体的作用实质上就是力的作用,这种力称为约束反力,简称反力。反力的作用点是约束与非自由体的接触点。反力的方向总是与该约束所能限制的运动方

图 1-4　向心滚动轴承

向相反。图 1-4 所示为一向心滚动轴承,其外圈 1(一般固定在机架上,构成固定件)通过滚动体 2 构成对轴 3(与内圈连接为一体,成为活动件)的约束。

二、约束的基本类型

1. 柔性约束

由柔软的绳索、链条、皮带等构成的约束称为柔性约束。它们只能受拉不能受压,约束反力方向沿中心线背离被约束物体。如图 1-5 所示线绳上的约束反力为 F_1。

2. 光滑面约束

如果两个物体接触面之间的摩擦力很小,可忽略不计,两个物体之间构成光滑面约束。这种约束只能限制物体沿着接触点朝着垂直于接触面方向的运动,而不能限制其他方向的运动。因此,光滑接触面约束反力的方向垂直于接触面或接触点的公切线,并通过接触点指向物体,如图 1-6 所示。

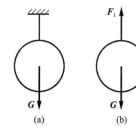

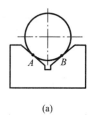

图 1-5 柔性约束

图 1-6　光滑面约束

3. 光滑铰链约束

物体经圆柱铰链连接所形成的约束。如图 1-7 所示圆柱铰链是由两个端部带圆孔的杆件,用一个销轴连接而成。受约束的物体只能绕销轴相对转动。

铰链约束分类:这类约束有连接铰链、固定铰链支座、活动铰链支座等。

（1）连接铰链（中间铰链）　两构件用圆柱形销钉连接且均不固定，即构成连接铰链，其约束反力用两个正交的分力表示，如图 1-7 所示。

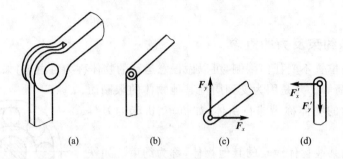

(a)　(b)　(c)　(d)

图 1-7　连接铰链

（2）固定铰链支座　如果连接铰链中有一个构件与地基或机架相连，便构成固定铰链支座，其约束反力仍用两个正交的分力表示，如图 1-8 所示。

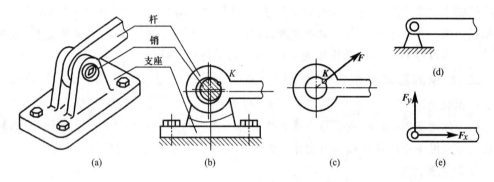

(a)　(b)　(c)　(d)　(e)

图 1-8　固定铰链支座

（3）活动铰链支座　在桥梁、屋架等工程结构中经常采用这种约束。在铰链支座的底部安装一排滚轮，可使支座沿固定支承面移动，这种支座的约束性质与光滑面约束反力相同，其约束反力必垂直于支承面，且通过铰链中心，如图 1-9 所示

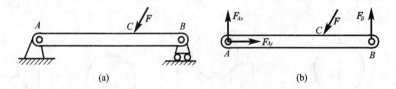

(a)　(b)

图 1-9　活动铰链支座

三、物体受力分析和受力图

首先来了解什么是受力图。为了清晰地分析与表示构件的受力情况，要将研究的构件（研究对象）从与它发生联系的周围物体中分离出来，把作用于其上的全部外力（包括已知的主动力和未知的约束反力）都表示出来。这样作成的表示物体受力情况的简图即为受力图。

1．研究对象

所研究的物体称为研究对象。

2．分离体

解除约束后的物体称为分离体。

3．受力图

在分离体上画上它所受的全部主动力和约束反力的图称为受力图。

【例 1-1】 如图 1-10(a)所示，均质球重 G，用绳系住，并靠于光滑的斜面上。试分析球的受力情况，并画出受力图。

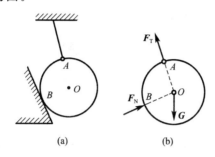

图 1-10 球的受力图

解 (1)研究对象 确定球为研究对象。

(2)画出主动力 G，约束反作用力 F_T 和 F_N，如图 1-10(b)所示。

注：满足三力平衡汇交原理。

【例 1-2】 如图 1-11(a)所示匀质杆 AB，重量为 G，支于光滑的地面及墙角间，并用水平绳 DE 系住。试画出杆 AB 的受力图。

解 (1)研究对象 确定杆 AB 为研究对象。

(2)画出主动力 G，三个约束反作用力 F_{NA}、F_{TD} 和 F_{NC}，如图 1-11(b)所示。

由以上两例可以归纳画受力图的步骤是：

(1)简化结构，画结构简图。

(2)选择研究对象，画出作用在其上的全部主动力。

(3)根据约束性质，画出作用于研究对象上的约束反力。

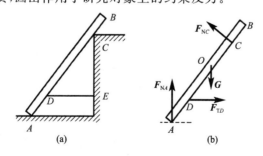

图 1-11 杆 AB 的受力图

§1-4 平面汇交力系合成与平衡:几何法

各力作用线均在同一平面内的力系,称为平面力系。若平面力系中的各力作用线都汇交于一点,则称平面汇交力系。平面汇交力系是力系中较简单的一种。

1. 力的三角形法则

设有两个力作用于某刚体的一点 F,则其合力可由三角形法则确定。三角形法则的实质是力的四边形法则的另一种表达方式,如图 1-12 所示。

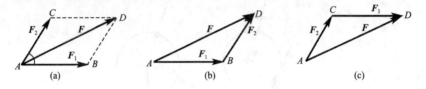

图 1-12 力的三角形法则

如图 1-12(b)、图 1-12(c)所示,其方法是自任意点 A 先画出一力矢 F_1。然后再由 F_1 的终点画一力矢 F_2,最后由 A 点至力矢 F_2 的终点画一力矢 F,它代表 F_1、F_2 的合力。合力 F 也作用于该点 A。

2. 力的多边形法则

设作用在刚体上汇交于 O 点的力系 F_1、F_2、F_3 和 F_4 如图 1-13(a)所示,求其合力。首先将 F_1、F_2 两个力进行合成,将这两个力矢量的大小利用长度比例尺转换成长度单位,依原力矢量方向将两力矢量依次进行首尾相连,得折线 OF_1F_2,再由折线起点向折线终点作有向线段 F_{12},即将折线封闭,得合力 F_{12},有向线段 F_{12} 的大小为合力的大小,指向为合力的方向;同理,力 F_{12} 与 F_3 的合力为 F_{123},最后求得 F_{123} 与力 F_4 的合力 F_R,如图 1-13(b)所示。可以省略中间求合力的过程,将力矢量 F_1、F_2、F_3 和 F_4 依次首尾相连,得折线 $OF_1F_2F_3F_4$,由折线起点向折线终点作有向线段 OF_4,封闭边表示其力系合力的大小和方向,且合力的作用线通过汇交 O 点,多边形 $OF_1F_2F_3F_4$ 称为力的多边形,此法称为**力的多边形法则**。作图时力的顺序可以是任意的,但力的多边形的形状发生变化,并不影响合力的大小和方向,如图 1-13(c)所示。

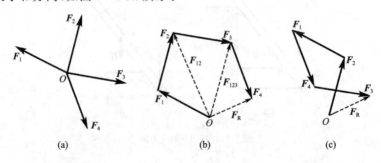

图 1-13 力的多边形法则

因平面汇交力系可用其合力来代替，所以，平面汇交力系平衡的充分必要条件是：该力系的合力等于零。用矢量式表示，即

$$F_R = F_1 + F_2 + \cdots + F_n = \Sigma F = 0 \tag{1-1}$$

平面汇交力系平衡的充分必要几何条件是：该力系的力多边形是自行封闭的。

【例 1-3】 一钢管放置在 V 形槽内，如图 1-14(a)所示，已知管重 $G=5$ kN，钢管与槽面间的摩擦不计，求槽面对钢管的约束力。

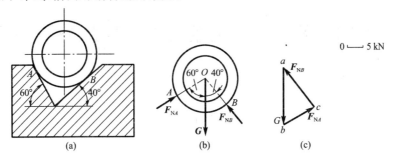

图 1-14　槽面对钢管的受力图

解　取钢管为研究对象，它所受到的主动力为重力 G 和约束力为 F_{NA} 和 F_{NB}，汇交于 O 点，如图 1-14(b)所示。

选比例尺，令 $ab=G$，$bc=F_{NA}$，$ca=F_{NB}$，将各力矢量按其方向进行依次首尾相连得封闭的三角形 abc，如图 1-14(c)所示。量取 bc 边和 ca 边的边长，按照比例尺转换成力的单位，则槽面对钢管的约束力为

$$F_{NA}=bc=3.26 \text{ kN}, F_{NB}=ca=4.40 \text{ kN}$$

另一解法，利用三角关系的正弦定理得

$$\frac{F_{NA}}{\sin 40°} = \frac{F_{NB}}{\sin 60°} = \frac{G}{\sin 80°}$$

则约束力为

$$F_{NA}=bc=3.26 \text{ kN}, F_{NB}=ca=4.40 \text{ kN}$$

§1-5　力的分解和力的投影

如图 1-15 所示，过 F 两端向坐标轴引垂线得垂足 a、b、a'、b'。线段 ab 和 $a'b'$ 分别为 F 在 x 轴和 y 轴上的投影的大小，投影的正负号规定为：从 a 到 b（或从 a' 到 b'）的指向与坐标轴正向相同为正，相反为负。F 在 x 轴和 y 轴上的投影分别记作 F_x、F_y，若已知 F 的大小及其与 x 轴所夹的锐角 α，则有

$$\left. \begin{array}{l} F_x = F\cos\alpha \\ F_y = -F\sin\alpha \end{array} \right\} \tag{1-2}$$

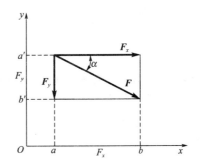

图 1-15　力在坐标轴上的投影

如将 F 沿坐标轴方向分解，所得分力 F_x、F_y 的值与同轴上的投影 F_x、F_y 相等。但必须注意，力在轴上的投影是代数量，而分力是矢量，不可混为一谈。若已知 F_x、F_y 值，可求出 F 的大小和方向，即

$$\left.\begin{array}{l} F = \sqrt{F_x^2 + F_y^2} \\ \tan\alpha = \left| \dfrac{F_y}{F_x} \right| \end{array}\right\} \tag{1-3}$$

§1-6 平面汇交力系合成与平衡：解析法

设刚体上作用有一个平面汇交力系 $F_1, F_2, \cdots, F_n$，据式(1-1)有

$$F_R = F_1 + F_2 + \cdots + F_n = \Sigma F$$

将上式两边分别向 x 轴和 y 轴投影，即有

$$\left.\begin{array}{l} F_{Rx} = F_{1x} + F_{2x} + \cdots + F_{nx} = \Sigma F_x \\ F_{Ry} = F_{1y} + F_{2y} + \cdots + F_{ny} = \Sigma F_y \end{array}\right\} \tag{1-4}$$

式(1-4)即为**合力投影定理**：力系的合力在某轴上的投影，等于力系中各力在同一轴上投影的代数和。

若进一步按式(1-4)运算，即可求得合力的大小及方向，即

$$\left.\begin{array}{l} F_R = \sqrt{(\Sigma F_x)^2 + (\Sigma F_y)^2} \\ \tan\alpha = \left| \dfrac{\Sigma F_y}{\Sigma F_x} \right| \end{array}\right\} \tag{1-5}$$

力的平衡条件则为

$$\Sigma F_x = 0 \qquad \Sigma F_y = 0$$

【例 1-4】 一固定于房顶的吊钩上有三个力 F_1、F_2、F_3，其数值与方向如图 1-16 所示。用解析法求此三力的合力。

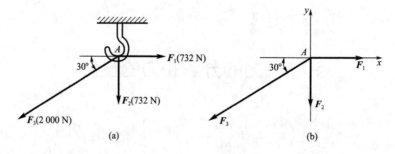

图 1-16 吊钩

解 建立直角坐标系 Axy，并应用式(1-4)，求出

$$F_{Rx} = F_{1x} + F_{2x} + F_{3x} = 732\text{ N} + 0 - 2\,000\text{ N} \times \cos30° = -1\,000\text{ N}$$

$$F_{Ry} = F_{1y} + F_{2y} + F_{3y} = 0 - 732\text{ N} - 2\,000\text{ N} \times \sin30° = -1\,732\text{ N}$$

再按式(1-5)得

$$F_R = \sqrt{(\Sigma F_x)^2 + (\Sigma F_y)^2} = 2\,000\text{ N}$$

$$\tan\alpha = \left| \frac{\Sigma F_y}{\Sigma F_x} \right| = 1.732$$

$$\alpha = 60°$$

§1-7　平面力偶系

一、力对点之矩

人们从实践中知道,力的外效应作用可以产生移动和转动两种效应。由经验知道,力使物体转动的效果不仅与力的大小和方向有关,还与力的作用点(或作用线)的位置有关。

例如,用扳手拧螺母时(图 1-17),螺母的转动效应除与力 $\boldsymbol{F}$ 的大小和方向有关外,还与点 O 到力作用线的距离 h 有关,距离 h 越大,转动的效果就越好,且越省力,反之则越差。显然,当力的作用线通过螺母的转动中心时,则无法使螺母转动。

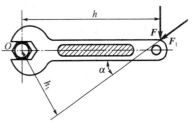

可以用力对点的矩这样一个物理量来描述力使物体转动的效果。其定义为:力 $\boldsymbol{F}$ 对某点 O 的矩等于力的大小与点 O 到力的作用线距离 h 的乘积。记作

$$M_0(\boldsymbol{F}) = \pm Fh \qquad (1-6)$$

式中,点 O 称为矩心;h 称为力臂;Fh 表示力使物体绕点 O 转动效果的大小;而正负号则表明 $M_0(\boldsymbol{F})$ 是一个代数量,可以用它来描述物体的转动方向。通

图 1-17　扳手拧螺母

常规定,使物体逆时针方向转动的力矩为正,反之为负。力矩的单位为 N・m。

根据定义,图 1-17 中所示的力 $\boldsymbol{F}_1$ 对点 O 的转矩为

$$M_0(\boldsymbol{F}_1) = -\boldsymbol{F}_1 h_1 = -\boldsymbol{F}_1 h \sin\alpha$$

由定义知:力对点的矩与矩心的位置有关,同一个力对不同点的矩是不同的。因此,对力矩要指明矩心。

二、合力矩定理

在计算力系的合力对某点的矩时,除根据力矩的定义计算外,还常用到合力矩定理,即:平面汇交力系的合力对平面上任一点之矩,等于所有各分力对同一点力矩的代数和。

设刚体受到一合力为 $\boldsymbol{F}$ 的平面力系 $\boldsymbol{F}_1,\boldsymbol{F}_2,\cdots,\boldsymbol{F}_n$ 的作用,在平面内任取一点 O 为矩心,由于合力与整个力系等效,所以合力对 O 点的矩一定等于各个分力对 O 点之矩的代数和(证明从略),这一结论称为合力矩定理,即

$$M_0(\boldsymbol{F}_R) = M_0(\boldsymbol{F}_1) + M_0(\boldsymbol{F}_2) + \cdots + M_0(\boldsymbol{F}_n) = \Sigma M_0(\boldsymbol{F}) \qquad (1-7)$$

在计算力矩时,当力臂较难确定的情况下,用合力矩定理计算更加方便。

【例 1-5】　一轮在轮轴 B 处受一切向力 $\boldsymbol{F}$ 的作用,如图 1-18(a)所示。已知 $\boldsymbol{F}$、R、r 和 α。试求此力对轮与地面接触点 A 的力矩。

解　由于力 $\boldsymbol{F}$ 对矩心 A 的力臂未标明且不易求出,故将力 $\boldsymbol{F}$ 在 B 点分解为正交的分力 $\boldsymbol{F}_x$、$\boldsymbol{F}_y$,再应用合力矩定理,有

$$M_A(\boldsymbol{F}) = M_A(\boldsymbol{F}_x) + M_A(\boldsymbol{F}_y)$$

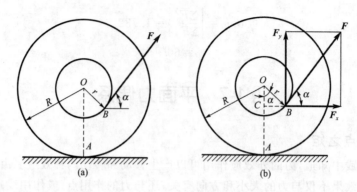

图 1-18　轮轴受力图

$$M_A(\boldsymbol{F}_x) = -F_x CA = -F_x(OA - OC) = -F\cos\alpha(R - r\cos\alpha)$$

$$M_A(\boldsymbol{F}_y) = F_y r\sin\alpha = Fr\sin^2\alpha$$

$$M_A(\boldsymbol{F}) = -F\cos\alpha(R - r\cos\alpha) + Fr\sin^2\alpha = F(r - R\cos\alpha)$$

三、力偶及其性质

1. 力偶的概念

在日常生活及生产实践中,常见到物体受一对大小相等、方向相反但不在同一作用线上的平行力作用。例如图 1-19 所示的司机转动驾驶盘及钳工对丝锥的操作等。

一对等值、反向、不共线的平行力组成的力系称为力偶,此二力之间的距离称为力偶臂。由以上实例可知,力偶对物体作用的外效应是使物体单纯地产生转动运动的变化。

2. 力偶的三要素

在力学上,以 F 与力偶臂 d 的乘积作为量度力偶在其作用面内对物体转动效应的物理量,称为力偶矩,并记作 $M(\boldsymbol{F}, \boldsymbol{F}')$ 或 M。即

$$M(\boldsymbol{F}, \boldsymbol{F}') = M = \pm Fd \tag{1-8}$$

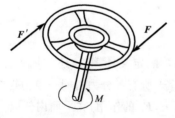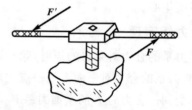

图 1-19　力偶实例

一般规定,逆时针转动的力偶取正值,顺时针取负值。

力偶矩的单位为 N・m 或 N・mm。

力偶对物体的转动效应取决于下列三要素:

(1)力偶矩的大小。

(2)力偶的转向。

(3)力偶作用面的方位。

3. 力偶的等效条件

凡是三要素相同的力偶则彼此等效,即它们可以相互置换,这一点不仅由力偶的概念

可以说明,还可以通过力偶的性质作进一步证明。

4.力偶的性质

性质1 力偶对其作用面内任意点的力矩恒等于此力偶的力偶矩,而与矩心的位置无关。

性质2 力偶在任意坐标轴上的投影之和为零,故力偶无合力,力偶不能与一个力等效,也不能用一个力来平衡,力偶只能与力偶等效或平衡。

力偶无合力,故力偶对物体的平移运动不会产生任何影响,力与力偶相互不能代替,不能构成平衡。因此,力与力偶是力系的两个基本元素。

四、平面力偶系的合成与平衡方程

作用在物体上同一平面内的若干力偶,总称为平面力偶系。

1.平面力偶系的合成

设在刚体某平面上有力偶 M_1、M_2 的作用,如图 1-20(a)所示,现求其合成的结果。

在平面上任取一线段 $AB=d$ 作为公共力偶臂,并把每个力偶化为一组作用在 A、B 两点的反向平行力,如图 1-20(b)所示,根据力偶等效条件,有

$$F_1=\frac{M_1}{d}, F_2=\frac{M_2}{d}$$

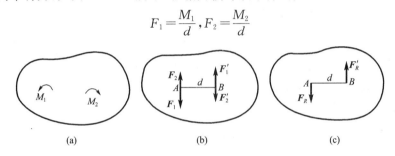

图 1-20 平面力偶系的合成

于是在 A、B 两点各得一组共线力系,其合力为 F_R 与 F'_R,如图 1-20(c)所示,且有

$$F_R=F'_R=F_1-F_2$$

F_R 与 F'_R 为一对等值、反向、不共线的平行力,它们组成的力偶即为合力偶,所以有

$$M=F_R d=(F_1-F_2)d=M_1+M_2$$

若在刚体上有若干个力偶作用,采用上述方法叠加,可得合力偶矩为

$$M=M_1+M_2+\cdots+M_n=\Sigma M \tag{1-9}$$

式(1-9)表明,平面力偶系合成的结果为一合力偶,合力偶矩为各分力偶矩的代数和。

2.平面力偶系的平衡条件

由合成结果可知,要使力偶系平衡,则合力偶的矩必须等于零,因此,平面力偶系平衡的必要和充分条件是:力偶系中各力偶矩的代数和等于零,即

$$\Sigma M=0 \tag{1-10}$$

平面力偶系的独立平衡方程只有一个,故只能求解一个未知数。

【例1-6】 四连杆机构在图 1-21(a)所示位置平衡,已知 $OA=60$ cm,$O_1B=40$ cm,作用在摇杆 OA 上的力偶矩 $M_1=1$ N·m,不计杆自重,求力偶矩 M_2 的大小。

解 (1)受力分析

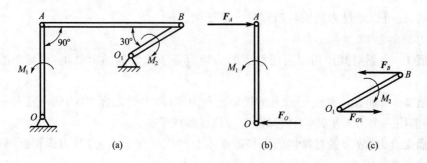

图 1-21 四连杆机构

先取 OA 杆分析,如图 1-21(b)所示,在杆上作用有主动力偶矩 M_1。根据力偶的性质,力偶只与力偶平衡,所以在杆的两端点 O、A 上必作用有大小相等、方向相反的一对力 F_O 及 F_A,而连杆 AB 为二力杆,所以 F_A 的作用方向被确定。再取 O_1B 杆分析,如图 1-21(c)所示,此时杆上作用一个待求力偶 M_2,此力偶与作用在 O_1、B 两端点上的约束反力构成的力偶平衡。

(2)列平衡方程

由 $\Sigma M=0$,得

$$M_1-F_A\times OA=0 \tag{a}$$

$$F_A=\frac{M_1}{OA}\approx 1.67\ \text{N}$$

(3)对受力图 1-21(c)列平衡方程

由 $\Sigma M=0$,得

$$F_B\times O_1B\sin30°-M_2=0 \tag{b}$$

因

$$F_B=F_A=1.67\ \text{N}$$

故由式(b)得

$$M_2=F_B\times O_1B\times 0.5=1.67\ \text{N}\times 0.4\ \text{m}\times 0.5\approx 0.33\ \text{N}\cdot\text{m}$$

§1-8 平面一般力系的简化

所谓平面一般力系,是指位于同一平面内的各力的作用线既不汇交于一点,也不互相平行的情况。它是工程实际中最常见的一种力系,工程计算中的许多实际问题都可以简化为平面一般力系问题来进行处理。例如图 1-22 所示曲柄滑块机构。

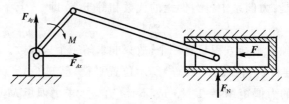

图 1-22 曲柄滑块机构

一、力的平移定理

作用在刚体上 A 点处的力 $\boldsymbol{F}$，可以平移到刚体内任意点 O，但必须同时附加一个力偶，其力偶矩等于原来的力 $\boldsymbol{F}$ 对新作用点 O 的矩。这就是力的平移定理。如图 1-23 所示。

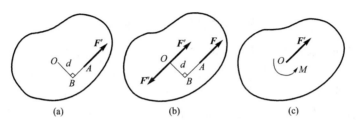

图 1-23　力的平移过程

证明如下：根据加减平衡力系公理，在任意点 O 加上一对与 $\boldsymbol{F}$ 等值的平衡力 $\boldsymbol{F}'$、$\boldsymbol{F}''$（图 1-23(b)），则 $\boldsymbol{F}$ 与 $\boldsymbol{F}''$ 为一对等值反向不共线的平行力，组成了一个力偶，其力偶矩等于原力 $\boldsymbol{F}$ 对 O 点的矩，即

$$M = M_0(\boldsymbol{F}) = Fd$$

于是作用在 A 点的力 $\boldsymbol{F}$ 就与作用于 O 点的平移力 $\boldsymbol{F}'$ 和附加力偶 M 的联合作用等效，如图 1-23(c)所示。

力的平移定理表明了力对绕力作用线外的中心转动的物体有两种作用，一是平移力的作用，二是附加力偶对物体产生的旋转作用。

二、平面一般力系的简化

1. 平面一般力系向作用面内任一点简化——主矢和主矩

设刚体上作用有一平面一般力系 $\boldsymbol{F}_1$，$\boldsymbol{F}_2$，$\cdots$，$\boldsymbol{F}_n$，如图 1-24(a)所示，在平面内任意取一点 O，称为简化中心。根据力的平移定理，将各力都向 O 点平移，得到一个汇交于 O 点的平面汇交力系 $\boldsymbol{F}'_1$，$\boldsymbol{F}'_2$，$\cdots$，$\boldsymbol{F}'_n$，以及附加平面力偶系 M_1，M_2，$\cdots$，M_n，如图 1-24(b)所示。

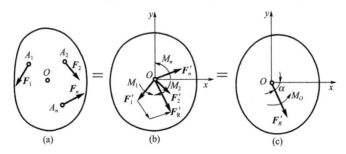

图 1-24　平面一般力系向作用面内任一点简化

(1)平面汇交力系 $\boldsymbol{F}'_1$，$\boldsymbol{F}'_2$，$\cdots$，$\boldsymbol{F}'_n$，可以合成为一个作用于 O 点的合矢量 $\boldsymbol{F}'_R$，如图 1-24(c)所示。

$$\boldsymbol{F}'_R = \Sigma \boldsymbol{F}' = \Sigma \boldsymbol{F} \tag{1-11}$$

它等于力系中各力的矢量和。显然，单独的 $\boldsymbol{F}'_R$ 不能和原力系等效，它被称为原力系的主矢。将式(1-11)写成直角坐标系下的投影形式，即

$$F'_{Rx} = F_{1x} + F_{2x} + \cdots + F_{nx} = \Sigma F_x$$
$$F'_{Ry} = F_{1y} + F_{2y} + \cdots + F_{ny} = \Sigma F_y$$

因此,主矢 F'_n 的大小及其与 x 轴正向的夹角分别为

$$F'_R = \sqrt{F_{Rx}^2 + F_{Ry}^2} = \sqrt{(\Sigma F_x)^2 + (\Sigma F_y)^2}$$
$$\theta = \arctan \left| \frac{F_{Ry}}{F_{Rx}} \right| = \arctan \left| \frac{\Sigma F_y}{\Sigma F_x} \right| \qquad (1\text{-}12)$$

(2)附加平面力偶系 $M_1, M_2, \cdots, M_n$ 可以合成为一个合力偶矩 M_0,即

$$M_0 = M_1 + M_2 + \cdots + M_n = \Sigma M_0(F) \qquad (1\text{-}13)$$

显然,单独的 M_0 也不能与原力系等效,因此,它被称为原力系对简化中心 O 的主矩。

综上所述,得到如下结论:平面一般力系向平面内任一点简化可以得到一个力和一个力偶,这个力等于力系中各力的矢量和,作用于简化中心,称为原力系的主矢;这个力偶的矩等于原力系中各力对简化中心之矩的代数和,称为原力系的主矩。

原力系与主矢 F'_R 和主矩 M_0 的联合作用等效。主矢 F'_R 的大小和方向与简化中心的选择无关。主矩 M_0 的大小和转向与简化中心的选择有关。

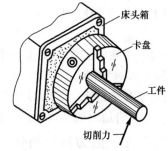

图 1-25 机床卡盘图

在§1-3中,介绍了三种常见的约束形式。工程上还有一种常见的约束形式,称为固定端约束。固定端约束是使被约束体插入约束内部,被约束体一端与约束成为一体而完全固定,既不能移动也不能转动的一种约束形式。工程中的固定端是很常见的,诸如机床上装夹加工工件的卡盘对工件的约束(图1-25);大型机器中立柱对横梁的约束;固定端约束的约束反力是由约束与被约束体紧密接触而产生的一个分布力系,当外力为平面力系时,约束反力所构成的这个分布力系也是平面力系。由于其中各个力的大小与方向均难以确定,因而可将该力系向 A 点简化,得到的主矢用一对正交分力表示,而将主矩用一个反力偶矩来表示,这就是固定端约束的约束反力,如图 1-26 所示。

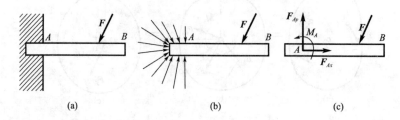

图 1-26 固定端约束及其约束反力

2.平面一般力系的合成结果

由前述可知,平面一般力系向一点 O 简化后,一般来说得到主矢 F'_R 和主矩 M_0,但这并不是简化的最终结果,进一步分析可能出现以下四种情况:

(1)$F'_R = 0, M_0 \neq 0$ 说明该力系无主矢,而最终简化一个力偶,其力偶矩就等于力系

的主矩,此时,主矩与简化中心无关。

(2)$F'_R \neq 0, M_0 = 0$　说明原力系的简化结果是一个力,而且这个力的作用线恰好通过简化中心,此时,F'_R 就是原力系的合力 F_R。

(3)$F'_R \neq 0, M_0 \neq 0$　这种情况还可以进一步简化。根据力的平移定理逆过程,可以把 F'_R 和 M_0 合成一个合力 F_R。合成过程如图 1-27 所示。合力 F_R 与主矢 F'_R 大小相等、方向相同,合力 F_R 的作用线到简化中心 O 的距离为

$$d = \left| \frac{M_0}{F_R} \right| = \left| \frac{M_0}{F'_R} \right| \tag{1-14}$$

(4)$F'_R = 0, M_0 = 0$　这表明,该力系对刚体总的作用效果为零,即物体处于平衡状态。

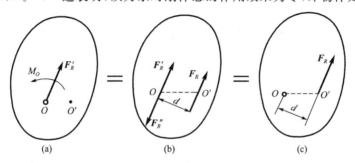

图 1-27　F'_R 和 M_0 进一步合成过程

§1-9　平面一般力系的平衡方程及应用

一、平面一般力系的平衡方程

1. 基本形式

由上述讨论知,若平面一般力系的主矢和对任一点的主矩都为零,则物体处于平衡状态;反之,若力系是平衡力系,则其主矢、主矩必同时为零。因此,平面一般力系平衡的充要条件是

$$\left.\begin{array}{r} F'_R = \sqrt{(\Sigma F_x)^2 + (\Sigma F_y)^2} = 0 \\ M_0 = \Sigma M_0(\boldsymbol{F}) = 0 \end{array}\right\} \tag{1-15}$$

故得平面一般力系的平衡方程为

$$\left.\begin{array}{r} \Sigma F_x = 0 \\ \Sigma F_y = 0 \\ \Sigma M_0(\boldsymbol{F}) = 0 \end{array}\right\} \tag{1-16}$$

式(1-16)满足平面一般力系平衡的充分和必要条件,所以,平面一般力系有三个独立的平衡方程,可求解最多三个未知量。

用解析表达式表示平衡条件的方式不是唯一的。平衡方程式的形式还有二矩式和三矩式两种形式。

2.二矩式

$$\left.\begin{array}{l} \Sigma F_x = 0 \\ \Sigma M_A(\boldsymbol{F}) = 0 \\ \Sigma M_B(\boldsymbol{F}) = 0 \end{array}\right\} \qquad (1-17)$$

附加条件:AB 连线不得与 x 轴相垂直。

3.三矩式

$$\left.\begin{array}{l} \Sigma M_A(\boldsymbol{F}) = 0 \\ \Sigma M_B(\boldsymbol{F}) = 0 \\ \Sigma M_C(\boldsymbol{F}) = 0 \end{array}\right\} \qquad (1-18)$$

附加条件:A、B、C 三点不在同一直线上。

二、平面一般力系平衡方程的解题步骤

(1)确定研究对象,画出受力图 应取有已知力和未知力作用的物体,画出其分离体的受力图。

(2)列平衡方程并求解 适当选取坐标轴和矩心。若受力图上有两个未知力互相平行,可选垂直于此二力的坐标轴,列出投影方程。如不存在两未知力平行,则选任意两未知力的交点为矩心列出力矩方程,先行求解。一般水平和垂直的坐标轴可画可不画,但倾斜的坐标轴必须画。

【例 1-7】 绞车通过钢丝牵引小车沿斜面轨道匀速上升,如图 1-28(a)所示。已知小车重 $G = 10$ kN,绳与斜面平行,$\alpha = 30°$,$a = 0.75$ m,$b = 0.3$ m,不计摩擦。求钢丝绳的拉力及轨道对车轮的约束反力。

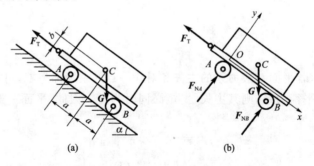

图 1-28 牵引小车

解 (1)取小车为研究对象画受力图(图 1-28(b))。小车上作用有重力 $\boldsymbol{G}$,钢丝绳的拉力 $\boldsymbol{F}_T$,轨道在 A、B 处的约束反力 $\boldsymbol{F}_{NA}$ 和 $\boldsymbol{F}_{NB}$。

(2)取图示坐标系,列平衡方程

$$\left.\begin{array}{l} \Sigma F_x = 0, \\ \Sigma F_y = 0, \\ \Sigma M_0(\boldsymbol{F}) = 0, \end{array}\right\} \quad \left.\begin{array}{l} -F_T + G\sin\alpha = 0 \\ F_{NA} + F_{NB} - G\cos\alpha = 0 \\ F_{NB} \cdot 2a - Gb\sin\alpha - Ga\cos\alpha = 0 \end{array}\right\}$$

解得

$$F_T = 5 \text{ kN}, F_{NB} = 5.33 \text{ kN}, F_{NA} = 3.33 \text{ kN}$$

【例 1-8】 悬臂梁如图 1-29,梁上作用有均布载荷 q,在 B 端作用有集中力 $F = ql$ 和

力偶为 $M=ql^2$，梁长度为 $2l$，已知 q 和 ql（力的单位为 N，长度单位为 m）。求固定端的约束反力。

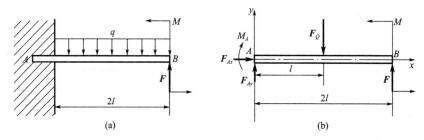

图 1-29　悬臂梁

解　（1）取 AB 梁为研究对象画受力图（图 1-29(b)），均布载荷 q 可简化为作用于梁中点的一个集中力 $F_Q=q\times2l$。

（2）列平衡方程

$$\begin{aligned}\Sigma F_x=0,&\qquad\qquad F_{AX}=0\\\Sigma M_A(\bm{F})=0,&\quad M-M_A+F\cdot2l-F_Ql=0\end{aligned}$$

故

$$M_A=M+2Fl-F_Ql=ql^2+2ql^2-2ql^2=ql^2$$

$$\Sigma F_y=0,\quad F_{Ay}+F-F_Q=0$$

故

$$F_{Ay}=F_Q-F=2ql-ql=ql$$

§1-10　摩　擦

在前面各节讨论物体平衡时，都假定物体间的接触面是绝对光滑的，也就是忽略了摩擦。这在一定条件下是允许的。但是，摩擦现象在自然界是普遍存在的方面。一方面人们利用它为生产生活服务，例如，人们在行走、车辆行驶和摩擦传动、制动等，都需要摩擦力。另一方面摩擦又带来消极作用，如消耗能量、磨损零件、缩短机器寿命、降低仪表的精度等。因此我们应该认识和掌握摩擦的规律。

按照接触物体之间可能会相对滑动或相对滚动，摩擦可分为滑动摩擦和滚动摩擦；又根据物体之间是否有良好的润滑剂，滑动摩擦又可分为干摩擦和湿摩擦。本章只研究有干摩擦时物体的平衡问题。

一、滑动摩擦

当两物体的接触表面有相对滑动或滑动趋势时，在接触面所产生的切向阻力，称为滑动摩擦力，简称摩擦力。摩擦力作用于相互接触处，其方向与相对滑动或滑动趋势的方向相反，它的大小主要根据主动力作用的不同，分为三种情况，即静滑动摩擦力、最大静滑动摩擦力和动滑动摩擦力。

1. 静滑动摩擦力

静滑动摩擦力的大小、方向与作用在物体上的主动力有关,是约束反力。因此,在静力学问题中,可以由平衡方程求出。这是静摩擦力与一般约束反力的共同点。

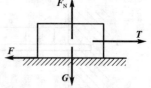

图 1-30　滑动摩擦

例如,图 1-30 中,重为 G 的物体放在固定水平面上,其上系一软绳,绳的拉力大小可以变化,当拉力由零逐渐增加,但不很大时,物体仍保持静止。可见,支撑面对物体除有法向反力外,还有一个阻碍物体沿水平面向右滑动的切向力,此力即静滑动摩擦力,简称静摩擦力。可见,拉力、重力、法向反力和静摩擦力构成一平衡力系,静摩擦力的大小可由平衡条件确定。由平衡方程得

$$\Sigma F_x = 0, \quad F = T$$

静摩擦力的方向与物体运动趋势相反,其大小随 T 增加而增加。当 $T = 0$ 时,F 也为零。

2. 最大静滑动摩擦力

静摩擦力与一般约束反力有一不同之处,它并不随力 T 的增加而无限度地增大。当拉力的大小达到一定的数值时,物体处于将要滑动而没有滑动的临界状态,静摩擦力达到最大值,即最大静滑动摩擦力,简称最大静摩擦力,用 F_{max} 表示。此后,如果 T 再继续增大,静摩擦力也不能随之增大,物体将失去平衡而滑动。可见静摩擦力的大小随主动力的情况而改变,但介于零与最大值之间,即

$$0 \leqslant F \leqslant F_{max}$$

由上述可知,平衡方程计算出的 F 值若小于 F_{max},则平衡成立,静摩擦力就是由平衡方程计算的结果。如果 F 值大于 F_{max},则物体不平衡,平衡方程不成立。若物体处于将要滑动而未滑动的临界状态,这时静摩擦力就等于 F_{max}。

大量试验证明:最大静摩擦力的方向与相对滑动趋势的方向相反,其大小与两物体间的正压力(即法向反力)N 成正比,即

$$F_{max} = fN \tag{1-19}$$

式(1-19)称为静摩擦定律(又称库仑定律)。

式中,f 称为静滑动摩擦因数,简称静摩擦因数,它是量纲为 1 的数。它的大小与两接触面的材料及表面情况(粗糙度、干湿度、温度等)有关,而与接触面积的大小无关。静摩擦因数可由实验测定。表 1-1 列出了部分常用材料的摩擦因数。

3. 动滑动摩擦力

当滑动摩擦力达到最大值时,若主动力再继续加大,物体滑动。此时接触物体之间仍作用有阻碍相对滑动的力,称为动滑动摩擦力,简称动摩擦力。

由实践和实验结果,得出动滑动摩擦的基本定律:动摩擦力的大小与接触面间的正压力成正比,即

$$F' = f'N \tag{1-20}$$

式中,f' 是动滑动摩擦因数,简称动摩擦因数。它不仅与接触物体的材料和表面情况有关,而且还与相对滑动速度大小有关,但当相对速度不大时,可近似地认为是个常数。

参阅表 1-1 知 $f < f'$，这就是物体启动时比运动时费力的原因。

表 1-1　　　　　　　　　　　几种常用材料滑动摩擦因数

材料名称	静摩擦因数		动摩擦因数	
	无润滑	有润滑	无润滑	有润滑
钢-钢	0.15	0.1～0.12	0.15	0.05～0.1
钢-软钢	—	—	0.2	0.1～0.2
钢-铸铁	0.3	—	0.18	0.05～0.15
钢-青铜	0.15	0.1～0.15	0.15	0.1～0.15
软钢-铸铁	0.2	—	0.18	0.05～0.15
软钢-青铜	0.2	—	0.18	0.07～0.15
铸铁-铸铁	—	0.18	0.15	0.07～0.12
铸铁-青铜	—	—	0.15～0.2	0.07～0.15
青铜-青铜	—	0.1	0.2	0.07～0.1
皮革-铸铁	0.3～0.5	0.15	0.6	0.15
橡皮-铸铁	—	—	0.8	0.5
木材-木材	0.4～0.6	0.1	0.2～0.5	0.07～0.15

二、摩擦角与自锁

1. 摩擦角

根据前面的分析可知,两个相互接触并且有相对移动趋势的物体之间存在静摩擦力。所以,接触面对物体约束力包括法向约束力和静摩擦力两个分量,这两个力的合力称为全约束反力,如图 1-31 所示,简称为全反力,即 $\boldsymbol{F}_N + \boldsymbol{F} = \boldsymbol{F}_R$。

全反力与法向约束力的夹角用 φ 来表示,在保持物块静止的前提下,F、φ 随 F_P 的增大而增大,当 $F_R = F_{max}$ 时,F 达到最大值,这时角度 $\varphi = \varphi_m$ 称为摩擦角。一般情形下

$$0 \leqslant \varphi \leqslant \varphi_m$$

该式表示全约束反力 F_R 在二维空间的作用范围。

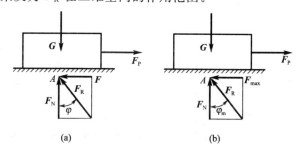

图 1-31　全反力

在临界状态下,即 $F = F_{max}$ 时,有

$$\tan\varphi_m = F_{max}/F_N = f$$

故

$$\varphi_m = \arctan f$$

即摩擦角的正切等于静摩擦因数,摩擦角为全约束反力与接触面法线的最大夹角。φ_m 与 f 都是表征材料摩擦性质的物理量。

如果改变主动力 F_P 的方向,则全反力 F_R 的方向也随之改变,假如接触面在各个方向的静摩擦因数都相同,则全反力 F_R 作用线的极限位置形成一个以接触点为顶点,顶角为 φ_m 的圆锥,称为摩擦锥。如图 1-32 所示,摩擦锥是全约束反力 F_R 在三维空间内的作用范围。

2. 自锁现象

为了说明自然界中的自锁现象,考虑一个实例,如图 1-33 所示的一个可调整倾斜面。在斜面上放一重量为 G 的滑块,现在来确定滑块不会自动下滑的条件。

显然,当斜面倾角 $\alpha(\alpha=\varphi)$ 由零逐渐增大时,重物向下滑动的可能性也增加,以 α_m 表示即将开始下滑时(极限状态)斜面的倾角,此时斜面倾角 α_m 即等于摩擦角 φ,此时的摩擦力为最大静摩擦力 F_{max},则重物不会自动下滑的范围是

$$0 \leqslant \alpha \leqslant \varphi_m$$

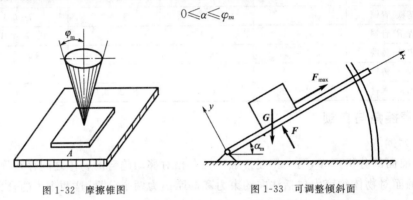

图 1-32 摩擦锥图   图 1-33 可调整倾斜面

因此,如果作用于物体上的全部主动力的合力的作用线在摩擦角之内,则无论该合力有多大,在接触面上总能产生与它等值、反向、共线的全反力 F_R 而使物体保持平衡;反之,如果全部主动力的合力的作用线在摩擦角之外,则无论该合力有多么小,全约束力不能与其共线,因而物体不能静止。主动力合力的作用线在摩擦角之内而使物体静止的现象称为摩擦自锁,自锁的条件为

$$\alpha \leqslant \varphi_m \tag{1-21}$$

工程实际中,常利用自锁原理设计某些机构和夹具。例如,电工用的胶套钩、输送物料的传送带、千斤顶等都是利用自锁原理使物体保持平衡,而升降机、变速器机构中的滑移齿轮等运动机械则要避免自锁。

三、考虑摩擦时物体的平衡问题

考虑摩擦时物体平衡问题的解法与前面的方法相同,只是在分析力和列平衡方程时,都要考虑摩擦力。这样就增加了未知量数目,为了确定这些新增加的未知量,必须再写出静摩擦力与法向反力的关系式 $F \leqslant fN$ 作为补充方程。同时由于摩擦力有一定范围,所以有摩擦时平衡问题的解也有一定范围。下面举例说明。

【例 1-9】 物体重为 G,放在倾角为 α 的斜面上,它与斜面间的摩擦因数为 f,如图 1-34 所示。当物体处于平衡时,试求水平力 Q 的大小。

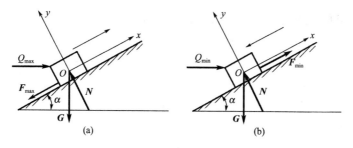

图 1-34　摩擦时物体的平衡

解　由经验知,力 Q 太大,物块将上滑;力 Q 太小,物体将下滑;因此,力 Q 的数值必在一定范围内。先求 Q 的最大值,此时物体处于向上滑动的临界状态。摩擦力 F 沿斜面向下,并达到极限值。物体在 G、N、F 和 Q_{max} 四个力作用下平衡。列平衡方程得

$$\Sigma F_x = 0, Q_{max}\cos\alpha - G\sin\alpha - F_{max} = 0 \tag{a}$$

$$\Sigma F_y = 0, N - Q_{max}\sin\alpha - G\cos\alpha = 0 \tag{b}$$

另外还有一个补充方程,即

$$F_{max} = fN \tag{c}$$

联立以上三式,可解得

$$Q_{max} = G(\tan\alpha + f)/(1 - f\tan\alpha)$$

再求 Q 的最小值,此时,物体处于将要向下滑动的临界状态。摩擦力沿斜面向上,并达到极限值,用 F_{max} 表示。物体受力如图 1-34(b)所示。列平衡方程得

$$\Sigma F_x = 0, Q_{min}\cos\alpha - G\sin\alpha + F_{min} = 0 \tag{d}$$

$$\Sigma F_y = 0, N - Q_{min}\sin\alpha - G\cos\alpha = 0 \tag{e}$$

此外再列一个补充方程,即

$$F_{min} = fN \tag{f}$$

联立以上三式可得

$$Q_{min} = G(\tan\alpha - f)/(1 + f\tan\alpha)$$

综上所述结果,可得物体平衡时 Q 力的范围是

$$G(\tan\alpha - f)/(1 + f\tan\alpha) \leqslant Q \leqslant G(\tan\alpha + f)/(1 - f\tan\alpha)$$

§1-11　空间力系简介

所谓空间力系,是指各力的作用线不在同一平面内的力系。

一、力在空间直角坐标轴上的投影

1. 一次投影法

在平面力系中，常将作用于物体上某点的力向坐标轴 x、y 上投影。同理，在空间力系中，也可将作用于空间某一点的力向坐标轴 x、y、z 上投影。具体作法如下：

设空间直角坐标系的三个坐标轴如图 1-35 所示，已知力 F 与三个坐标轴所夹的锐角分别为 α、β、γ，则力 F 在三个轴上的投影等于力的大小乘以该夹角的余弦，即

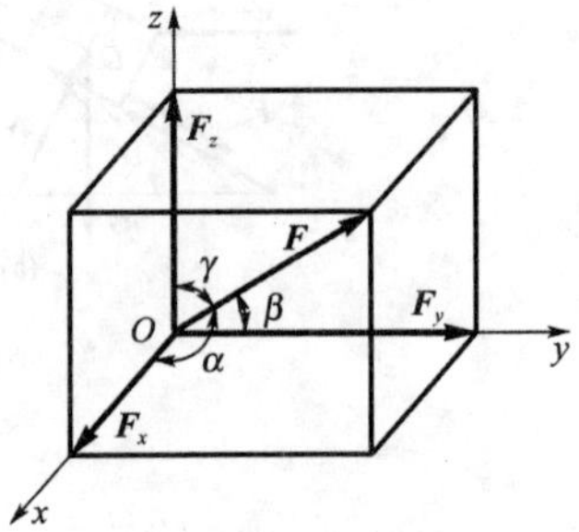

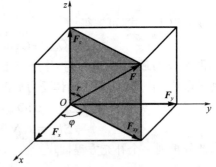

图 1-35　一次投影法

$$\left.\begin{array}{l} F_x = F\cos\alpha \\ F_y = F\cos\beta \\ F_z = F\cos\gamma \end{array}\right\}$$

2. 二次投影法

有些时候，需要求某力在坐标轴上的投影，但没有直接给出这个力与坐标轴的夹角，而必须改用二次投影法。

如图 1-36 所示，若已知力 F 与 z 轴的夹角为 γ，力 F 和 z 轴所确定的平面与 x 轴的夹角为 φ，可先将力 F 在 Oxy 平面上投影，然后再向 x、y 轴进行投影。则力在三个坐标轴上的投影分别为

$$\left.\begin{array}{l} F_x = F\sin\gamma\cos\varphi \\ F_y = F\sin\gamma\sin\varphi \\ F_z = F\cos\gamma \end{array}\right\}$$

图 1-36　二次投影法

反过来，若已知力在三个坐标轴上的投影 F_x、F_y、F_z，也可求出力的大小和方向，即

$$F = \sqrt{F_x^2 + F_y^2 + F_z^2}$$

$$\left.\begin{array}{l} \cos\alpha = \dfrac{F_x}{\sqrt{F_x^2 + F_y^2 + F_z^2}} \\[3mm] \cos\beta = \dfrac{F_y}{\sqrt{F_x^2 + F_y^2 + F_z^2}} \\[3mm] \cos\gamma = \dfrac{F_z}{\sqrt{F_x^2 + F_y^2 + F_z^2}} \end{array}\right\}$$

【例 1-10】 如图 1-37 所示，斜齿圆柱齿轮上 A 点受到啮合力 F_n 的作用，F_n 沿齿廓在接触处的法线方向，如图所示。α_n 为压力角，β 为斜齿轮的螺旋角。试计算圆周力 F_t、径向力 F_r、轴向力 F_a 的大小。

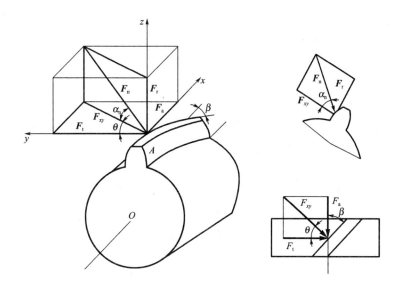

图 1-37　斜齿圆柱齿轮轮齿受力图

解　建立图 1-37 所示直角坐标系 $Axyz$,先将法向力 F_n 向平面 Axy 投影得 F_{xy},其大小为

$$F_{xy} = F_n \cos\alpha_n$$

向 z 轴投影得径向力

$$F_r = F_n \sin\alpha_n$$

然后再将 F_{xy} 向 x、y 轴上投影,如图所示。因 $\theta = \beta$,得

圆周力　　　　　　　$F_t = F_{xy} \cos\beta = F_n \cos\alpha_n \cos\beta$

轴向力　　　　　　　$F_t = F_{xy} \sin\beta = F_n \cos\alpha_n \sin\beta$

二、力对轴之矩

1. 力对轴之矩的概念

在平面力系中,建立了力对点之矩的概念。力对点的矩,实际上是力对通过矩心且垂直于平面的轴的矩。

以推门为例,如图 1-38 所示。门上作用一力 F,使其绕固定轴 z 转动。现将力 F 分解为平行于 z 轴的分力 F_z 和垂直于 z 轴的分力 F_{xy}(此分力的大小即为力 F 在垂直于 z 轴的平面 A 上的投影)。由经验可知,分力 F_z 不能使静止的门绕 z 轴转动。所以分力 F_z 对 z 轴之矩为零;只有分力 F_{xy} 才能使静止的门绕 z 轴转动,即 F_{xy} 对 z 轴之矩就是力 F 对 z 轴之矩。现用符号 $M_z(F)$ 表示力 F 对 z 轴之矩,点 O 为平面 A 与 z 轴的交点,d 为点 O 到力 F_{xy} 作用线的距离。因此力 F 对 z 轴之矩为

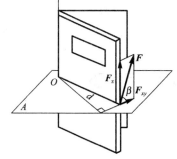

图 1-38　力对轴之矩

$$M_z(F) = M_z(F_{xy}) = M_O(F_{xy}) = \pm F_{xy} \cdot d$$

上式表明:力对轴之矩等于这个力在垂直于该轴的平面上的投影对该轴与平面交点之矩。力对轴之矩是力使物体绕该轴转动效应的度量,是一个代数量。其正负号可按下

法确定:从 z 轴正端来看,若力矩逆时针,规定为正,反之为负。

力对轴之矩等于零的情况:

(1)当力与轴相交时(此时 $d=0$)。

(2)当力与轴平行时。

2.合力矩定理

若空间力系可以合成为一合力,则其合力 $\boldsymbol{F}_{\mathrm{R}}$ 对任一轴之矩等于力系中各分力对同一轴之矩的代数和——合力矩定理,记作

$$M_z(\boldsymbol{F}_{\mathrm{R}})=\Sigma M_z(\boldsymbol{F})$$

在计算力对某轴的矩时,利用合力矩定理是比较方便的。

习　题

1-1　画出图 1-39 所示球 O 和杆 AB 以及整体的受力图。

1-2　计算图 1-40 所示四种情况力 $\boldsymbol{F}$ 对 O 点之矩(杆长均为 L)。

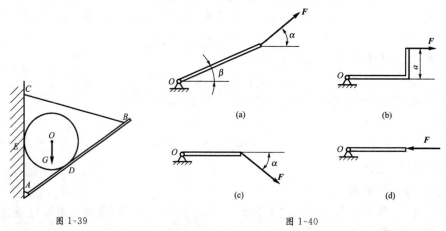

图 1-39　　　　　　　　　　图 1-40

1-3　已知 q,a,且 $F=qa,M=qa^2$,求图 1-41 所示各梁的支座反力。

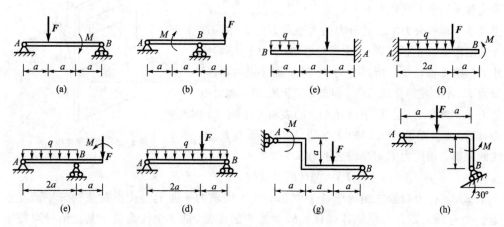

图 1-41

1-4 试用解析法求图 1-42 所示平面汇交力系的合力。

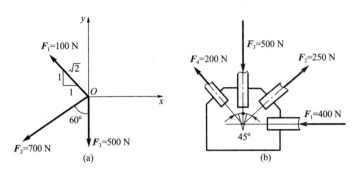

图 1-42

1-5 图 1-43 所示大船由三条拖轮牵引,每根拖缆拉力为 5 kN。(1)求作用于大船的合力;(2)欲使合力沿大船轴线方向,应如何调整 A 船与大船轴线的夹角 α?

1-6 如图 1-44 所示简易起重机用钢丝绳吊起重 $G=2000$ N 的重物,各杆自重不计,A、B、C 三处简化为铰链连接,求杆 AB 和 AC 受到的力(滑轮尺寸和摩擦不计)。

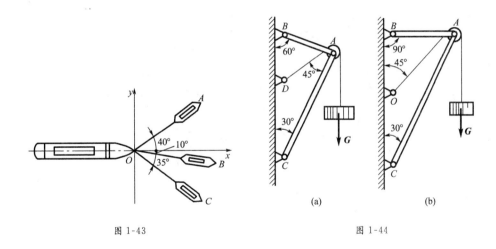

图 1-43   图 1-44

1-7 试计算图 1-45 所示力 **F** 对点 O 之矩。

1-8 如图 1-46 所示,一个 $F=450$ N 的力作用在 A 点,方向如图示。求:(1)此力对 D 点的矩;(2)要得到与(1)相同的力矩,应在 C 点所加水平力的大小与指向;(3)要得到与(1)相同的力矩,在 C 点应加的最小力。

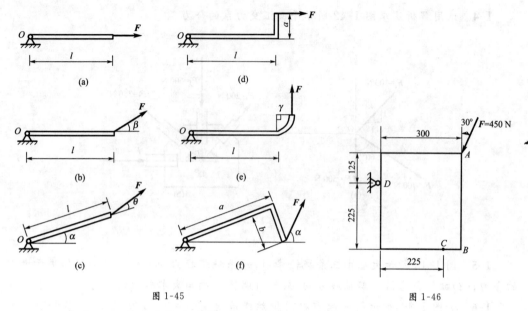

图 1-45

图 1-46

1-9 求图 1-47 所示齿轮和皮带上各力对点 O 之矩。已知：$F=1$ kN，$\alpha=20^{o}$，$D=$ 160 mm，$F_{T1}=200$ N，$F_{T2}=100$ N。

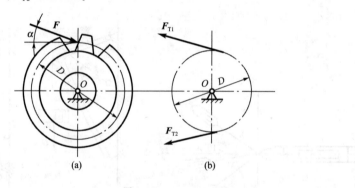

图 1-47

1-10 构件的载荷及支承情况如图 1-48 所示，$l=4$ m，求支座 A、B 的约束反力。

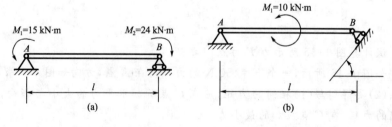

图 1-48

1-11 如图 1-49 所示，锻锤工作时，若锻件给锻锤的反作用力有偏心，已知打击力 $F=1000$ kN，偏心距 $e=20$ mm，锤体高 $h=200$ mm，求锤头给两侧导轨的压力。

1-12 一均质杆重 $G=1$ kN，将其竖起如图 1-50 所示。在图示位置平衡时，求绳子的拉力和 A 处的支座反力。

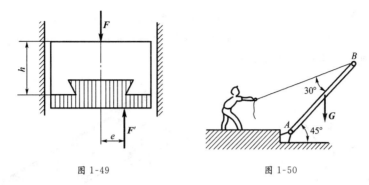

图 1-49　　　　　　　　　　　　图 1-50

1-13　在图 1-51 所示构架中,已知 F,试求 A、B 两支座反力。

1-14　图 1-52 所示为汽车台秤简图,BCF 为整体台面,杠杆 AB 可绕轴 F 转动,B、C、D 三处均为铰链,杆 DC 处于水平位置。试求平衡时砝码重 G_1 与汽车重 G_2 的关系。

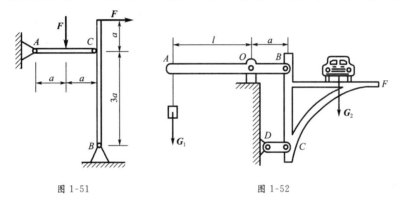

图 1-51　　　　　　　　　　　　图 1-52

1-15　图示为一种刹车装置的示意图,其几何尺寸如图 1-53 所示。若鼓轮与刹车片间的静摩擦因数为 f,作用在鼓轮上的力偶矩为 m。试求刹车所需的力 F 的最小值。

1-16　力系中,$F_1=100$ N,$F_2=300$ N,$F_3=200$ N,各力作用线的位置如图 1-54 所示。试将力系向原点 O 简化。

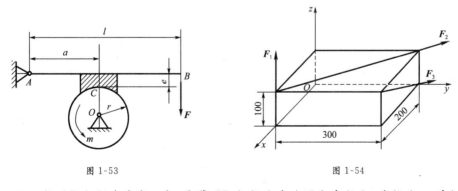

图 1-53　　　　　　　　　　　　图 1-54

1-17　轴 AB 与铅直线成 β 角,悬臂 CD 与轴垂直地固定在轴上,其长为 a,并与铅直面 zAB 成 θ 角,如图 1-55 所示。如在点 D 作用铅直向下的力为 F,求此力对轴 AB 的矩。

1-18 如图 1-56 所示,已知镗刀杆刀头上受切削力 $F_z=500$ N,径向力 $F_x=150$ N,轴向力 $F_y=75$ N,刀尖位于 Oxy 平面内,其坐标 $x=75$ mm,$y=200$ mm。工件重量不计,试求被切削工件左端 F 处的约束反力。

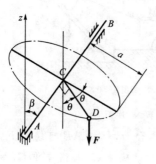

图 1-55

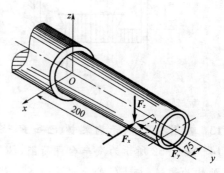

图 1-56

第2章 材料力学基础知识

导学导读

主要内容:构件的拉伸和压缩、剪切和挤压、扭转、弯曲、组合变形的强度计算等。

学习目的与要求:通过本章的学习,要求了解交变应力的特点、疲劳破坏的特点;掌握构件强度、刚度、稳定性的概念,理解变形固体基本假设的意义和作用,会区分构件变形的基本形式;熟悉材料在拉伸和压缩时的机械性能指标,以及许用应力和安全系数的意义;熟悉构件基本变形形式下外力、内力、应力、变形、强度的计算方法。

重点与难点:构件基本变形形式下的外力、内力、应力、变形的计算;材料在拉伸和压缩时的机械性能指标,以及许用应力和安全系数的意义;拉伸和压缩时构件的强度的计算方法;弯曲应力、强度的计算。

§2-1 拉伸和压缩

一、概述

1.基本概念

各种机器设备和工程结构都是由若干个构件组成的。生产实践中,必须使组成机器或机构的构件能够安全可靠地工作,才能保证机器或机构的安全可靠性。构件的安全可靠性通常是用构件承受载荷的能力(简称承载能力)来衡量的。

构件承载能力包括了以下三个方面的要求。

①强度 构件强度不足,将出现断裂破坏或过大的塑性变形,这在工程上是不允许的。尤其是断裂破坏时,将带来严重后果。

②刚度 构件在受力后都将产生一定的变形,当变形超过允许值时,也将影响到构件的正常工作。例如,数控机床主轴若变形过大,会影响其加工精度等。

③稳定性 稳定性是指构件保持其原有形状下的平衡,即稳定平衡的能力。例如,受压的细长直杆,在轴向压力达到一定的数值时,会丧失原来直线形状下的平衡而失去工作能力,这种现象称为压杆的失稳;薄壁圆筒在扭转时也会出现失稳现象。

在第1章静力学中,我们把物体视为刚体。但绝对的刚体是不存在的。物体在外力作用下都有一定的变形。在材料力学中,将研究的构件均视为变形固体。

2.变形固体的基本假设

材料的物质结构和性质是非常复杂的。为了便于理论分析,只保留材料的主要特征,忽略其次要属性,因此,对变形固体做出如下基本假设。

①连续性假设　认为构件的整个体积内都毫无空隙地充满着物质。

②均匀性假设　认为构件内各个部分的力学性能完全相同。

③各向同性假设　认为材料沿各个方向的力学性能完全相同。工程上的材料大都符合这一假设。若材料沿不同方向呈现不同的力学性能,则称为各向异性材料。例如,木材的顺纹方向与横纹方向的力学性能明显不同。对各向异性材料,在计算中应分别考虑其不同方向的承载能力。

注意:在材料力学中所讨论的变形相对于构件的原始尺寸是很小的。因此,在研究构件的平衡和运动等问题时,均可按构件的原始尺寸计算,从而使计算大为简化。

3. 内力、截面法和应力

(1)内力的概念

构件在没有受到外力作用时,其内部就有相互作用的内力。正是由于这种内力的存在,才使物体保持一定的形状。构件在受到外力作用时,内部各质点间的相对位置将发生变化,从而引起各质点间相互作用力的改变,这就是材料力学中所说的内力。也就是说,它是由于外力作用而引起的"附加内力"。因此,构件如果不受外力作用,内力即为零。当外力超过一定的限度时,零件就要破坏。因此,必须研究内力,这是解决零件强度和刚度问题的基础。

(2)截面法

截面法是材料力学求内力的基本方法,其步骤为:

①截开　沿物体所要求的内力截面假想地将物体截分为两部分,任取一部分为研究对象。

②代替　用作用于该截面上的内力代替另一部分对被研究部分的作用。

③平衡　对所研究部分建立平衡方程,从而确定截面上内力的大小和方向。

(3)应力

由经验可知,两根材料相同、截面大小不同的杆件,在相同外力作用下,细杆容易破坏。这就说明,零件的破坏不仅与零件的内力有关,还与截面的大小有关。我们把内力在截面上的分布集度称为应力,即单位面积上的内力。应力的方向由内力的方向决定。如果应力方向与截面垂直,称为正应力,其符号为 σ;如果应力方向与截面平行,称为切应力,其符号为 τ。

应力的单位采用国际单位制,为帕斯卡或千帕斯卡、兆帕斯卡、吉帕斯卜,其简称和代号分别为帕(Pa)、千帕(kPa)、兆帕(MPa)、吉帕(Gpa)。其换算为:$1\ Pa=1\ N/m^2$,$1\ GPa=10^3\ MPa=10^6\ kPa=10^9\ Pa$。

4. 杆件变形的基本形式

(1)轴向拉伸与压缩

当杆件受到一对与其轴线重合的外力作用时产生的变形称为轴向拉伸或轴向压缩。其变形主要表现为纵向的伸长或缩短,如内燃机中的连杆、千斤顶的顶杆等。

(2)剪切

在一对大小相等、方向相反、作用线相距很近的横向外力作用下,直杆所发生的变形称为剪切变形。其变形主要表现为横截面沿外力作用方向发生相对错动,如铆钉、受剪螺栓等。

（3）扭转

在一对大小相等、转向相反、作用面与杆件轴线垂直的力偶作用下,直杆所发生的变形称为扭转变形。其变形主要表现为各横截面绕轴线相对转动,这种变形在轴类零件中尤为常见。

（4）弯曲

当杆件受到纵向平面内的力偶或横向力作用时,所发生的变形称为弯曲变形。变形后杆件轴线变弯,各横截面绕垂直于轴线的轴相对转动,如桥梁、机器中的转轴等。

在工程应用中,拉伸和压缩变形是构件最常见的变形形式,其中较为简单的是杆件的拉伸和压缩问题。如图 2-1(a)所示,杆受到一对平衡力 F 的作用拉伸时,力的作用方向与杆的轴线重合,在 F 力作用下杆 AB 将被拉长;相反,当杆 BC 受到一对平衡力 F 的作用压缩时,将会被压短(图 2-1(b))。在工程实际中,许多构件并非是简单的杆件,而多是由杆件构成的网架结构,如建筑结构中的屋架(图 2-2)、起重机手臂(图 2-3)等。虽然其受力方式是多样的,但都可以分解成为拉伸、压缩等简单的受力形式来简化模型解决问题。因此,对杆件拉伸和压缩问题的掌握在工程力学中是很重要的。

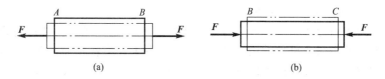

图 2-1　轴向拉伸和压缩

图 2-2　屋架图

图 2-3　起重机手臂

本章内容将介绍与拉伸和压缩问题相关的基本概念和解决该类问题的基本方法,主要着重于解决杆件及其网架结构等的拉伸和压缩问题,通过工程应用和理论分析的结合,使读者掌握工程静力学分析这一重要理论工具。

二、轴向拉伸(压缩)杆件、横截面上的内力——轴力、轴力图

1.轴向拉伸(压缩)杆件

杆件所受的拉伸或压缩伴随着其自身在受力方向的变形,这种变形称为轴向拉伸或轴向压缩。这种变形形式有两个特点:第一要求杆件是直杆,其轴线是直线;第二要求外力作用线和杆件的轴线重合,如图2-1所示。直杆可以是相同的截面形状,称为等截面直杆,也可以是不同的截面形状,称为变截面直杆,外力可以是拉力,也可以是压力;可以是两个力,也可以是多个力;可以是集中力,也可以是分布力。例如,图2-4所示就是轴向拉伸(压缩)杆件的几种情况。

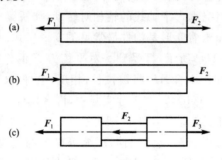

图 2-4　不同形式的拉伸和压缩

2.横截面上的内力和截面法

对杆件受力进行分析需要从内力开始。当杆件受外力作用发生变形时,杆件内部产生一种抵抗变形的力阻止杆件的进一步变形,这种由于外力作用而产生于杆件内部的相互作用力称为内力。在弹性范围内,内力随外力的改变而相应变化。杆件内力的增加有一定的限度(极限值),如果施加于杆件的外力过大,内力增加就超过了限度,杆件将发生破坏。因此,要了解杆件轴向拉伸(压缩),则必须对杆件材料特点及其内力极限值进行考察。

截面法是材料力学中求内力的一个最基本的方法。其思路是将杆件分离成两部分,根据静力学平衡条件来求内力。例如,图2-5所示的等截面直杆受到一对平衡力 F 的作用拉伸,该系统满足轴向拉伸条件。若用一截面将直杆沿 m—m 成两个部分,取其中一个部分作为研究对象,将丢掉的部分对留下部分的作用以力 F_N 来表示,根据静力学平衡条件($\Sigma F_x = 0$)就很容易求出内力。

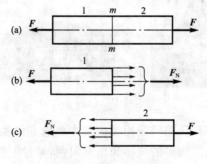

图 2-5　截面法示意图

3.轴力和轴力图

由于材料的连续性,杆件在受到外力作用时,产生的内力在截面上也是连续分布的,

其合力通过形心并与轴线方向一致,这样的内力合力通常称为轴力(见图 2-5 中 F_N)。拉伸时轴力方向远离截面,压缩时轴力方向指向截面。一般规定,引起杆件纵向伸长变形的轴力为正,称为拉力;引起杆件纵向缩短变形的轴力为负,称为压力。

当杆件受到多个外力作用时,杆件各段轴力的大小和方向各异(图 2-6),所以,为了形象地表达各截面轴力的变化情况,通常将其绘制成图,称为轴力图。绘制方法是以杆件的一个端点为坐标原点,取平行于杆件轴线的方向为 x 轴,其值代表截面的位置;取轴力 F_N 为 y 轴的值,正值在 x 轴(基线)上方,负值在 x 轴下方,如图 2-6(d)所示。

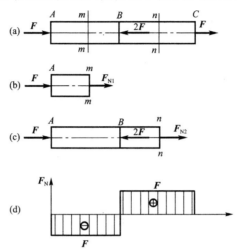

图 2-6　轴力图

下面通过举例详细说明轴力的求法和轴力图的画法。

【例 2-1】 如图 2-7(a)所示的等截面直杆,已知 $F_1 = 10$ kN,$F_2 = 20$ kN,$F_3 = 35$ kN,$F_4 = 25$ kN,试画出杆的轴力图。

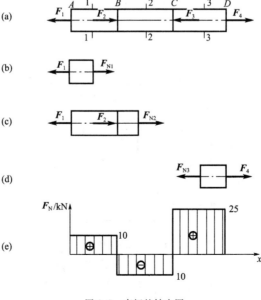

图 2-7　直杆的轴力图

解 (1)计算各段的轴力

AB 段(图 2-7(b))由 $\Sigma F_x=0$,得

$$F_{N1}=F_1=10 \text{ kN}$$

BC 段(图 2-7(c))由 $\Sigma F_x=0$,得

$$F_{N2}=F_1-F_2=(10-20)\text{ kN}=-10\text{ kN}$$

CD 段(图 2-7(d))由 $\Sigma F_x=0$,得

$$F_{N3}=F_4=25\text{ kN}$$

(2)绘制轴力图如图 2-7(e)所示。

三、拉(压)杆的应力

1.横截面上的应力

杆件在受拉伸(压缩)时,其稳定性不仅与内部的内力大小有关,也与杆件横截面的面积有关。例如,在相同大小的拉力作用下,横截面小的细杆总是先于粗杆被拉断。将内力和横截面结合起来考虑是工程上常用的方法。一般来说,将杆件受外力作用后内部产生的单位面积上的内力称为应力。应力是衡量杆件横截面上内力分布密集程度的量,对杆件强度分析具有重要意义。

如图 2-8 所示,当一等截面直杆受到一对平衡力 F 的作用拉伸时,杆件轴向伸长,同时横向缩小,所以横截面 1—1 和 2—2 转变成 1′—1′ 和 2′—2′。为确定该过程中横截面上的应力,我们必须对杆件内部的变形做出一条重要假设,即变形前是平面的横截面(1—1 和 2—2 横截面),变形后仍保持为平面(1′—1′ 和 2′—2′仍为平面)且仍垂直于杆的轴线,这称为平面假设。根据平面假设,杆件的任一横截面上各点的变形均是相同的,所以杆受拉伸(压缩)时的内力在横截面上是均匀分布的。对于图 2-8 所示的拉杆,如果设拉(压)杆的横截面积为 A,那么应力为 F_N/A。可见,在横截面上各点处的应力都是相同的。用 σ 来表示应力,可以得到拉(压)杆的正应力计算公式为

$$\sigma=\frac{F_N}{A} \tag{2-1}$$

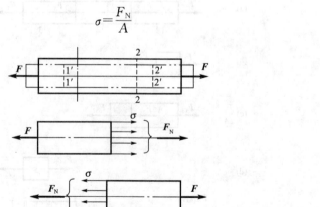

图 2-8 拉压杆横截面上的应力分布

σ 的方向与 F_N 的方向一致(图 2-8),垂直于横截面,故称为正应力。与内力的定义类似,式(2-1)中的 F_N 为拉力时,正应力 σ 为正;F_N 为压力时 σ 为负。σ 的单位名称是帕[斯卡],单位符号为 Pa,1 Pa=1 N/m²。

下面通过两个例题介绍正应力的计算方法。

【例 2-2】 图 2-9 所示矩形截面($b \times h$)杆,已知 $b = 2$ cm,$h = 4$ cm,$F_{P1} = 20$ kN,$F_{P2} = 40$ kN,$F_{P3} = 60$ kN,求 AB 段和 BC 段的应力。

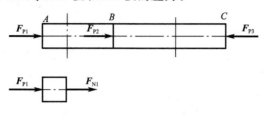

图 2-9　矩形截面杆

解　(1)计算 AB 段的应力

根据
$$\Sigma F_x = 0, \quad F_{N1} + F_{P1} = 0$$
得
$$F_{N1} = -F_{P1} = -20 \text{ kN}$$
由式(2-1)得
$$\sigma_1 = \frac{F_{N1}}{A_1} = \frac{-20 \times 1000 \text{ N}}{20 \times 40 \text{ mm}^2} = -25 \text{ MPa}$$

(2)计算 BC 段的应力

根据
$$\Sigma F_x = 0, \quad -F_{N2} - F_{P3} = 0$$
得
$$F_{N2} = -F_{P3} = -60 \text{ kN}$$
由式(2-1)得
$$\sigma_2 = \frac{F_{N2}}{A_2} = -75 \text{ MPa}$$

【例 2-3】 图 2-10 所示为起吊三脚架,AB 杆由截面积为 10.86 cm^2 的两根角钢组成,$G = 130$ kN,$\alpha = 30°$,求 AB 杆截面应力。

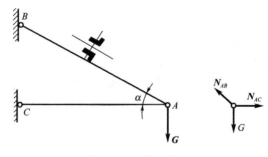

图 2-10　起吊三脚架

解　(1)计算 AB 杆内力

对节点 A:根据 $\Sigma F_y = 0$,得
$$N_{AB} \sin 30° = G$$
则
$$N_{AB} = 2G = 260 \text{ kN(拉力)}$$

（2）计算 σ_{AB}

由式（2-1）得

$$\sigma_{AB}=\frac{N_{AB}}{A}=\frac{260\times10^{3}}{10.86\times2\times10^{-4}}\times10^{-6}=119.7\ \mathrm{MPa}$$

2.应力集中的概念

等截面直杆受轴向拉伸或压缩时，横截面上的应力是均匀分布的。但由于实际需要，有些零件必须有切口、切槽、油孔、螺纹、轴肩等，导致在这些部位上截面尺寸发生突然变化。试验结果和理论分析表明，在零件尺寸突然改变处的横截面上，应力并不是均匀分布的，例如，开有圆孔和带有切口的板条（图 2-11），当其受轴向拉伸时，在圆孔和切口附近的局部区域内，应力将急剧增加，但在离开这一区域稍远处，应力就迅速降低而趋于均匀。这种因杆件外形突然变化而引起局部应力急剧增大的现象，称为应力集中（图 2-11）。

试验结果表明：截面尺寸改变得越大且突然，角越尖，孔越小，应力集中的程度就越严重。因此，零件上应尽可能地避免出现带尖角的孔和槽，在阶梯轴的轴肩处要用圆弧过渡，而且在结构允许的范围内，应尽量使圆弧半径值大一些。

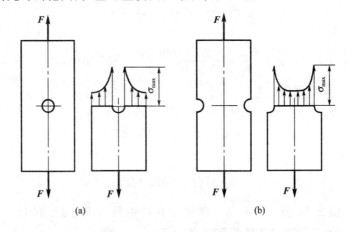

图 2-11　应力集中现象

各种材料对应力集中的敏感程度并不相同，塑性材料有屈服阶段，当局部的最大应力 σ_{max} 到达屈服极限 σ_{s} 时，该处材料的变形可以继续增长，而应力却不再加大。如外力继续增加，增加的力就由截面上尚未屈服的材料来承担，使截面上其他点的应力相继增大到屈服极限。这就使截面上的应力逐渐趋于平均，降低了应力不均匀程度。脆性材料没有屈服阶段，当载荷增加时，应力集中处首先到达抗拉强度 σ_{b}，该处将首先产生裂纹。所以，对于脆性材料制成的零件，应力集中的危害性更为严重。对于脆性材料，其内部的不均匀性和缺陷往往是产生应力集中的主要因素，而零件外形的改变所引起的应力集中就可能成为次要因素，对零件的承载能力不一定造成明显的影响。

当零件受周期性变化的应力或受冲击载荷作用时，不论是塑性材料还是脆性材料，应力集中对零件的强度都有严重影响，往往是零件破坏的根源。

四、拉(压)杆的变形、胡克定律

1. 变形

杆件在受外力拉伸或压缩时,其轴向和横向尺寸都要发生改变,如图 2-12 所示。一般,在外力作用下杆件发生的形状和尺寸的改变称为变形。轴向尺寸的改变称为轴向变形,横向尺寸的改变称为横向变形,线段长度的改变称为线变形。

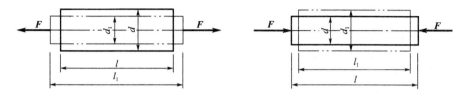

图 2-12　拉(压)杆的变形

如图 2-12 所示,杆原长为 l,直径为 d,受一对轴向拉力 F 的作用发生变形。变形后杆长为 l_1,直径为 d_1 则有

$$\Delta l = l_1 - l \tag{2-2}$$

$$\Delta d = d_1 - d \tag{2-3}$$

其中 Δl 是纵向绝对变形量,Δd 是横向绝对变形量。当拉伸时,Δl 是正值,Δd 为负值;而压缩时,Δl 为负值,Δd 为正值。但是,仅靠对轴向和横向变形量的描述无法说明沿杆长度方向各段的变形程度。在平面假设的前提下,拉(压)杆各段的伸长(缩短)是均匀的,因此,其变形程度可以用单位长度的伸长(压缩)来表示。杆件单位长度的变形称为相对变形,或称线应变 ε。若用 ε_x 表示纵向线应变,而以 ε_y 表示横向线应变,则有

$$\varepsilon_x = \frac{\Delta l}{l} \tag{2-4}$$

$$\varepsilon_y = \frac{\Delta d}{d} \tag{2-5}$$

2. 胡克定理

杆件在外加载荷作用下产生的变形与载荷之间的关系可以通过实验确定。实验表明,在弹性范围内,变形与载荷成正比,与杆件的长度成正比,与杆件横截面积成反比。由于这一关系是由科学家胡克首先提出的,故称为胡克定理,其表达式为

$$\Delta l = \frac{Fl}{EA} = \frac{F_{\mathrm{N}} l}{EA} \tag{2-6}$$

式中,E 为比例常数,称为材料的弹性模量;A 为杆的横截面积。

结合式(2-1)和式(2-4)可以得到胡克定理的应力应变表达式

$$\sigma = E\varepsilon \tag{2-7}$$

式中,σ 代表正应力;ε 代表线应变。

式(2-7)意味着当应力不超过比例极限时,正应力与线应变成正比。考虑到杆件横向线应变与纵向线应变之间的关系,实验结果还表明两者之比为常数 μ,即有

$$\mu = \left| \frac{\varepsilon_y}{\varepsilon_x} \right| = -\frac{\varepsilon_y}{\varepsilon_x} \tag{2-8}$$

式中, μ 称为泊松比或横向变形常数,它和弹性模量 E 都是反映材料弹性能力的常数。

3. 拉(压)杆变形计算

下面通过例题介绍拉(压)杆的变形计算

【例 2-4】 等截面直杆图如图 2-13 所示 ,其横截面积为 S,弹性模量为 E,试计算 D 点的位移

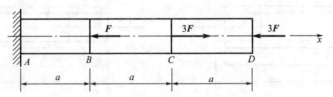

图 2-13 等截面直杆

解 解题的关键是先准确计算出每段杆的轴力,然后计算出每段杆的变形,再将各段杆的变形相加即可得出 D 点的位移。这里要注意位移的正负号应与坐标方向相对应。

$$\Delta l_{AB} = -\frac{Fa}{ES}$$

$$\Delta l_{BC} = 0$$

$$\Delta l_{CD} = -\frac{3Fa}{ES}$$

$$\Delta l_{AB} + \Delta l_{BC} + \Delta l_{CD} = -\frac{4Fa}{ES}$$

D 点的位移: $-\dfrac{4Fa}{ES}$,计算结果为负,说明杆的总变形为缩短。

五、材料在拉伸和压缩时的力学性能

材料在外力的作用下,强度和变形方面所表现出的性能称为材料的力学性能。研究材料的力学性能在工程应用中极为重要。材料的力学性能首先由材料的内因(成分、缺陷等)确定,与外因(如温度、加速度等)也有关系。本节着重介绍杆件在拉伸和压缩试验中所表现出来的力学性能。

1. 材料拉伸时的力学性能

在进行材料力学性能试验时,为方便比较不同材料的试验结果,需要按照国家标准《金属材料 拉伸试验 第 1 部分:室温试验方法》(GB/T 228—2010)中的规定做成标准试样。拉伸圆试样(试件)如图 2-14 所示(较常用的还有矩形截面试样)。为避免试件两端对测试结果的影响,取试件中间 l 长的一段等截面直杆作为测量变形的计算长度(或工作长度),称为原始标距。通常将圆截面标准试件的标距 l 与其横截面直径 d 的比值规定为 $l=10d$ 或 $l=5d$。

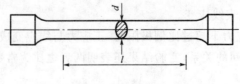

图 2-14 拉伸圆试样

下面通过低碳钢的拉伸试验介绍材料在拉伸时的力学性能。将低碳钢($w_C \leqslant 0.3\%$)在万能试验机下拉伸直至断裂过程中试件所受的拉力 F 和相应伸长量 Δl 记录下来,以纵坐标表示拉力 F,横坐标表示伸长量 Δl,把 F 与 Δl 的关系,按一定比例绘制成图 2-15(a)所示的曲线,该曲线称为低碳钢的拉伸图或 F-Δl 曲线。拉伸图只反映了试件在拉伸过程中的现象,为消除试件尺寸因素影响,根据前文中的内容,将纵坐标值(F 值)除以试件原截面面积 A 得到应力 σ 值,将横坐标值(Δl 值)除以试件标距 l 得到应变 ε 值。这样可以绘制出图 2-15(b)所示的应力—应变图($\sigma\varepsilon$ 曲线),它反映了材料拉伸时外加载荷与材料抗力的变化规律,据此就能判断材料的许多重要力学性能。

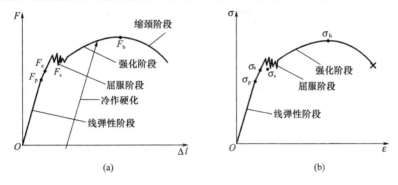

图 2-15　低碳钢的 F-Δl 和 $\sigma\varepsilon$ 曲线

从 2-15 中可以看出,低碳钢的拉伸过程经历四个变形阶段。依次是线弹性阶段、屈服阶段、强化阶段和缩颈阶段。

在弹性阶段,试件的变形完全是线弹性的,全部载荷去除后,试件将完全恢复其原长,因此也称为线弹性阶段。弹性阶段内,试件变形符合胡克定理;F_p 点对应着弹性范围的最高限,与之对应的应力 σ_p 则称为比例极限。弹性阶段的最高点 F_e 是试件卸载后不发生塑性变形的极限,所以与之对应的应力 σ_e 称为弹性极限。由于这两个极限相差不大,通常工程上并不区分这两个极限,而通称为弹性极限。

试件变形超过弹性极限后,应力发生幅度不大的波动,同时应变迅速增加,这一现象称为材料的屈服或流动,这一变形阶段则称为材料屈服阶段。在此阶段试件上出现与试件轴线方向呈约 45°角的条纹,它们对应试件最大切应力面的滑移过程,所以称为滑移线。屈服阶段的结束点的应力称为上屈服极限,开始点(F_s)的应力(σ_s)称为下屈服极限。上屈服极限数值不稳定,所以通常以下屈服极限称为材料的屈服极限,以 σ_s 表示。

试件变形经过屈服阶段后,材料主要发生塑性变形。塑性变形变形量很大,所以可以明显看到试件的横向尺寸缩小,同时,由于塑性变形过程中材料位错等交割强化作用,应力也有一定的上升,所以,这一阶段称为材料的强化阶段。图 2-15 中 F_b 是曲线的最高点,此时它所对它应的应力 σ_b 也达到了最大值,因此,σ_b 称为材料的强度极限。

当应力达到强度极限后,试件的某段横截面将显著收缩,出现图 2-16 所示的"缩颈"现象。缩颈出现后,试件变形所需拉力逐渐减小,最终试件在缩颈处断裂。

如图 2-15 所示,如果在强化变形阶段中停止加载,并逐渐卸除载荷,可以看到该过程中试件应力-应变关系为线性关系,此段直线与弹性阶段 OF_p 段直线近乎平行。由此可见,在强化阶段,试件的变形包括了弹性应变和塑性应变两部分。卸载过程中,弹性变形消失,只留下塑性变形。所以如对试件预先加载,使其达到强化阶段,然后卸载;当再加载时试件的线弹性阶段将增加,而其塑性降低,这称为冷作硬化现象。在工程上常利用冷作硬化来提高材料在线弹性范围内所能承受的最大载荷。

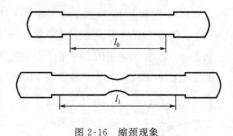

图 2-16　缩颈现象

试件拉断后,弹性变形消失,保留下塑性变形。常用延伸率 δ 和截面收缩率 ψ 来表示材最终发生塑性变形的程度。两者表达式如下

$$\delta = \frac{l_1 - l}{l} \times 100\% \qquad (2\text{-}9)$$

$$\psi = \frac{A - A_1}{A} \times 100\% \qquad (2\text{-}10)$$

式中,l 是试件标距原长;l_1 是断裂后标距长度;A 是试样原来的横截面积;A_1 代表断裂处最小截面横截面积。

显然 δ 和 ψ 越大,材料的塑性也越好。工程上将 $\delta > 5\%$ 的材料称为塑性材料;$\delta < 5\%$ 的材料称为脆性材料。可见,延伸率和截面收缩率是衡量材料塑性的重要指标,而屈服极限和强度极限是衡量材料强度的重要指标。

2.材料的压缩力学性能

材料压缩的标准试件是短圆柱体,其高度 h 与直径 d 之比为 1.5～3。

同样,以低碳钢为例介绍材料的压缩性能。如图 2-17 所示为低碳钢压缩时的应力-应变曲线和拉伸时的应力-应变曲线($\sigma\varepsilon$ 曲线)的对比图。其中虚线为压缩试验数据,实线为拉伸试验数据。结果表明试件在压缩条件下,其弹性模量、弹性极限及屈服极限与拉伸时基本相同,在这段范围内压缩和拉伸的应力-应变曲线($\sigma\varepsilon$ 曲线)基本重合。但是过了屈服阶段后,试件在压缩时的名义应力的增大率随应变的增加而越来越大。这是因为到了强化阶段,试件的横截面积逐渐增大,而计算名义应力时仍然采用试件原来的横截面积。由于试件横截面积越压越大,试件不可能产生断裂,所以低碳钢试件的抗压强度极限无法确定。

对于较脆的材料铸铁,压缩时的应力-应变曲线如图 2-18 所示。其中虚线代表拉伸时的 $\sigma\varepsilon$ 曲线,实线代表压缩时的曲线。比较两曲线可以看出,拉、压时曲线的直线部分均不明显,可以认为近似地服从胡克定理,且不存在屈服极限。压缩时试件随压力增加而逐渐呈鼓形,在变形不大的情况下沿与轴线方向成 45° 左右的斜截面断裂(图 2-18)。断裂时的最大应力称为抗压强度极限(σ_{by})。从图 2-18 中还可以看出铸铁压缩时的强度极限比拉伸时的强度极限高 4～5 倍。因此它可以作为承压构件。

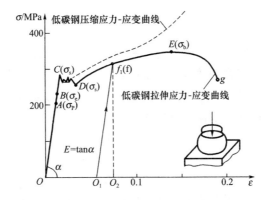

图 2-17　低碳钢压缩时的应力-应变曲线

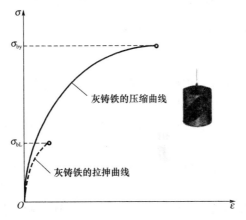

图 2-18　铸铁压缩时的应力-应变曲线

六、拉(压)杆的强度条件及其应用

判断杆件是否会因为强度不足而发生破坏,需要考虑材料的强度与材料在载荷作用下所表现出来的力学性能。材料丧失正常工作能力时的应力,称为极限应力,以 σ_u 来表示。对于塑性较好的材料,当应力达到屈服极限 σ_s 时,将发生较大的塑性变形,此时虽未发生破坏,但因变形过大将影响构件的正常工作,引起失效,所以把 σ_s 定为极限应力,即 $\sigma_u = \sigma_s$。对于较脆的材料,塑性变形较小,故断裂是破坏的标志,故以强度极限作为极限应力,即 $\sigma_u = \sigma_b$。为保证杆件有足够的强度,它在载荷作用下所引起的应力的最大值应低于极限应力。

考虑到实际杆件工作条件的复杂性,例如构件在使用中可能出现超载情况等,所以为安全起见,杆件必须有一定的强度储备。即必须使杆件内的最大工作应力低于材料的极限应力。将杆件在工作时所允许产生的最大应力称为许用应力,用 $[\sigma]$ 表示。极限应力与许用应力的比值称为安全因数 n。对于脆性材料和塑性材料,安全因数分别用 n_b 和 n_s 表示,即

$$[\sigma] = \frac{\sigma_u}{n} \qquad (2\text{-}11)$$

$$[\sigma] = \frac{\sigma_s}{n_s} \qquad (2\text{-}12)$$

$$[\sigma] = \frac{\sigma_b}{n_b} \qquad (2\text{-}13)$$

安全因数是大于 1 的数,它的选取直接影响使用材料的数量。若安全因数取得过大,必然造成材料的浪费;若安全因数取得太小则可能发生事故。因此,安全因数的确定不单纯是力学方面的问题,这里同时也包括了工程上和经济上的考虑。对于常用材料,在静载荷的作用下,安全因数的大致数值如下所述。

塑性材料:轧、锻件 $n_s = 1.2 \sim 2.2$

铸件 $n_s = 1.6 \sim 2.5$

脆性材料 $n_b = 2.0 \sim 3.5$

通过以上分析知道,为了保证试件在拉伸或压缩时具有足够的强度,则构件的工作应力不得超过材料的许用应力,即

$$\sigma_{max} = \frac{F_{Nmax}}{A} \leqslant [\sigma] \qquad (2\text{-}14)$$

式中,A 为杆件横截面积。

式(2-14)为拉压强度条件。应用这个条件可以解决三类形式的强度计算问题,即强度校核、设计横截面尺寸和确定许可载荷。

已知杆件的材料、横截面积和所受载荷,可以用式(2-14)验算构件的强度是否足够。若 $\sigma \leqslant [\sigma]$ 则强度足够,若 $\sigma \geqslant [\sigma]$ 则强度不够。

已知杆件所受的载荷和所用材料,那么根据式(2-14)可以确定杆件所需的横截面积,进而确定横截面尺寸。

若已知杆件的材料及横截面尺寸,可以按式(2-14)计算此杆件能安全地承受的轴力为 $F_{Nmax} \leqslant A[\sigma]$,并由此可以确定结构的许可载荷。

下面通过例题详细介绍强度条件的应用。

【例 2-5】 图 2-19 所示为空心圆截面杆,外径 $D = 20$ mm,内径 $d = 15$ mm,承受轴向载荷 $F = 20$ kN 的作用,材料的屈服应力 $\sigma_s = 235$ MPa,安全因数 $n = 1.5$。试校核杆的强度。

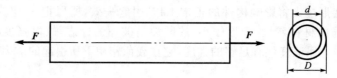

图 2-19 空心圆截面杆

解 杆件横截面积上的正应力为

$$\sigma = \frac{4F}{\pi(D^2 - d^2)} = \frac{4 \times (20 \times 10^3 \text{ N})}{\pi[(0.020 \text{ m})^2 - (0.015 \text{ m})^2]} = 145 \times 10^6 \text{ Pa} = 145 \text{ MPa}$$

材料的许用应力为

$$[\sigma] = \frac{\sigma_s}{n} = \frac{235 \times 10^6 \text{ Pa}}{1.5} \approx 156.66 \times 10^6 \text{ Pa} \approx 157 \text{ MPa}$$

可见,工作应力小于许用应力,说明杆件能够安全使用。

【例 2-6】 图 2-20 所示液压缸构件的 $D = 350$ mm,油压 $p = 1$ MPa。液压缸盖螺栓

的 $[\sigma]=40$ MPa,求螺栓所需直径。

解　(1)求螺栓承受的轴力　液压缸盖受到的力为

$$F=\frac{\pi}{4}D^2 p$$

每个螺栓承受轴力为总压力的 1/6,即螺栓的轴力为

$$F_N=\frac{F}{6}=\frac{\pi}{24}D^2 p$$

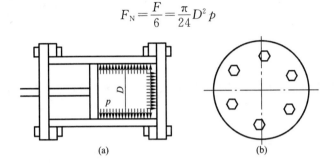

图 2-20　液压缸构件

(2)求螺栓所需直径　根据强度条件

$$\sigma_{max}=\frac{F_{Nmax}}{A}\leqslant[\sigma]$$

得 $A\geqslant\dfrac{F_{Nmax}}{[\sigma]}$,即

$$\frac{\pi}{4}d^2\geqslant\frac{\pi D^2 p}{24[\sigma]}$$

故螺栓的直径为

$$d\geqslant\sqrt{\frac{D^2 p}{6[\sigma]}}=\sqrt{\frac{0.35^2\times10^6}{6\times40\times10^6}}=22.6\times10^{-3}\ \text{m}=22.6\ \text{mm}$$

§2-2　剪切、挤压和扭转

一、剪切和挤压

1.剪切和挤压的概念

　　工程实际中受剪切的构件应用得很广泛,特别在构件的连接中是最常用到的。螺栓、铆钉、键、销等各种连接件在工作时,大都承受剪切变形。如图 2-21(a)所示的铆钉连接,当钢板受到载荷 F 作用时,载荷 F 由两块钢板传到铆钉上,使铆钉右上侧面和左下侧面受到压力作用(图 2-21(b)),介于作用力中间部分的 m—n 乃截面有发生相对错动的趋势,我们称这样的变形为剪切。图 2-22(a)所示是连接齿轮与轴的键连接,在工作时,键也要承受同样的变形。同样,在日常生活中,剪刀剪纸、剪布等,也是剪切的例子。

　　这类构件的受力特点是:作用在构件两侧面上的外力大小相等、方向相反、作用线相距很近(图 2-21(b)、图 2-22(b)),介于作用力中间部分的截面发生相对错动。构件的这种变形称为剪切变形,在变形过程中,产生相对错动的截面(如 m—n)称为剪切面。它位

于方向相反的两个外力之间,且与外力的作用线平行。图 2-21 中的铆钉、图 2-22 中的键各有一个剪切面,而有些连接件,如图 2-23 中的销钉有两个剪切面 $m-m$ 和 $n-n$。

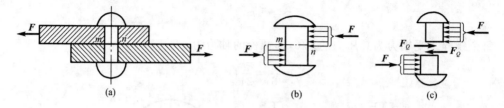

图 2-21　铆钉连接及受力分析

另外,铆钉在发生剪切变形的同时,钢板的孔壁和铆钉的圆柱表面还将产生挤压作用。

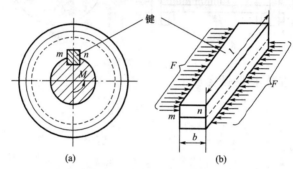

图 2-22　键连接及受力分析

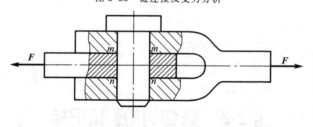

图 2-23　双面剪切

所谓挤压,是指在外力作用下,零件在接触表面上相互压紧的现象 。

2.剪切和挤压的实用计算

(1)剪切的实用计算

为了对构件进行抗剪强度计算,首先要计算剪切面上的内力。现以图 2-21(a)所示的铆钉为例,进行分析。

运用截面法,假想将铆钉沿剪切面($m-n$)分成上、下两部分,如图 2-21(c)所示。任取其中一部分为研究对象,由平衡方程得

$$F_Q = F$$

因 F_Q 与剪切面相切,故称为剪力,其相应的应力为切应力,以符号 τ 代表。

切应力在剪切面上的分布情况比较复杂,用理论方法计算切应力非常困难,工程上常以经验为基础,采用近似但切合实际的实用计算方法。在这种实用计算中,假定切应力在剪切面内均匀分布,则

$$\tau = \frac{F_Q}{A} \tag{2-15}$$

式中,A 为剪切面的面积。

为了保证构件在工作中不被剪断,必须使构件的实际切应力不超过材料的许用切应力 $[\tau]$,这就是抗剪强度条件,其表达式为

$$\tau = \frac{F_Q}{A} \leqslant [\tau] \tag{2-16}$$

许用切应力 $[\tau]$ 可从有关设计手册中查得。

（2）挤压的实用计算

两零件间产生挤压作用时,其接触表面称为挤压面,挤压面上的压力称为挤压力,用 F_{bs} 表示。而挤压面上的压强称为挤压应力,用 σ_{bs} 表示。挤压应力与压缩应力不同,压缩应力分布在整个构件内部,且在横截面上均匀分布;而挤压应力则只分布于两构件相互接触的局部区域,在挤压面上的分布也比较复杂。像切应力的实用计算一样,挤压应力的计算也采用实用计算的方法,即假定在挤压面上应力是均匀分布的,则

$$\sigma_{bs} = \frac{F_{bs}}{A_{bs}} \tag{2-17}$$

式中,A_{bs} 为挤压面面积。

挤压面面积的计算要根据接触面的情况而定。当接触面为平面时,如图 2-22 所示的键连接,其接触面面积为挤压面面积,即 $A_{bs} = \frac{h}{2} l$（图 2-24(a) 中带阴影部分的面积）;当接触面为半圆柱面时,如图 2-21 所示的铆钉连接,则挤压面面积为其接触面在直径平面上的投影面积,如图 2-24(c) 所示。故对于螺栓、销钉、铆钉等圆柱形连接件的挤压面面积计算公式为 $A_{bs} = dt$,d 为螺栓、销钉、铆钉等的直径,t 为钢板的厚度。

为了保证挤压构件正常工作,除了进行抗剪强度计算外,还要进行挤压强度计算。挤压强度条件为

$$\sigma_{bs} = \frac{F_{bs}}{A_{bs}} \leqslant [\sigma_{bs}] \tag{2-18}$$

式中,$[\sigma_{bs}]$ 为材料的许用挤压应力,其值可从有关设计手册中查得。

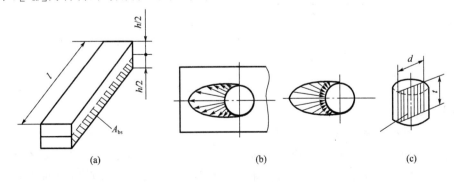

图 2-24　挤压面积的计算

最后指出,如果两接触构件的材料不同时,要以材料的许用挤压应力小的构件为基准

进行挤压强度计算。

【例 2-7】 某齿轮用平键与轴连接，如图 2-25 所示。已知轴的直径 $d=50$ mm，键的尺寸 $b×h×l=16$ mm×10 mm×80 mm，传递的力矩 $M=800$ N·m。键的许用切应力 $[\tau]=60$ MPa，许用挤压应力 $[\sigma_{bs}]=100$ MPa，试校核键的强度。

解 (1)计算作用于键上的剪力 F_Q 与挤压力 F_{bs} 取轴和键一起为研究对象，画受力图，如图 2-25(b)所示。由轴的转动平衡得

$$F=\frac{2M}{d}=\frac{2×800}{0.05}=32\ 000\ \text{N}=32\ \text{kN}$$

用截面法可求得剪切面的剪力为

$$F_Q=F=32\ \text{kN}$$

挤压力为

$$F_{bs}=F=32\ \text{kN}$$

(2)校核键的抗剪强度 键的剪切面积为 $A=bl=16×80=1\ 280$ mm²。按切应力计算公式式(2-15)得

$$\tau=\frac{F_Q}{A}=\frac{32×10^3}{1\ 280}\ \text{MPa}=25\ \text{MPa}<[\tau]$$

故抗剪能力足够。

(3)校核键的挤压强度 键的挤压面积为 $A_{bs}=\frac{h}{2}l=\frac{10}{2}×80=400$ mm²。按挤压应力强度条件即式(2-18)得

$$\sigma_{bs}=\frac{F_{bs}}{A_{bs}}=\frac{32×10^3}{400}\ \text{MPa}=80\ \text{MPa}<[\sigma_{bs}]$$

综上所述，整个键的强度足够。

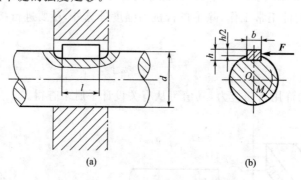

(a)   (b)

图 2-25 齿轮与轴的平键连接

二、扭转

1.轴扭转的概念与实例

在工程实际中，有许多杆件会承受扭转，如汽车的转向轴（图 2-26），当汽车转向时驾驶员转动转向盘，在转向盘上作用一力偶矩，该轴下端 B 处又受到来自转向器的反力偶矩作用，这时轴的任意相邻两个横截面间都发生绕轴线的相对转动（图 2-27），这种变形形式为扭转。扭转变形是杆件的又一种基本变形形式，工程中较常见的是直杆轴的扭转。

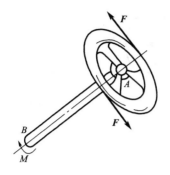

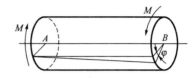

图 2-26　汽车的转向轴　　　　　　图 2-27　轴的扭转

由上述例子可见,杆件扭转时的受力特点为:杆件两端受到两个作用面与其轴线垂直的、大小相等的、转向相反的力偶矩作用。扭转时杆件任意两横截面间相对转过的角位移(图 2-27),称为扭转角,简称转角,常用 φ 表示。

2. 外力偶矩的计算

工程实际中,作用于轴上的外力偶矩并不是直接给出的,经常是给出转轴的转速及其所传递的功率来计算的。外力偶矩的计算公式为

$$M = 9\ 550\ \frac{P}{n} \tag{2-19}$$

式中,M 为外力偶矩,单位为 N·m;P 为轴传递的功率,单位为 kW;n 为轴的转速,单位为 r/min。

3. 扭矩和扭矩图

在求出作用于轴上的外力偶矩后,仍可采用截面法求轴横截面上的内力。图 2-28(a)所示为一等截面轴,其 A、B 两端上作用有一对平衡外力偶矩 M,将轴用假想平面沿 $m-m$ 截面处将轴分为两段,取左段为研究对象(图 2-28(b)),因 A 端有外力偶矩 M 的作用,为保持左段平衡,故在截面 $m-m$ 上必有一个内力偶矩 T 与之平衡,T 称为扭矩。则由力矩平衡方程可得

$$T = M$$

若取右段为研究对象(图 2-28(c)),可得到相同的结果,只是扭矩方向相反。为了使不论取左段还是取右段求得的扭矩的大小、符号都一致,对扭矩的正负号规定如下:采用右手螺旋法则,四指顺着扭矩的转向握住轴线,大拇指的指向表示扭矩矢量方向,该矢量若指出横截面,扭矩为正;矢量若背向横截面,扭矩为负。

若作用于轴上的外力偶矩多于两个,则往往用图线表示各横截面上的扭矩沿轴线的变化情况。作图时,以轴线 x 表示横截面的位置,取扭矩为纵坐标,这样绘成的图形称为扭矩图,以下举例说明。

【例 2-8】　如图 2-29(a)所示齿轮轴 ABC,其转速 $n = 300$ r/min,齿轮 A 输入功率 $P_A = 50$ kW,齿轮 B 及齿轮 C 输出功率分别为 $P_B = 30$ kW、$P_C = 20$ kW。试绘制轴 ABC 的扭矩图。

解　(1)计算外力偶矩　由式(2-19)得

$$M_A = 9\ 550\ \frac{P}{n} = 9\ 550\ \frac{50}{300}\ \text{N·m} = 1\ 592\ \text{N·m}$$

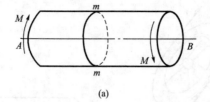

(a)

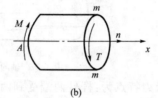

(b)

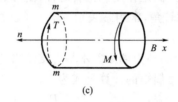

(c)

图 2-28 截面法求扭矩

$$M_B = 9\ 550\ \frac{P}{n} = 9\ 550\ \frac{30}{300}\ \text{N} \cdot \text{m} = 955\ \text{N} \cdot \text{m}$$

$$M_C = 9\ 550\ \frac{P}{n} = 9\ 550\ \frac{20}{300}\ \text{N} \cdot \text{m} = 637\ \text{N} \cdot \text{m}$$

式中,M_A 为主动力偶矩,与轴 ABC 转向相同;M_B、M_C 为阻力偶矩,其转向与轴转向相反。

(2)计算扭矩　将轴分为两段,逐段计算扭矩。

假想沿 1—1 截面把轴截开(图 2-29(b)),取左部分为研究对象,由 $\Sigma M = 0$ 得到

$$T_1 = M_A = 1\ 592\ \text{N} \cdot \text{m}$$

假想沿 2-2 截面把轴截开(图 2-29(c)),仍取左部分为研究对象,由 $\Sigma M = 0$ 得到

$$T_2 = M_A - M_B = 1\ 592 - 955 = 637\ \text{N} \cdot \text{m}$$

(3)画扭矩图　根据以上计算结果,画出扭矩图,如图 2-29(d)所示。由图看出,在集中外力偶矩作用面处,扭矩值发生突变,其突变值等于该集中外力偶矩的大小。最大扭矩在 AB 段内,其值为 $T_{\max} = 1\ 592\ \text{N} \cdot \text{m}$。

4.轴扭转时的应力和强度计算

为了导出轴扭转时最大应力的计算公式和强度计算公式,可进行如下试验。在一根等截面轴的表面上用圆周线和纵向线画成方格(图 2-30(a)),然后在轴的两端加上等值、反向的平衡外力偶矩 M 使其扭转(图 2-30(b)),则可以观察到如下现象:

(1)各圆周线绕轴线有相对转动,但形状、大小及相邻两圆周线之间的距离均不变。

(2)各纵向线倾斜了同一个角度 γ,但仍为直线,表面的小矩形则变形成平行四边形。

根据上诉现象,通过由表及里的推向,可以看出如下平面假设:轴扭曲变形前为平面的横截面,变形后仍为平面,形状和大小不变,半径仍为直线,且相邻的两截面间的距离不变,只是绕轴线旋转了一个角度。

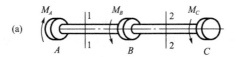

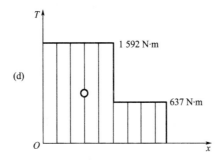

图 2-29　齿轮轴计算简图

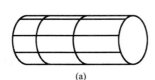 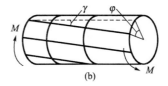

图 2-30　轴的扭转变形

由此可以得出结论:轴扭转时,横截面上只有垂直于半径方向的切应力,而没有正应力。

结合以上结论,通过几何关系、物理关系和静力关系三方面的推导(推导过程从略),可以得到轴扭转时横截面上切应力计算公式为

$$\tau_\rho = \frac{T}{I_P}\rho \tag{2-20}$$

式中,τ_ρ 为横截面上距圆心为 ρ 的点的切应力,单位为 MPa;T 为横截面上的扭矩,单位为 N·mm;ρ 为横截面上所求应力的点到圆心的距离,单位为 mm;I_P 为横截面对圆心的极惯性矩,单位为 mm⁴。

由式(2-20)可知,当 $\rho = R = d/2$ 时切应力最大,即轴横截面上边缘点的切应力最大,其值为

$$\tau_\rho = \frac{T}{I_P} \cdot \frac{d}{2} \tag{2-21}$$

引用记号 $W_P = \dfrac{I_P}{R}$,则

$$\tau_{max} = \frac{T}{W_P} \quad\quad (2\text{-}22)$$

式中，W_P 为抗扭截面系数，是横截面抵抗扭转破坏的截面几何量，单位为 mm^3。

下面讨论圆形截面的极惯性矩 I_P 与抗扭截面系数 W_P。

(1)实心圆截面(设直径为 d)的极惯性矩 I_P 和抗扭截面系数 W_P 的计算公式分别为

$$I_P = \frac{\pi d^4}{32} \approx 0.1d^4$$

$$W_P = \frac{I_P}{\dfrac{d}{2}} = \frac{\pi d^3}{16} \approx 0.2d^3 \quad\quad (2\text{-}23)$$

(2)空心轴(设外径为 D，内径为 d，且 $\alpha = d/D$)的极惯性矩 I_P 和抗扭截面系数 W_P 的计算公式分别为

$$I_P = \frac{\pi D^4}{32}(1-\alpha^4) \approx 0.1D^4(1-\alpha^4)$$

$$W_P = \frac{I_P}{D/2} = \frac{\pi D^3}{16}(1-\alpha^4) \approx 0.2D^3(1-\alpha^4)$$

综上所述，可以得到轴扭转时的强度条件应该是轴上最大工作切应力 τ_{max} 不超过材料的许用切应力 $[\tau]$，即

$$\tau_{max} \leqslant [\tau]$$

对于等截面轴，τ_{max} 应发生在最大扭矩 T_{max} 的横截面上周边各点处，所以其强度条件为

$$\tau_{max} = \frac{T_{max}}{W_P} \leqslant [\tau] \quad\quad (2\text{-}24)$$

材料的许用切应力 $[\tau]$ 可从有关设计手册中查得。

【例 2-9】 如图 2-27 所示某轴，已知轴的转速 $n = 10$ r/min，传递的功率 $P = 6$ kW，轴的直径 $d = 120$ mm。试求此轴的最大切应力。

解 (1)计算作用在轴上的外力偶矩和扭矩　由式(2-19)得

$$M = 9\,550\frac{P}{n} = 9\,550 \times \frac{6}{10} = 5\,730 \text{ N} \cdot \text{m}$$

从而，截面上的扭矩为 $T = 5\,730$ N·m。

(2)计算轴的抗扭截面系数 W_P　由式(2-23)得

$$W_P = \frac{I_P}{d/2} = \frac{\pi d^3}{16} \approx 0.2d^3 = 0.2 \times 120^3 \text{ mm}^3 = 3.456 \times 10^5 \text{ mm}^3$$

(3)计算轴的最大切应力　由式(2-24)得

$$\tau_{max} = \frac{T}{W_P} = \frac{5\,730 \times 10^3}{3.456 \times 10^5} \approx 16.6 \text{ MPa}$$

5.轴扭转时的变形和刚度计算

(1)轴扭转时的变形计算

轴扭转时的变形是用两个横截面绕轴线的相对转角，即扭转角 φ 来度量的。如图 2-27所示，设 A、B 两横截面之间的长度为 l，截面 B 相对于截面 A 的扭转角用 φ 表示。可以证明，轴扭转时，相距为 l 的两个横截面之间的相对转角的计算公式为

$$\varphi = \frac{Tl}{GI_P} \tag{2-25}$$

式中，φ 为相距为 l 的两个横截面之间的相对转角，单位为弧度（rad）；T 为横截面上的扭矩，单位为 N·m；l 为两横截面之间的距离，单位为 m；I_P 为横截面对圆心的极惯性矩，单位为 m⁴；G 为轴材料的切变模量，单位为 Pa。

式（2-25）表明，GI_P 越大，则扭转角 φ 越小，它反映了轴扭转变形的难易程度，故 GI_P 称为轴的抗扭刚度。

（2）轴扭转时的刚度计算

在工程中，轴扭转时除了要满足强度条件外，有时还要满足刚度条件。扭转的刚度条件就是限定单位长度扭转角 θ 的最大值不得超过规定的允许值 $[\theta]$，即

$$\theta_{max} = \frac{\varphi}{l} = \frac{T}{GI_P} \leqslant [\theta] \tag{2-26}$$

式中，θ 为单位长度扭转角，单位为 rad/m。

工程上，习惯把度/米（°/m）作为扭转角 θ 的单位。考虑单位换算，得到

$$\theta_{max} = \frac{180}{\pi}\frac{T}{GI_P} \leqslant [\theta] \tag{2-27}$$

各种轴类零件的 $[\theta]$ 值可从有关手册中查得。

【**例 2-10**】　传动轴如图 2-31(a)所示，已知主动轮 A 输入功率 $P_A = 30$ kW，从动轮输出功率分别为 $P_B = 5$ kW、$P_C = 10$ kW、$P_D = 15$ kW，该轴转速 $n = 300$ r/min，材料的切变模量 $G = 80$ GPa，许用切应力 $[\tau] = 40$ MPa，轴的许可转角 $[\theta] = 1$ °/m。试按强度条件和刚度条件设计此轴直径。

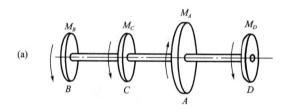

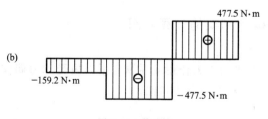

图 2-31　传动轴

解　（1）先计算外力偶矩　由式(2-19)得

$$M_A = 9\,550 \times \frac{P_A}{n} = 9\,550\,\frac{30}{300} = 955 \text{ N} \cdot \text{m}$$

$$M_B = 9\,550 \times \frac{P_B}{n} = 9\,550\,\frac{5}{300} = 159.2 \text{ N} \cdot \text{m}$$

$$M_C = 9\,550 \times \frac{P_C}{n} = 9\,550\,\frac{10}{300} = 318.3 \text{ N} \cdot \text{m}$$

$$M_D = 9\,550 \times \frac{P_D}{n} = 9\,550\,\frac{15}{300} = 477.5 \text{ N} \cdot \text{m}$$

(2)计算各段扭矩,画扭矩图。根据外力偶矩可求得轴的各段扭矩为

$$T_{BC} = -159.2 \text{ N} \cdot \text{m} \quad T_{CA} = -477.5 \text{ N} \cdot \text{m} \quad T_{AD} = 477.5 \text{ N} \cdot \text{m}$$

轴的扭矩图如图 2-31(b)所示,最大扭矩发生在 CA 和 AD 段,$T_{max} = 477.5$ N·m

(3)按强度条件设计轴径

根据

$$\tau_{max} = \frac{T_{max}}{W_P} = \frac{16 T_{max}}{\pi d^3} \leqslant [\tau]$$

整理得

$$d \geqslant \sqrt[3]{\frac{16 T_{max}}{\pi [\tau]}} = \sqrt[3]{\frac{16 \times 477.5}{\pi \times 40 \times 10^6}} = 0.039\,3 \text{ m}$$

(4)按刚度要求条件设计轴径

由式(2-27)得到

$$\theta_{max} = \frac{180}{\pi} \frac{T_{max}}{G I_P} \leqslant [\theta]$$

则

$$d \geqslant \sqrt[4]{\frac{32 T_{max} \times 180}{G \pi^2 [\theta]}} = \sqrt[4]{\frac{32 \times 477.5 \times 180}{80 \times 10^9 \times \pi^2 \times 1}} = 0.043\,2 \text{ m}$$

若要使轴同时满足强度条件和刚度条件,则应取 $d = 0.44$ m。

§2-3 弯 曲

一、平面弯曲的概念和梁的计算简图

(一)平面弯曲的概念

当杆件受到垂直于杆轴的外力作用或在纵向平面内受到力偶作用时(图 2-32),杆轴的轴线由直线弯成曲线,这种变形称为弯曲。

1. 工程实例

弯曲是工程实际中最常见的一种基本变形。如图 2-33(a)所示桥式起重机梁,图 2-34(a)所示的火车轮轴,它们在各自的载荷作用下,其轴线将由原来的直线弯成曲线。这种以弯曲变形为主的杆件通常称为梁。

2. 平面弯曲的概念

工程实际中,绝大部分梁的横截面至少有一根对称轴,全梁至少有一个纵向对称面。

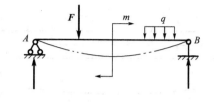

图 2-32 梁在弯曲时所受外力

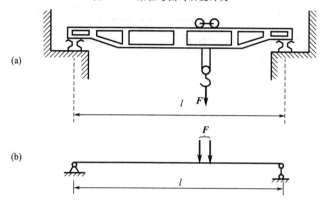

图 2-33 桥式起重机梁

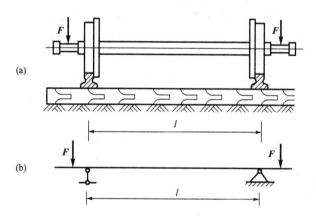

图 2-34 火车轮轴

使杆件产生弯曲变形的外力一定垂直于杆轴线,若这样的外力又均匀地作用在梁的某个纵向对称面内(图 2-35),则梁的轴线将弯成位于此对称面内的一条平面曲线,此种弯曲称为平面弯曲。

(二)梁的计算简图

在计算梁的强度与刚度时,必须针对所研究问题的主要矛盾,对梁所受的实际约束及载荷进行简化,从而得到便于进行定量分析的梁的计算简图。

1.载荷的简化

一般可将载荷简化为两种形式。当载荷的作用范围很小时,可将其简化为集中载荷(如图 2-35 中的集中力 F、集中力偶矩 M)。若载荷连续作用于梁上,则可将其简化为分布载荷(如水作用于水坝坝体上的作用力),呈均匀分布的载荷称均布载荷(图 2-35 中的

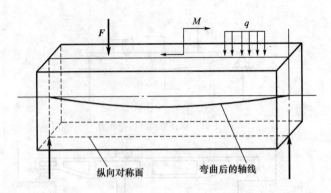

图 2-35 梁的平面弯曲

均布载荷 q）。

在图 2-33(a)中的起重机大梁,若考虑大梁自身重力对梁的强度和刚度的影响,则可将梁自身重力简化为作用于全梁上的均布载荷。

分布于单位长度上的载荷大小,称为载荷集度,通常以 q 表示。国际单位制中,集度单位为 N/m 或 kN/m。

2. 实际约束的简化

根据构件所受的实际约束方式,可将约束简化为下列几种形式:

(1)滑动铰支座　这种支座只在支承处限定梁沿垂直于支座平面方向的位移,因此只产生一个垂直于支座平面的约束力(图 2-36(a))。桥梁中的滚轴支座、机械中的短滑动轴承及滚动轴承都可简化为滑动铰支座。

(2)固定铰支座　这种支座在支承处限定梁沿任何方向的位移,因此,可用两个分力表示相应的约束力(图 2-36(b))。桥梁下的固定支座、机械中的推力轴承可简化为固定铰支座。

(3)固定端　这种约束既限定梁端的线位移,也限定其角位移,因此,相应的约束力有三个:两个约束分力,一个约束力偶矩(图 2-36(c))。机床上的刀杆、机械中的推力长轴承均可简化为固定端。

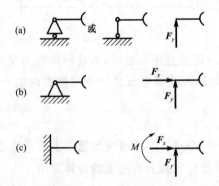

图 2-36 约束的简化

3. 梁的类型

如约束反力全部可以根据平衡方程直接确定,这样的梁称为静定梁。根据约束的类型及其所处位置,可将静定梁分为三种基本类型。

(1)简支梁　一端为固定铰支座,另一端为滑动
铰支座的梁,如图 2-33(b)所示。

(2)外伸梁　简支梁的一端或两端外伸,如
图 2-34(b)所示。`

(3)悬臂梁　一端固定而另一端自由的梁,如图 2-37 所示

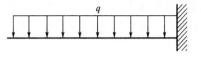

图 2-37　悬臂梁

二、梁的内力——剪力与弯矩

(一)用截面法分析计算梁的内力

梁上的载荷及约束力确定后,即可利用截面法分析梁的内力,进而为计算梁的强度与刚度做好准备。

以图 2-38 所示为例,用截面法分析 C 截面处的内力。

首先,依据平衡条件确定约束力。因该梁的结构及所受载荷对称,故可直接求出约束力 $R_A = R_B = 10$ kN。

以一假想平面在 C 处将梁截开,选其中一部分(左段)为研究对象,分析 AC 段的受力(图 2-39)。AC 段上作用着均布载荷 q、约束力 R_A 这样的外载荷、及 C 截面的内力(BC 段对处 C 段的作用力)。由平衡条件 $\Sigma F_y = 0$ 可知,C 截面上一定存在沿铅垂方向的内力,这种与截面平行的内力称为剪力,以 F_Q 表示。剪力的大小及实际方向由平衡方程确定。

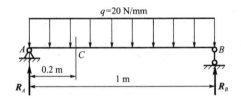

图 2-38　剪力弯矩 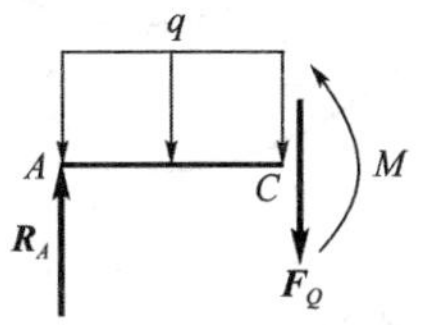　　　　　图 2-39　AC 段受力分析

由
$$\Sigma F_y = R_A - q \cdot AC - F_Q = 0$$

得
$$F_Q = 10 - 20 \times 0.2 = 6 \text{ kN(}C\text{ 截面上剪力的实际方向向下)}$$

又由平衡条件 $\Sigma M_C(\boldsymbol{F}) = 0$ 可知,C 截面上一定存在另一个内力分量,即力偶。此力偶的作用面位于梁的对称面,其矢量垂直于梁的轴线,此内力分量称为弯矩,以 M 表示。弯矩的大小及实际方向由平衡方程确定。

由
$$\Sigma M_C(\boldsymbol{F}) = M - R_A \cdot AC + \frac{q}{2} \cdot AC2 = 0$$

得 $M = 10 \times 0.2 - \dfrac{20}{2} \times 0.2^2 = 1.6$ kN · m(C 截面弯矩的实际方向为逆时针)

注意:一般将所求截面的形心作为力偶矩平衡方程的矩心。

(二)剪力与弯矩正负号的规定

在上面以截面法计算弯曲内力的过程中,我们选取了左段作为研究对象,所求得的剪力与弯矩是 C 处左截面上的弯曲内力。试分析,若选取右段作为研究对象,所求得的弯

曲内力则为 C 处右截面的内力,而左、右截面上剪力、弯矩的方向一定是相反的(因其为作用力与反作用力的关系),如图 2-40 所示。

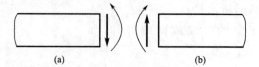

图 2-40 截面的反作用力

因此,有必要对弯曲内力的符号做出规定。

剪力正负号的规定:使所取研究段产生顺时针旋转趋势的剪力为正,反之为负,如图 2-41(a)、(b)所示。

弯矩正负号的规定:使所取研究段产生下凸变形的弯矩为正,反之为负,如图 2-41(c)、(d)所示。

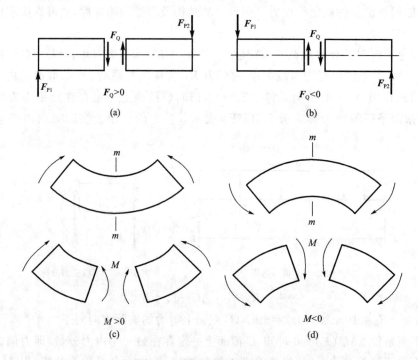

图 2-41 剪力与弯矩正负号的规定

这样,当采用截面法计算弯曲内力时,以一个假想平面将梁截开后,无论选择哪一段作为研究对象,所计算出的同一位置截面的内力就会具有相同的符号。

综上所述,可将计算弯曲内力的方法概括如下:

(1)在需要计算内力的截面处,以一个假想的平面将梁切开,选其中一段为研究对象(一般选择载荷较少的部分为研究对象,以便于计算)。

(2)对研究对象进行受力分析,此时,一般按正方向画出剪力与弯矩。

(3)由平衡方程 $\sum F_y = 0$ 计算剪力 F_Q。

(4)以所切截面形心为矩心,由平衡方程 $\sum M_C(F) = 0$ 计算弯矩。

三、剪力方程与弯矩方程、剪力图与弯矩图

梁横截面上的剪力与弯矩是随截面的位置而变化的。在计算梁的强度与刚度时,必须了解剪力及弯矩沿梁轴线的变化规律,从而找出最大剪力与最大弯矩的数值及其所在的截面位置。

因此,我们沿梁轴方向选取坐标 x,以此表示各横截面的位置,建立梁内各横截面的剪力、弯矩与 x 的函数关系,即

$$\boldsymbol{F}_Q = \boldsymbol{F}_Q(x)$$
$$M = M(x)$$

上述关系式称为剪力方程和弯矩方程,此方程从数学角度精确地给出了弯曲内力沿梁轴线的变化规律。

若以 x 为横坐标,以 $\boldsymbol{F}_Q$ 或 M 为纵坐标,将剪力、弯矩方程所对应的图线绘出来,即可得到剪力图和弯矩图,它们都是弯曲构件的内力图(当构件以受弯曲作用为主时,通常只考虑弯矩图)。通过内力图可使我们更直观地了解梁各横截面的内力变化规律。

下面通过例题来分析剪力方程与剪力图、弯矩方程与弯矩图及其作法。

【例 2-11】　一悬臂梁 AB(图 2-42(a)),右端固定,左端受集中力 $\boldsymbol{F}_P$ 作用。作此梁的剪力图及弯矩图。

解　(1)列剪力方程与弯矩方程

以 A 为坐标原点,在距原点 x 处将梁截开,取左段梁为研究对象,其受力分析如图 2-42(b)所示。

由平衡方程求 x 截面的剪力与弯矩

由 $\Sigma F_y = -F_Q - F_P = 0$,得

$$F_Q = -F_P$$

由 $\Sigma M_O = F_P x + M = 0$,得

$$M = -F_P x$$

因截面的位置是任意的,故式中的 x 是一个变量。以上两式即 AB 梁的剪力方程与弯矩方程。

(2)依据剪力方程与弯矩方程作剪力图与弯矩图

由剪力方程可知,梁各截面的剪力不随截面的位置而变,因此,剪力图为一条水平直线,如图 2-42(c)所示。

由弯矩方程可知,弯矩是 x 的一次函数,故弯矩图为一条斜直线(两点确定一线,$x = 0$ 时,$M = 0$;$x = l$ 时,$M = -F_P l$),如图 2-42(d)所示。

由于在剪力图和弯矩图中的坐标比较明确,故习惯上往往不再将坐标轴画出。

【例 2-12】　一简支梁 AB 受集度为 q 的均布载荷作用(图 2-43(a))。作此梁的剪力图与弯矩图。

解　(1)求支座反力

$$R_A = R_B = \frac{1}{2}ql$$

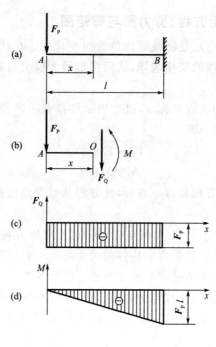

图 2-42 例题 2-11 图

（2）列剪力方程与弯矩方程

在距 A 点 x 处截取左段梁为研究对象，其受力如图 2-43（b）所示。由平衡方程

$$\Sigma F_y = R_A - qx - F_Q = 0$$

得

$$F_Q = R_A - qx = \frac{ql}{2} - qx$$

由

$$\Sigma M_O = -R_A x + qx\,\frac{x}{2} + M = 0$$

得

$$M = R_A x - qx \cdot \frac{x}{2} = \frac{ql}{2}x - \frac{q}{2}x^2$$

（3）画剪力图与弯矩图

由剪力方程可知剪力图为一斜直线。（两点确定一线：$x=0$ 时，$F_Q=ql/2$；$x=l$ 时，$F_Q=-ql/2$）如图 2-43（c）所示。

由弯矩方程可知弯矩图为一抛物线，抛物线上凸；在 $x=1/2$ 处，弯矩有极值，$M_{max}=ql^2/8$；$x=0$ 及 $x=1$ 时，$M=0$，如图 2-43（d）所示。

由剪力图及弯矩图可见，在靠近两支座的横截面上剪力的绝对值最大；在梁的中点截面上，剪力为零，而弯矩最大。

由内力图可以看出，在集中力偶矩作用处，其左右两侧横截面上的剪力相同，但弯矩则发生突变，突变量等于该集中力偶之矩。

在以上例题中，都是根据分离体的平衡条件求内力，从中我们也可总结求内力的简便方法，即直接根据外力计算梁在任意截面上的内力，规律如下：

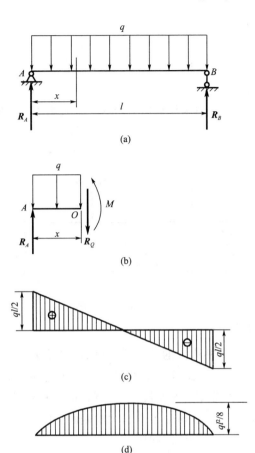

图 2-43　例题 2-12 图

1.剪力的计算规律

计算剪力是对截面左(或右)段梁建立投影方程,经过移项后可得

$$F_Q = \Sigma F_{y左} \quad 或 \quad F_Q = \Sigma F_{y右}$$

上两式说明:梁在任一横截面上的剪力等于该截面一侧所有外力在垂直于轴线方向投影的代数和,对所求截面产生顺时针转动趋势的外力取正号(参见图 2-41(a);反之取负号(参见图 2-41(b))。此规律可记为"顺转剪力正"。

2.弯矩的计算规律

计算弯矩是对梁截面左(或右)段建立力矩方程,经过移项后可得

$$M = \Sigma M_{C左} \quad 或 \quad M = \Sigma M_{C右}$$

上两式说明:梁内任一横截面上的弯矩等于该截面一侧所有外力(包括力偶)对该截面形心力矩的代数和。将所求截面固定,使所选梁段产生下凸弯曲变形的外力矩取正号(图 2-41(c));反之取负号(图 2-41(d))。此规律可记为"下凸弯矩正"。

利用上述规律直接由外力求梁内力的方法称为简便法。用简便法求梁内力可以省去画受力图和列平衡方程,从而简化计算过程。现举例说明。

【例 2-13】　用简便法求图 2-44 所示简支梁 1-1 截面上的剪力和弯矩。

解 (1)求支座反力

由梁的整体平衡求得

$$R_A = 8 \text{ kN}, \quad R_B = 7 \text{ kN}$$

(2)计算 1-1 截面上的内力

由 1-1 截面以左部分的外力来计算内力,根据"顺转剪力正"和"下凸弯矩正"得

$$F_{Q1} = R_A - F_1 = (8-6) \text{ kN} = 2 \text{ kN}$$

$$M_1 = R_A \times 3 - F_1 \times 2 = (8 \times 3 - 6 \times 2) \text{ kN} \cdot \text{m} = 12 \text{ kN} \cdot \text{m}$$

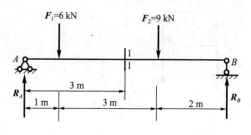

图 2-44 例题 2-13 图

四、纯弯曲正应力

在上一节中,通过对梁弯曲内力的分析,可以确定梁受力后的危险截面,这是解决梁强度问题的重要步骤之一。但要最终对梁进行强度计算,还必须确定梁横截面上的应力,即需要确定横截面上的应力分布情况及最大应力值,因为构件的破坏往往首先开始于危险截面上应力最大的地方。因此,研究梁弯曲时横截面上的应力分布规律,确定应力计算公式,是研究梁的强度前所必须解决的问题。

通过 §2-2 的研究我们知道,梁产生弯曲时其横截面上有剪力与弯矩两种内力,而剪力是由横截面上的切向内力元素 $\tau \text{d}A$($\text{d}A$ 为横截面上的面积元)所组成,弯矩则由法向内力元素 $\sigma \text{d}A$ 所组成,故梁横截面上将同时存在正应力 σ 与切应力 τ。但对一般梁而言,正应力往往是引起梁破坏的主要因素,而切应力则为次要因素。因此,本节着重研究梁横截面上的正应力,并且仅研究工程实际中常见的平面(对称)弯曲情况。

图 2-45(a)所示简支梁,在 F_P 力作用下,产生对称弯曲。观察图 2-45(b)、(c)所示的该梁的剪力图与弯矩图,CD 段梁的各横截面上只有弯矩,而剪力为零,我们称这种弯曲为纯弯曲。AC、BD 段梁的各横截面上同时有剪力与弯矩,这种弯曲称为横力弯曲。为了更集中地分析正应力与弯矩的关系,下面我们将以纯弯曲为研究对象,去分析梁横截面上的正应力。

(一)纯弯梁横截面上的正应力

1.纯弯曲的试验现象及相关假设

为了研究横截面上的正应力,我们首先观察在外力作用下梁的弯曲变形现象。

取一根矩形截面梁,在梁的两端沿其纵向对称面施加一对大小相等、方向相反的力偶矩 M,即使梁发生纯弯曲(图 2-46)。我们观察到如下的试验现象:

(1)梁表面的纵向直线均弯曲成弧线,而且,靠顶面的纵线缩短,靠底面的纵线拉长,而位于中间位置的纵线长度不变。

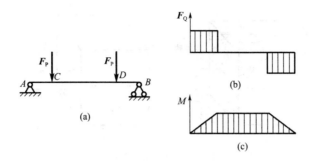

图 2-45　简支梁内力

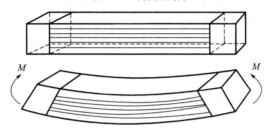

图 2-46　纯弯曲试验

(2)横向直线仍为直线,只是横截面间作相对转动,但仍与纵线正交。

(3)在纵向拉长区,梁的宽度略减小,在纵向缩短区,梁的宽度略增大。

根据上述表面变形现象,我们对梁内部的变形及受力作如下假设:

(1)梁的横截面在梁变形后仍保持为平面,且仍与梁轴线正交。此为平面假设。

(2)梁的所有与轴线平行的纵向纤维都是轴向拉长或缩短(即纵向纤维之间无相互挤压)。此为单向受力假设。

基于上述假设,我们将与底层平行、纵向长度不变的那层纵向纤维称为中性层。中性层即为梁内纵向纤维伸长区与纵向纤维缩短区的分界层。中性层与横截面的交线被称为中性轴。可以证明,中性轴通过横截面的形心。

概括起来就是:纯弯梁变形时,所有横截面均保持为平面,只是绕各自的中性轴转过一个角度,各纵向纤维承受纵向力,横截面上各点只有拉应力或压应力。

2.梁横截面上正应力的分布

经过推导(略),梁横截面上任意一点的正应力与该点到中性轴之距成线性关系,即正应力沿截面高度呈线性分布,而中性轴上各点的正应力为零。梁横截面上正应力的分布如图 2-47 所示。

3.正应力的计算

通过推导(略),可得到梁发生纯弯曲时横截面上任一点的正应力计算公式,即

$$\sigma = \frac{My}{I_z} \tag{2-28}$$

式中,I_z 为截面对中性轴 z 的惯性矩,$I_z = \int_A y^2 \mathrm{d}A$,它是仅与截面形状和截面尺寸有关的几何量;$M$ 为横截面上的弯矩;y 为横截面上欲求应力点到中性轴 z 的距离。

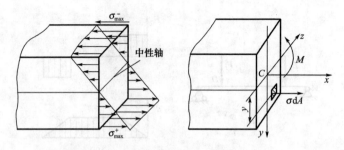

图 2-47　正应力分布图

由式(2-28)可知,梁发生纯弯曲时横截面上任一点的正应力与该截面上的弯矩成正比,与截面对中性轴 z 的惯性矩成反比。

当 $y = y_{max}$ 时,即梁上距离中性轴 z 最远处的应力有最大值,其计算公式如下,即

$$\sigma_{max} = \frac{My_{max}}{I_z} = \frac{M}{W_z} \tag{2-29}$$

式中,W_z 为截面对中性轴 z 的抗弯截面系数(抗弯截面模量),它也是一个仅与截面形状及尺寸有关的几何量。

当弯矩为正时,中性层以下部分属拉伸区,产生拉应力;中性层以上部分属压缩区,产生压应力。弯矩为负时,情况则相反。用式(2-29)计算正应力时,M 与 y 均代入绝对值,正应力的拉、压则由观察而定。

(二)常见截面的惯性矩、抗弯截面系数及平行移轴定理

1.常见截面的惯性矩和抗弯截面系数

(1)矩形截面的惯性矩 I_z 和抗弯截面系数 W_z

图 2-48 所示矩形截面,其高、宽分别为 h、b,z 轴通过截面形心 C 并平行于矩形底边。为求该截面对 z 轴的惯性矩,在截面上距 z 轴为 y 处取一微元面积(图中阴影部分),其面积 $dA = bdy$,根据惯性矩定义有

$$I_z = \int_A y^2 \, dA = \int_{-\frac{h}{2}}^{\frac{h}{2}} y^2 b \, dy = \frac{bh^3}{12}$$

则

$$W_z = \frac{\dfrac{bh^3}{12}}{\dfrac{h}{2}} = \frac{bh^2}{6}$$

(2)圆形截面的惯性矩 I_z 和抗弯截面系数 W_z

图 2-49 所示直径为 d 的圆形截面,z、y 轴均过形心 C。因为圆形截面对任意直径都是对称的,因此,对过任一圆心轴的惯性矩和抗弯截面系数都相等,分别为

$$I_z = \frac{I_P}{2} = \frac{\pi d^4}{64} \text{ 和 } W_z = \frac{\dfrac{\pi d^4}{64}}{\dfrac{d}{2}} = \frac{\pi d^3}{32}$$

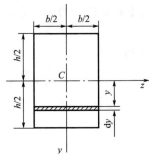

图 2-48　矩形截面　　　　　　　　图 2-49　圆形截面

(3)圆环形截面的惯性矩 I_z 和抗弯截面系数 W_z

同理,空心圆截面(圆环形截面)对中性轴的惯性矩和抗弯截面系数为

$$I_z = \frac{I_P}{2} = \frac{\pi D^4}{64}(1-\alpha^4) \qquad W_z = \frac{\pi D^3}{32}(1-\alpha^4)$$

式中,D 为空心圆截面的外径,α 为内、外径的比值。

2.平行移轴定理

图 2-50 中,C 为截面形心,z 轴与 z_0 轴平行且相距为 d,微截面 $\mathrm{d}A$ 在 $y\text{-}z$、$y_0\text{-}z_0$ 坐标系中的纵坐标分别为 y、y_0,根据惯性矩定义有

$$I_z = \int_A y^2 \mathrm{d}A = \int_A (y_0+d)^2 \mathrm{d}A$$

上式展开得

$$I_z = \int_A y_0^2 \mathrm{d}A + 2d\int_A y_0 \mathrm{d}A + d^2\int_A \mathrm{d}A$$

因 z_0 通过形心 C,故

$$\int_A y_0 \mathrm{d}A = 0$$

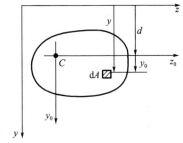

图 2-50　平行移轴定理

于是得出结论

$$I_z = I_{z0} + Ad^2$$

上式即为平行移轴定理,它表明:截面对任一轴(不通过形心)的惯性矩,等于截面对平行于该轴的形心轴的惯性矩与一附加项之和,该附加项等于截面面积与两轴距离平方之积。因该附加项恒为正,所以,截面对形心轴的惯性矩最小。

(三)横力弯曲时梁的正应力计算

前面我们推导出了纯弯梁的弯曲正应力计算式(2-29),即 $\sigma = \dfrac{My}{I_z}$。此式是在纯弯曲的情况下建立的。但工程实际中,梁横截面上常常既有弯矩又有剪力,即梁产生横力弯曲。那么,要计算横力弯曲时的正应力,式(2-29)是否适用呢?大量的理论计算与试验结果表明,只要梁是细长的,例如 $l/h > 5$(梁的跨高之比大于 5),剪力对弯曲正应力的影响将是很小的,可以忽略不计。因此,应用式(2-29)计算横力弯曲时的正应力,其值仍然是准确的。

【**例 2-14**】　图 2-51(a)所示矩形截面悬臂梁,承受均布载荷 q 作用。已知 $q = 10 \text{ N/mm}$,

$l=300$ mm。$b=20$ mm，$h=30$ mm。试求 B 截面上 c、d 两点的正应力。

解 （1）求 B 截面上的弯矩

由截面法（AB 受力分析如图 2-51(b)所示）求得

$$M_B=-\frac{ql^2}{2}=-\frac{10\times300^2}{2}\ \text{N}\cdot\text{mm}=-4.5\times10^5\ \text{N}\cdot\text{mm}$$

（2）求 B 截面上 c、d 处的正应力

由式(2-28)有

$$\sigma_c=\frac{M_By_c}{I_z}=\frac{4.5\times10^5\times30}{4\times45\times10^3}\ \text{MPa}=75\ \text{MPa}$$

$$\sigma_d=\frac{M_By_d}{I_z}=\frac{4.5\times10^5\times30}{2\times45\times10^3}\ \text{MPa}=150\ \text{MPa}$$

因 B 截面上的弯矩为负，故横截面上中性轴 z 以上各点产生拉应力、以下各点产生压应力。所以，c 点处为拉应力，d 点处为压应力。

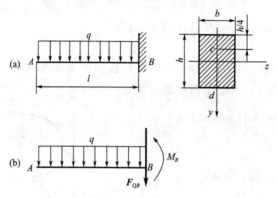

图 2-51　例题 2-14 图

【例 2-15】 求图 2-52(a)所示铸铁悬臂梁内最大拉应力和最大压应力。横截面形状尺寸如图 2-52(b)所示，$F_P=20$ kN，$I_z=10\ 200$ cm^4，AB 长 1.4 m，BC 长 0.6 m。

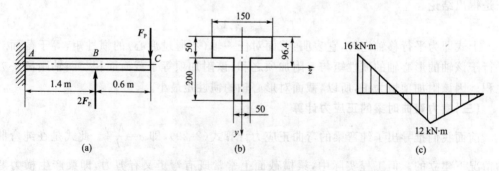

图 2-52　例题 2-15 图

解 （1）画弯矩图，确定危险面

因为梁是等截面的，且横截面相对 z 轴不对称，铸铁的抗拉能力与抗压能力又不同，故绝对值最大的正、负弯矩所在的面均可能为梁的危险面。弯矩图如图 2-52(c)所示。

（2）确定危险点，计算最大拉应力与最大压应力

由弯矩图看出，A、B 两截面均可能为危险面。A 截面上有最大正弯矩，该截面下边缘各点处将产生最大拉应力，上边缘各点处将产生最大压应力；而 B 截面上有最大负弯矩，该截面下边缘各点处将产生最大压应力，上边缘各点处将产生最大拉应力。A、B 截面正应力分布如图 2-53 所示。

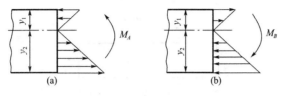

图 2-53　例题 2-15 截面应力图

显然，A 截面上的最大拉应力要大于 B 截面上的最大拉应力，故梁内最大拉应力发生在 A 截面下边缘各点处，其值为

$$\sigma_{max}^{+}=\frac{M_A y_2}{I_z}=\frac{16\times10^6\times(250-96.4)}{1.02\times10^8}\ \text{MPa}\approx24.09\ \text{MPa}$$

对 A、B 两截面，需经计算，才能得知哪个截面上的最大压应力更大，于是

$$\sigma_{A max}^{-}=\frac{M_A y_1}{I_z}=\frac{16\times10^6\times96.4}{1.02\times10^8}\ \text{MPa}\approx15.12\ \text{MPa}$$

$$\sigma_{B max}^{-}=\frac{M_B y_2}{I_z}=\frac{12\times10^6\times(250-96.4)}{1.02\times10^8}\ \text{MPa}\approx18.07\ \text{MPa}$$

由此可见，梁内最大压应力发生在 B 截面的下边缘各点处。

五、强度条件及其应用

（一）抗弯强度条件

对于一般载荷作用下的细长、非薄壁截面梁，弯矩对强度的影响要远大于剪力的影响。因此，对细长非薄壁梁进行强度计算时，主要是限制弯矩所引起的梁内最大弯曲正应力不得超过材料的许用正应力，即

$$\sigma_{max}\leqslant[\sigma] \tag{2-30}$$

式（2-30）即为抗弯强度条件。

（二）强度条件的应用

我们常常应用强度条件来解决三类强度问题，即强度校核、设计截面、确定许可载荷。在进行这类强度计算时，一般应遵循下列步骤：

（1）分析梁的受力，依据平衡条件确定约束力；分析梁的内力（画出弯矩图）。

（2）依据弯矩图和截面沿梁轴线变化的情况，确定可能的危险面。对等截面梁，弯矩最大截面即为危险面；对变截面梁，则需依据弯矩及截面变化情况具体分析才能确定危险面。

（3）确定危险点。对于拉、压力学性能相同的材料（如钢材），其最大拉应力点和最大压应力点具有同样的危险程度，因此，危险点显然位于危险面上离中性轴最远处。而对于拉、压力学性能不等的材料（如铸铁），则需分别计算梁内绝对值最大的拉应力和压应力，因为最大拉应力点与最大压应力点均可能是危险点。

(4)依据强度条件,进行强度计算。

【例 2-16】 一原起重量为 50 kN 的单梁起重机,其跨度 $l=10.5$ m(其计算简图如图 2-54(a)所示),由 45 号工字钢制成。而现拟将起重量提高到 $P=70$ kN,试校核梁的强度。若强度不够,再计算其可能承受的起重量。梁的材料为 A3 钢,许用应力 $[\sigma]=140$ MPa;电葫芦自重 $G=15$ kN,暂不考虑梁的自重。

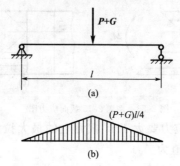

图 2-54 单梁起重机计算简图

解 (1)作弯矩图,确定危险面

显然,当电葫芦行至梁中点时所引起的弯矩最大,此时弯矩如图 2-54(b)所示。由弯矩图可知,危险面为中点处的截面,其弯矩为

$$M_{max}=\frac{(P+G)l}{4}=\frac{(70+15)\times10.5}{4} \text{ kN}\cdot\text{m}\approx223 \text{ kN}\cdot\text{m}$$

(2)计算最大弯曲正应力

等截面梁,且截面(如工字钢、矩形、圆形)相对于中性轴对称,此类梁的最大弯曲正应力显然发生在危险截面(最大弯矩处)的上下边缘点处。

由型钢表查得 45 号工字钢的抗弯截面模量

$$W_z=1\,430 \text{ cm}^3$$

故梁内最大工作正应力为

$$\sigma_{max}=\frac{M_{max}}{W_z}=\frac{223\times10^3}{1\,430\times10^{-6}} \text{ MPa}\approx156 \text{ MPa}$$

(3)依据强度条件,进行强度计算

显然,最大工作应力超过了材料的许用应力,故梁不安全。

梁的最大承载能力

$$M_{max}\leqslant[\sigma]W_z=(140\times10^6)\times(1\,430\times10^{-6}) \text{ N}\cdot\text{m}=2\times10^5 \text{ N}\cdot\text{m}=200 \text{ kN}\cdot\text{m}$$

$$P_{max}=\frac{4M_{max}}{l}-G=\frac{4\times200}{10.5} \text{ kN}-15 \text{ kN}\approx61.19 \text{ kN}$$

因此,梁的最大起重量约为 61.19 kN。

【例 2-17】 图 2-55(a)所示简支梁,受均布载荷 q 作用,梁跨度 $l=2$ m,$[\sigma]=140$ MPa,$q=2$ kN/m,试按以下两个方案设计轴的截面尺寸,并比较重量。

(1)实心圆截面梁。

(2)空心圆截面梁,其内、外径之比 $\alpha=0.9$。

解 画梁的弯矩图(图 2-55(b)),由弯矩图可知,梁中点截面为危险截面,其上弯矩

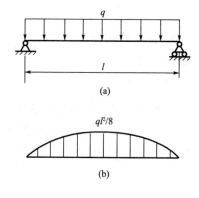

图 2-55　简支梁

值为

$$M_{\max}=\frac{ql^2}{8}=\frac{2\times 2^2\times 10^6}{8}=1\times 10^6 \text{ N}\cdot\text{mm}$$

（1）设计实心圆截面梁的直径 d

依据强度条件

$$\sigma_{\max}=\frac{M_{\max}}{W_z}\leqslant[\sigma]$$

将 $W_z=\dfrac{\pi d^3}{32}$ 代入上式

解得

$$d\geqslant\sqrt[3]{\frac{32M_{\max}}{\pi[\sigma]}}=\sqrt[3]{\frac{32\times 1\times 10^6}{\pi\times 140}} \text{ mm}=41.75 \text{ mm}$$

取得 $d=42$ mm。

（2）确定空心圆截面梁的内、外径 d_1 及 D

将 $W_z=\dfrac{\pi D^3}{32}(1-\alpha^4)$ 代入强度条件

解得 $D\geqslant\sqrt[3]{\dfrac{32M_{\max}}{\pi(1-\alpha^4)[\sigma]}}=\sqrt[3]{\dfrac{32\times 1\times 10^6}{\pi(1-0.9^4)\times 140}}=59.59$ mm。

取 $D=60$ mm，则 $d_1=0.9D=54$ mm。

（3）比较两种不同截面梁的重量

因材料及长度相同，故两种截面梁的重量之比等于其截面积之比。

$$\text{重量比}=\frac{\dfrac{\pi}{4}(D^2-d_1^2)}{\dfrac{\pi}{4}d^2}=0.388$$

上面的计算结果表明，空心圆截面梁的重量比实心圆截面梁的重量小很多。因此，在满足强度条件的前提下，采用空心截面梁可节省材料、减轻结构重量。

前面已提到，在一般情况下，对梁进行强度分析时，我们只需要考虑弯曲正应力的强度强度是否得以满足，因为弯曲正应力远大于弯曲切应力（两者之比大约等于梁的跨高之比）。

但是，在下列几种特殊情况下，则应同时考虑弯曲正应力强度条件和切应力强度条件，因为这类特殊情况下，梁内往往产生较大的弯曲切应力。

(1)薄壁截面梁。

(2)弯矩较小而剪力较大的梁,如短而粗的梁。

(3)集中载荷作用于支座附近的梁。

六、提高梁抗弯强度的主要措施

前面已论述,设计梁的主要依据是弯曲正应力强度条件。由此条件可知:梁的强度与其所用材料、横截面形状及尺寸、外力所引起的弯矩等因素有关。而要提高梁的强度,自然就应降低梁内的最大正应力,由 $\sigma_{max} = M_{max}/W_z$ 知,要降低梁内最大正应力,通常可以从以下几个方面采取措施。

1. 选择合理的截面形状

所谓合理的截面形状,就是用最少的材料获得最大的抗弯截面模量的截面。一般情况下,抗弯截面模量与截面高度的平方成正比,因此,在横截面面积不变的前提下,将较多材料配置在远离中性轴的部位,便可获取较大的抗弯截面模量,从而降低梁内的最大弯曲正应力。而另一方面,由于弯曲正应力沿截面高度呈直线分布,当离中性轴最远处的正应力达到许用应力时,中性轴附近各点处的正应力仍很小,而且离中性轴较近的区域所承担的弯矩很小。所以,将较多材料配置于远离中性轴的部位,也会提高材料的利用率。

在设计梁的合理截面时,还应考虑材料的自身特性。对抗拉强度与抗压强度相同的塑性材料,宜采用关于中性轴对称的截面,如图 2-56 所示。而对于抗压强度高于抗拉强度的脆性材料,则最好采用截面形心偏于受拉一侧的截面形状,以使截面上的最大压应力大于最大拉应力,如图 2-57 所示。

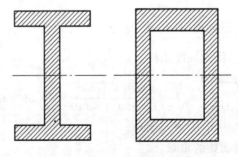

图 2-56 合理的横截面形状

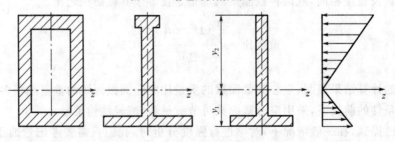

图 2-57 截面形心偏于受拉一侧的截面形状

2. 采用变截面梁或等强度梁

一般情况下,梁内不同截面的弯矩不同。在设计等截面梁时,我们针对最大弯矩所在截面进行设计,这样,除最大弯矩所在截面外,其余截面上的最大弯曲正应力均小于或远远小于材料的许用应力,即材料强度均未得到充分利用。鉴于此,为了减轻构件重量并节省材料,工程上,常常根据弯矩沿梁轴的变化情况,将梁设计为变截面梁。弯矩较大处,采用较大的截面;弯矩较小处,采用较小的截面。

从强度角度考虑,理想的变截面梁应使所有截面上的最大弯曲正应力均相等,且趋近材料的许用应力,此种梁称为等强度梁。

图 2-58 所示的阶梯轴为近似的等强度梁。

等强度梁虽然是一种理想的构件,但加工制造时有一定的难度。因此,工程实际中,常常将弯曲构件设计为近似等强度梁。

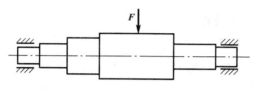

图 2-58　等强度梁

3. 改善梁的受力状况

合理安排梁的约束及加载方式,可以降低梁内的最大弯矩,从而减小梁内最大弯曲正应力,这是提高梁强度的另一措施。

如图 2-59(a)所示简支梁,在均布载荷作用下,梁内最大弯矩为 $ql^2/8$。若将两端铰支座各向内移动 $0.2l$(图 2-59(b)),则最大弯矩为 $ql^2/40$,为前者的 $1/5$。

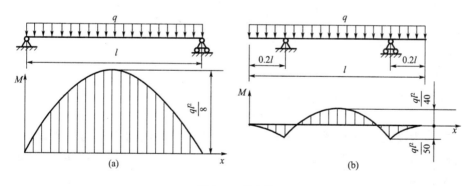

图 2-59　简支梁

又如,图 2-60 所示简支梁,将集中载荷 F 分为大小相等的两个集中力 $F/2$ 作用于梁上,则降低了梁内最大弯矩值。

由此可见,在条件允许的情况下,合理安排约束和加载的方式,可以显著降低梁内的最大弯矩。

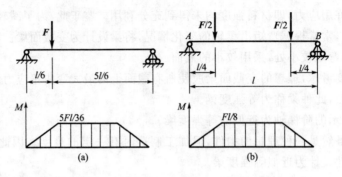

图 2-60　简支梁

七、梁的变形和刚度条件

(一)弯曲变形概念

为研究弯曲变形,首先讨论如何度量和描述弯曲变形的问题。

设有一梁,受载荷作用后其轴线将弯曲成为一条光滑的连续曲线,如图 2-61 所示。在平面弯曲的情况下,这是一条位于载荷所在平面内的平面曲线。梁弯曲后的轴线称为挠曲线。

在小变形的条件下,忽略梁横截面在轴向的位移,则在梁的变形过程中,梁截面有沿垂直方向的线位移 y,称为挠度;相对于原截面转过的角位移 θ 称为转角,这两个基本量决定了梁在弯曲变形后梁轴线的形状,即挠曲线。

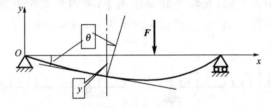

图 2-61　梁的弯曲变形

挠曲线是一条连续光滑平面曲线,其方程是

$$y = f(x)$$

式中,y 为挠度,即截面形心在坐标 y 轴方向上的位移,其正负号与 y 坐标轴正负相符;θ 为转角,即横截面绕中性轴转过的角度,其正负号是逆时针为正,顺时针为负,在小变形情况下,有

$$\theta \approx \tan\theta = \frac{\mathrm{d}y}{\mathrm{d}x} = y' = f'(x) \tag{2-31}$$

可见梁的挠度 y 与转角 θ 之间存在一定关系,即梁任一横截面的转角 θ 等于该截面处挠度 y 对 x 的一阶导数。

(二)梁在简单载荷作用下的变形

梁在各种简单载荷作用下的变形,可用数学方法进行分析与计算。现将几种典型梁在简单载荷作用下的变形列于表 2-1 中。

表 2-1　　　　　　　　　　　　　　　　梁在简单载荷作用下的变形

序号	梁的简图	挠曲线方程	端截面转角	最大挠度
1		$y=-mx^2/2EI$	$\theta_B=-ml^2/EI$	$f_B=-ml^2/2EI$
2		$y=-Fx^2/6EI(3l-x)$	$\theta_B=-Fl^2/2EI$	$f_B=-Fl^3/3EI$
3		$y=-qx^2/24EI\times$ $(x^2-4lx+6l^2)$	$\theta_B=-ql^3/6EI$	$f_B=-ql^4/8EI$
4		$y=-mx/6EIl$ (l^2-x^2)	$\theta_A=-ml/6EI$ $\theta_B=-ml/3EI$	$x=0.57735l$, $f_{max}=-ml^2/15.588EI$ $x=0.5l$, $F_{l/2}=-ml^2/16EI$
5		$y=-Fx/48EI$ $(3l^2-4x^2)$ $[0\leqslant x\leqslant l/2]$	$\theta_A=-\theta_B=-Fl^2/16EI$	$f_B=-Fl^3/48EI$
6		$y=-Fbx/6EIl(l^2-x^2-b^2)$ $(0\leqslant x\leqslant a)$ $y=-Fb/6EIl$ $[l(x-a)^3/b+$ $(l^2-b^2)x-x^3]$ $(a\leqslant x\leqslant l)$	$\theta_A=-Fab(l+b)/6EIl$ $\theta_B=Fab(l+a)/6EIl$	设 $a>b$, 在 $x=\sqrt{(l^2-b^2)/3}$ 处 $f_{max}=-Fb(l^2-b^2)^{3/2}/15.588EIl$ 在 $X=l/2$ 处, $F_{l/2}=-Fb(3l^2-4b^2)/48EI$
7		$y=-qx/24EI(l^3-2lX^2+x^3)$	$\theta_A=-\theta_B=-ql^3/24EI$	$f_B=-5ql^4/384EI$

(三)梁的刚度条件与刚度的合理要求

1.梁的刚度条件

梁的刚度条件是指梁的最大挠度和最大转角不能超过许可值,即

$$\theta_{max}\leqslant[\theta]$$

$$f_{max}\leqslant(f)$$

(2-32)

以上两式合称为弯曲构件的刚度条件。

2. 刚度的合理要求

对于主要承受弯曲的零件和构件,刚度设计就是根据对零件和构件的不同要求,将最大挠度和转角限制在一定范围内,即满足弯曲刚度条件。许用挠度和许用转角对不同的构件有不同的规定,可从有关的设计规范中查得。

3. 提高梁的抗弯刚度的措施

梁的弯曲变形与弯矩 $M(x)$ 及抗弯刚度 EI 有关,而影响梁弯矩的因素又包括载荷、支承情况及梁的有关长度。因此,为提高梁的刚度,可采用如下一些措施:

(1)选择合理的梁的横截面,从而增大横截面的惯性矩 I。

(2)调整加载方式,改善梁的结构,以减小弯矩;使梁的受力部位尽可能靠近支座或使集中力分散成分布力。

(3)减小梁的跨度,增加支承约束。

其中第三种措施的效果最为显著,因为,梁的跨长或有关长度是以其乘方值来影响梁的挠度和转角的。

§2-4 组合变形的强度计算

一、组合变形的概念

在工程实际中,由于结构所受载荷是复杂的,大多数构件往往会发生两种或两种以上的基本变形,则称这类变形为组合变形。如图2-62所示的挡土墙,除由本身的自重而引起压缩变形外,还有由于土壤水平压力的作用而产生的弯曲变形。在建筑结构和机械结构中,同时发生几种基本变形的构件是很多的。图2-63所示是工业厂房中的柱子,由于承受的压力并不通过柱的轴线,加上桥式起重机的小车

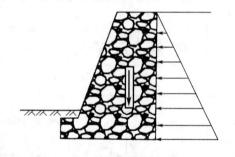

图 2-62　挡土墙

水平刹车力、风荷等,也产生了压缩与弯曲的联合作用。如图 2-64 所示,直升机的螺旋桨杆承受拉伸与扭转的两种变形。

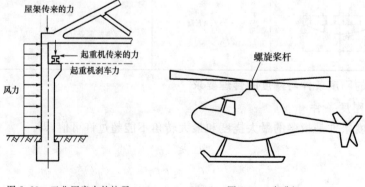

图 2-63　工业厂房中的柱子　　　　图 2-64　直升机

当杆件的某一截面或某一段内，包含两种或两种以上基本变形的内力分量时，其变形形式称为组合变形。

二、拉伸(压缩)与弯曲组合变形

当杆件受到轴向力和横向力共同作用时，即符合拉伸(压缩)与弯曲组合变形的情况。

杆件组合变形的计算需分别计算轴向和横向的正应力。如图 2-65 所示旋臂式起重机横梁 AB 在横向力(F、F_{Ay}、F_{Ty})作用下产生弯曲变形，同时在轴向力($F_{Ax}=F_{Tx}$)作用下产生压缩变形，这是压缩与弯曲组合变形的例子。

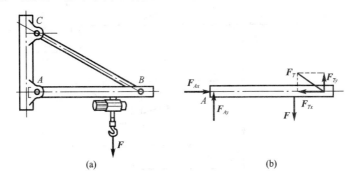

图 2-65　旋臂式起重机

由于拉伸(压缩)与弯曲组合变形在横截面上产生的都是正应力，可以按叠加原理求和。拉伸(压缩)与弯曲组合变形横截面上的总应力为

$$\sigma=\sigma'+\sigma''=\frac{F_N}{A}+\frac{M_{max}}{W_z} \tag{2-33}$$

由(2-33)得到拉伸与弯曲变形时构件的强度条件

$$\sigma_{max}=\frac{F_N}{A}+\frac{M_{max}}{W_z}\leqslant[\sigma] \tag{2-34}$$

由(2-34)得到压缩与弯曲变形时构件的强度条件

$$\sigma_{max}=\left|\frac{F_N}{A}-\frac{M_{max}}{W_z}\right|\leqslant[\sigma] \tag{2-35}$$

下面通过几个例子来说明拉伸和压缩组合变形中的问题

【例 2-18】　简易悬臂起重机如图 2-66(a)所示，起悬重力 $G=12$ KN，横梁 AB 为 No.20a 工字钢，材料的许用应力$[\sigma]=100$ MPa，试校核该梁 AB 的强度。

解　(1)梁 AB 的受力图　如图 2-66(b)所示，梁 AB 承受压缩与弯曲组合变形。
设 CD 杆的拉力为 F，由平衡方程得

$$\Sigma M_A=0$$

$$F\times\frac{0.8}{\sqrt{0.8^2+2.5^2}}\times2.5-12\times4=0$$

$$F=63\ kN$$

(2)画出梁 AB 的内力图如图 2-66(c)、(d)所示，由图可知，梁 AC 段的轴力为

$$F_N=F_x=F\times\frac{0.8}{\sqrt{0.8^2+2.5^2}}=60\ kN$$

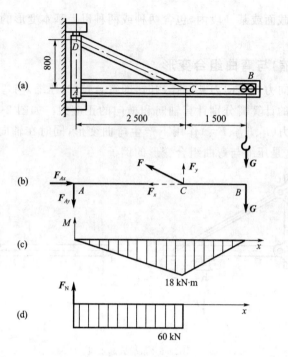

图 2-66 简易悬臂起重机

最大弯矩为 $M_{max} = 12 \text{ kN} \times 1.5 \text{ m} = 18 \text{ kN} \cdot \text{m}$。

梁 AB 上横截面 C 略偏左处为危险截面，危险截面的下边缘点为危险点(有最大压应力)。

(3)校核梁 AB 的强度

由型钢表查得 No.20a 工字钢的弯曲截面系数和截面面积：$W_z = 237 \text{ cm}^2$，$A = 35.578 \text{ cm}^2$，因钢材的抗拉与抗压强度相同，由强度条件得

$$\sigma_{max} = \left| \frac{F_N}{A} \right| + \left| \frac{M_{max}}{W_z} \right| = \frac{18 \times 10^3}{237 \times 10^{-4}} + \frac{60 \times 1000}{35.578 \times 10^{-4}} \text{ Pa} = 17.62 \text{ MPa} < [\sigma]$$

故梁 AB 满足强度要求。

【**例 2-19**】 受拉钢板原宽度 $b = 80 \text{ mm}$，厚度 $t = 10 \text{ mm}$，上边缘有一切槽，深 $a = 10 \text{ mm}$，$F = 80 \text{ kN}$，钢板的许用应力 $[\sigma] = 140 \text{ MPa}$，试校核其强度。

解 由于钢板有切槽，外力 F 对有切槽截面为偏心拉伸，其偏心距 e 为

$$e = \frac{b}{2} - \frac{b-a}{2} = \frac{a}{2} = 5 \text{ mm}$$

将 F 力向截面 $I-I$ 形心简化，得该截面上的轴力 F_N 和弯矩 M 为

$$F_N = F = 80 \text{ kN} \quad M = Fe = 80 \times 10^3 \times 5 \times 10^{-3} \text{ N} \cdot \text{m} = 400 \text{ N} \cdot \text{m}$$

轴力 F_N 引起均匀分布的拉应力，弯矩 M 在 $I-I$ 截面的 A 点引起最大拉应力，故危险点在 A，为单向应力状态，所以强度条件为

$$\sigma_{max} = \frac{F_N}{A} + \frac{M_{max}}{W_z} = \frac{80 \times 10^3}{10 \times 70 \times 10^{-6}} \text{ Pa} + \frac{6 \times 400}{10 \times 70^2 \times 10^{-9}} \text{ Pa}$$

$$= (114.29 \times 10^6 + 48.98 \times 10^6) \text{ Pa}$$

$$=163.3\times 10^6 \text{ Pa}=163.3 \text{ MPa}>[\sigma]$$

校核表明板的强度不够。从计算可见,由于微小偏心引起的弯曲应力约为总应力的 30%。因此,为了保证强度,在条件允许时,可在切槽的对称位置,再开一个同样的切槽,如图 2-67(b)所示。这时,截面 $I-I$ 虽然面积有所减小,但却消除了偏心,使应力均匀分布。A 点的强度条件为

$$\sigma=\frac{F}{A}=\frac{80\times 10^3}{10\times 60\times 10^{-6}}=133\times 10^6 \text{ Pa}=133 \text{ MPa}<[\sigma]$$

结果则是安全的。可见使构件内应力均匀分布,是充分利用材料,提高强度的办法之一。但应注意,开槽时应尽可能使截面变化缓和,以减少应力集中。

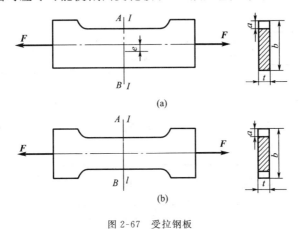

图 2-67 受拉钢板

思考题

2-1 轴向拉压的受力特点和变形特点是什么?什么叫内力?

2-2 什么叫轴力?轴力的正负号是怎样规定的?

2-3 若两杆的截面积 A、长度 L、载荷 G 都相同,但所用的材料不同,问两杆的应力及变形是否相等?

2-4 什么是安全因数?通常安全因数的取值范围是如何确定的?

2-5 两个拉杆轴力相等,截面积及形状相同,但材料不同,它们的应力是否相等?它们的许用应力是否相等?

2-6 切应力和挤压应力实用计算方法采用了什么假设?为什么?

2-7 挤压积是否与两构件的接触面积相同?试举例说明。

2-8 减速箱中高速轴直径大还是低速轴直径大?为什么?

2-9 轴扭转时,同一横截面上各点的切应力大小都不相同,对吗?

习 题

2-1 如图 2-68 所示矩形截面的阶梯轴，AD 段和 DB 段的横截面积为 BC 段横截面面积的两倍。矩形截面的高度与宽度之比 $h/b=1.4$，材料的许用应力 $[\sigma]=160$ MPa，选择截面尺寸 h 和 b。

2-2 如图 2-69 所示一等截面直杆所受外力，试求各段截面上的轴力，并作杆的轴力图。

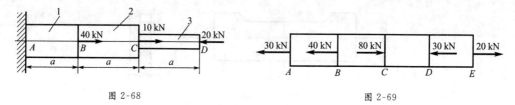

图 2-68

图 2-69

2-3 杆件受力如图 2-70 所示，已知杆的横截面面积为 $A=20$ mm²，材料弹性模量 $E=200$ GPa，泊松比 $\mu=0.3$

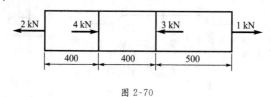

图 2-70

(1) 绘制杆的轴力图。

(2) 求杆横截面上的最大应力。

(3) 计算杆的总变形。

(4) 求杆的线应变。

2-4 拉伸试验时，低碳钢试件的直径 $d=10$ mm，在标距 $l=100$ mm 内的伸长量 $\Delta l=0.06$ mm，材料的比例极限 $\sigma_p=200$ MPa，弹性模量 $E=200$ GPa。求试件内的应力，此时杆所受的拉力是多大？

2-5 如图 2-71 所示三脚架，在节点 C 受铅垂载荷 F 作用，其中 AC 为 50 mm×50 mm×5 mm 的等边角钢，BC 为 10 号槽钢，$[\sigma]=120$ MPa。试确定许用载荷 $[F]$。

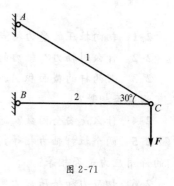

图 2-71

2-6 电动机轴与带轮用平键连接，如图 2-72 所示，已知轴的直径 $d=40$ mm，键的尺寸 $b×h×l=12$ mm×8 mm×60 mm，传递的力偶矩 $M=50$ N·m。键的许用切应力 $[\tau]=60$ MPa，许用挤压应力 $[\sigma_{bs}]=100$ MPa。带轮材料为铸铁，许用挤压应力 $[\sigma_{bs}]=53$ MPa。试校核键连接的强度。

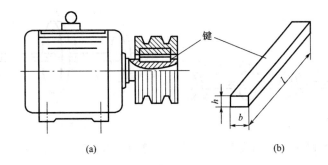

图 2-72

2-7　如图 2-73 所示凸缘联轴器,在凸缘上沿直径 $D=150$ mm 的圆周上,对称地分布着四个直径 $d=12$ mm 的螺栓。若此轴传递的外力偶矩 $M=1.5$ kN·m,螺栓的剪切许用应力 $[\tau]=60$ MPa,校核螺栓的抗剪强度。

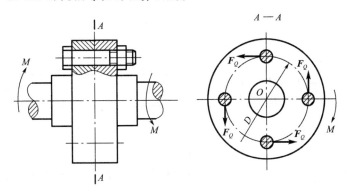

图 2-73

2-8　如图 2-74 所示,冲床的最大冲力为 400 kN,冲头材料的许用应力 $[\sigma]=440$ MPa,被冲钢板的抗剪度极限 $\tau_0=360$ MPa。试求在此冲床上,能冲剪圆孔的最小直径 d 和钢板的最大厚度 t。

2-9　如图 2-75 所示直径 $d=75$ mm 的等截面传动轴上,主动轮和从动轮分别作用有力偶矩 $M_1=1$ kN·m,$M_2=0.6$ kN·m,$M_3=M_4=0.2$ kN·m。

(1)绘扭矩图。

(2)求轴中的最大切应力。

(3)如欲降低轴中应力,各轮如何安排? 并求此时轴中最大切应力。

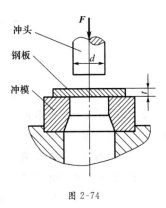

图 2-74

2-10　如图 2-76 所示传动轴,已知主动轮 A 输入功率 $P_A=50$ kW,从动轮输出功率分别为 $P_B=30$ kW、$P_C=20$ kW,该轴转速 $n=300$ r/min,材料的许用切应力 $[\tau]=40$ MPa,试确定此轴直径。

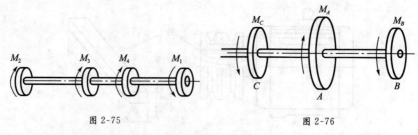

图 2-75   图 2-76

2-11 试计算图示各梁指定横截面 C 处的剪力与弯矩。

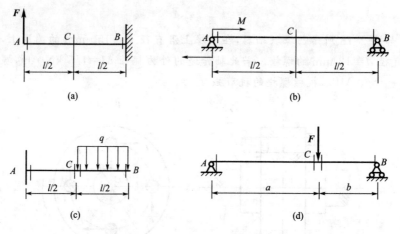

图 2-77

2-12 试建立图 2-78 所示各梁的剪力方程与弯矩方程,并画剪力图与弯矩图。

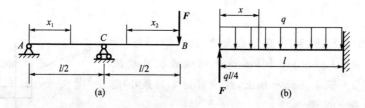

图 2-78

2-13 图 2-79 所示简支梁,载荷 F 可按四种方式作用于梁上,试分别画出弯矩图,并从强度方面考虑,指出何种加载方式最好。

2-14 图 2-80 所示悬臂梁,横截面为矩形,承受载荷 F_1 与 F_2 作用,且 $F_1 = 2F_2 = 5$ kN,试计算梁内的弯曲正应力及该应力所在横截面上 K 点处的弯曲正应力。

2-15 图 2-81 所示梁,由 No.22 槽钢制成,弯矩 $M = 80$ N·m,并位于纵向对称面(即 x-y 平面)内,试求梁内的最大弯曲拉应力与最大弯曲压应力。

2-16 简易悬臂起重机如图 2-82 所示,$F = 15$ kN,$\alpha = 30°$,横梁 AB 为 No.25a 工字钢,$[\sigma] = 100$ MPa,试校核梁 AB 的强度。

2-17 如图 2-83 所示,在梁的中点处 C 作用有一铅垂力 $F = 25$ kN,试求梁危险截面上的最大正应力。

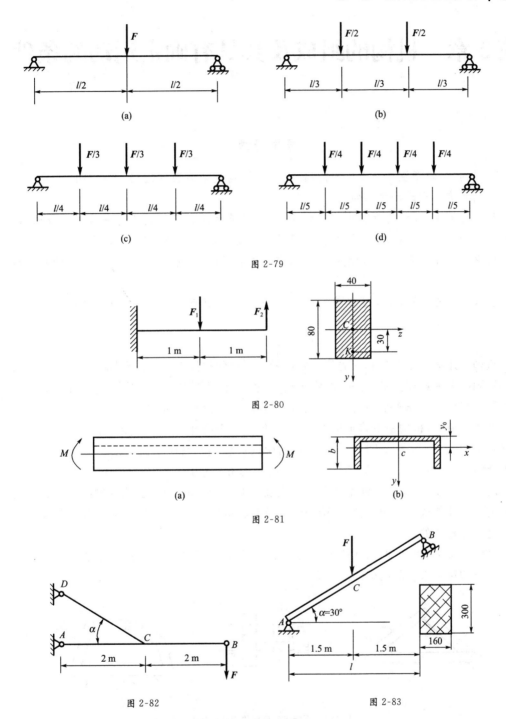

图 2-79

图 2-80

图 2-81

图 2-82

图 2-83

第3章 机构的组成及其具有确定运动的条件

导学导读

主要内容：本章主要介绍机构的组成、平面机构运动简图的绘制、自由度的计算以及平面机构具有确定运动的条件。

目的与要求：理解构件和机构自由度、运动副及运动副所形成的约束等基本概念；能看懂一般的平面机构运动简图；掌握平面机构运动简图的绘制方法；能识别复合铰链、局部自由度和常见的虚约束；会计算平面机构的自由度；会判断机构是否具有确定的相对运动。

重点与难点：平面机构运动简图的绘制、自由度的计算以及平面机构具有确定运动的条件。

机构是用运动副连接起来的具有确定相对运动的构件系统。如果机构中所有运动部分均在同一平面或相互平行的平面中运动，则称为平面机构；否则，称为空间机构。工程上常见的机构大多属于平面机构，所以，本章仅限于讨论平面机构。

如绪论所述，机构是由若干构件组成的，但是若干构件并不一定能够组成机构。如图3-1(a)所示的三铰接杆及图 3-1(b)所示的两根齿轮轴及其四个齿轮都是不能运动的构件组合体，因而不能成为机构，而图 3-1(c)所示的五铰接杆虽然其构件可动，但当构件 1按一定规律运动时，其余构件不能获得完全确定的运动。由此可见，构件的组合体必须具备一定条件才能成为机构，研究机构的组成及其具有确定运动的条件，对于分析与设计机构都是十分重要的。

机构中实际构件的形状往往很复杂，为了便于分析、研究，在工程设计中应当学会用简单线条和符号来绘制机构的运动简图。

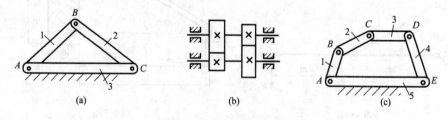

图 3-1 不能成为机构的构件组合体

§3-1 机构的组成、运动副及其分类

一个做平面运动的自由构件有三个独立运动的可能性。如图 3-2 所示,在平面坐标系中,构件 S 可随其上任一点沿 x 轴、y 轴方向移动和绕 A 点转动。这种可能出现的独立运动称为构件的自由度。所以一个做平面运动的自由构件有三个自由度。

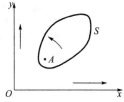

图 3-2 平面运动刚体的自由度

机构是由许多构件组成的。机构的每个构件都以一定的方式与某些构件相互连接。这种连接不是固定连接,而是能保持一定相对运动的连接。这种使两个构件直接接触并能保持一定相对运动的活动连接称为运动副。例如轴与轴承的连接、活塞与气缸的连接、传动齿轮两个轮齿间的连接等都构成运动副。显然,构件组成运动副后,其独立运动受到约束,自由度便随之减少。

两构件组成的运动副,不外乎通过点、线或面的接触来实现。按照接触特性,通常把运动副分为低副和高副两类。

一、低 副

两构件通过面接触组成的运动副称为低副。平面机构中的低副有回转副和移动副两种。

1. 回转副

若组成运动副的两构件只能在一个平面内相对转动,则这种运动副称为回转副,或称铰链,如图 3-3 所示。在图 3-3(a)所示轴 1 与轴承 2 组成的回转副中,有一个构件是固定的,故称为固定铰链。图 3-3(b)所示构件 1 与构件 2 也组成回转副,它的两个构件都未固定,故称为活动铰链。

2. 移动副

若组成运动副的两个构件只能沿某一轴线相对移动,则这种运动副称为移动副,如图 3-4 所示。

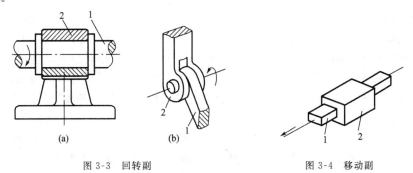

(a)　　　　　(b)

图 3-3 回转副　　　　　图 3-4 移动副

二、高 副

两构件通过点或线接触组成的运动副称为高副。图 3-5(a)中的车轮与钢轨,图 3-5(b)中的凸轮与从动件,图 3-5(c)中的轮齿 1 与轮齿 2 在接触处 A 组成高副。组成平面

高副两构件间的相对运动是沿接触处切线 t-t 方向的相对移动和在平面内的相对转动。

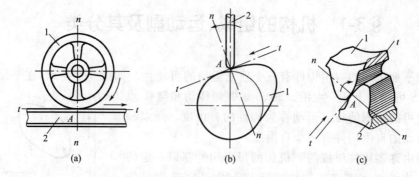

图 3-5 平面高副举例

除上述平面运动副之外,机械中还经常见到图 3-6(a)所示的球面副和图 3-6(b)所示的螺旋副。这些运动副两构件间的相对运动是空间运动,故属于空间运动副。空间运动副已超出本章讨论的范围,故不赘述。

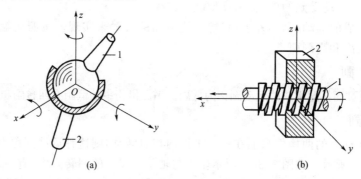

图 3-6 球面副和螺旋副

§3-2 平面机构运动简图

在研究构件运动时,为了使问题简化,可以不考虑那些与运动无关的因素,诸如构件的外形和断面尺寸、组成构件的零件形状和数目、运动副的具体构造等,而用简单的线条和符号来代表构件和运动副,并按一定的比例尺确定出各运动副的相对位置。这种说明机构各构件间相对运动关系的简单图形称为机构运动简图。机构运动简图可以简明地表达一个复杂机器的传动原理,还可用来以图解法求机构上各点的轨迹、位移、速度和加速度。

机构运动简图中的运动副表示如下:

图 3-7(a)~图 3-7(c)是两个构件组成回转副的表示方法。用圆圈表示回转副,其圆心代表相对转动轴线。若组成回转副的两构件都是活动件,则用图图 3-7(a)表示;若其中有一个为机架,则在代表机架的构件上加斜阴影线,如图图 3-7(b)、图 3-7(c)所示。

两构件组成移动副的表示如图 3-7(d)~图 3-7(f)所示。移动副的导路必须与相对移动方向一致。同前所述,图中画有斜阴影线的构件表示机架。

两构件组成高副时,在简图中应当画出两构件接触处的曲线轮廓。如图 3-7(g)所示。

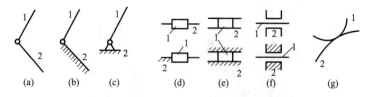

图 3-7　平面运动副的表示方法

图 3-8 为构件的表示方法,图 3-8(a)表示参与组成两个回转副的构件,图 3-8(b)表示参与组成一个回转副和一个移动副的构件。在一般情况下,参与组成三个回转副的构件可用三角形表示,如图图 3-8(c)所示;如果三个回转副中心在一条直线上,则可用图图 3-8(d)表示。超过三个运动副的构件的表示方法可依此类推。对于机械中常用的构件和零件,有时还可采用惯用画法,例如用实线(或点画线)画出一对节圆来表示互相啮合的齿轮;用完整的轮廓曲线来表示凸轮。其他常用零部件的表示方法可参看 GB 4460—1984《机械制图机构运动简图符号》。

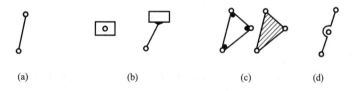

图 3-8　构件的表示方法

机构中的构件可分为三类:

(1)固定件(机架)　是用来支承活动构件的构件。例如图 0-1 中的气缸体就是固定件,它用以支承活塞和曲轴等。研究机构中活动构件的运动时,常以固定件作为参考坐标系。

(2)原动件　是运动规律已知的活动构件。它的运动是由外界输入的,故又称为输入构件,例如图 0-1 中的活塞就是原动件。

(3)从动件　是机构中随着原动件的运动而运动的其余活动构件。其中输出机构按预期运动的从动件称为输出构件,其他从动件则起传递运动的作用。例如图 0-1 中的连杆和曲轴都是从动件。由于该机构的功用是将直线运动变换为定轴转动,因此曲轴是输出构件,连杆是用于传递运动的从动件。

任何一个机构中,必有一个构件被相对地看作固定件。例如气缸体虽然跟随汽车运动,但在研究发动机的运动时,仍把气缸体当作固定件。在活动件中必须有一个或几个是原动件,其余的都是从动件。

下面举例说明机构运动简图的绘制方法。

【例 3-1】　试绘制图 3-9(a)所示单缸内燃机的机构运动简图。

解　内燃机由三个机构组成,该机构运动简图的绘制过程如下:

(1)分析机构运动并找出机架、原动件、输出构件、从动件。

①曲柄滑块机构

曲柄滑块机构由缸体 4(机架)、活塞 1(原动件)、连杆 2 和曲轴 3(输出构件)组成。此机构将活塞的往复直线运动转换为曲轴的回转运动。

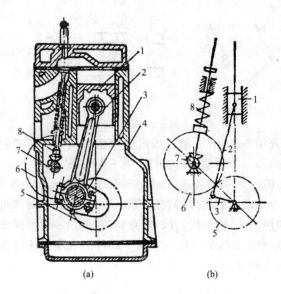

图 3-9　单缸内燃机及其机构运动简图

②齿轮机构

齿轮机构由缸体 4（机架）、齿轮 5（原动件）和齿轮 6（输出构件）组成。此机构将主动齿轮的转动（转速较高）转换成被动齿轮的转动（转速较低）。

③凸轮机构

凸轮机构由缸体 4（机架）、凸轮 7（原动件）和推杆 8（输出构件）组成，此机构将凸轮轴的转动转换为推杆的间歇直线运动。

（2）分析各构件间相对运动的性质，确定各运动副的类型和数目。

曲柄滑块机构中活塞 1 与缸体 4 组成移动副，活塞 1 与连杆 2、连杆 2 与曲轴 3、曲轴 3 与缸体 4 分别组成回转副。

齿轮机构中齿轮 5 与缸体 4、齿轮 6 与缸体 4 分别组成回转副，齿轮 5 与齿轮 6 组成齿轮副（平面高副）。

凸轮机构中凸轮 7 与缸体 4 组成回转副，推杆 8 与缸体 4 组成移动副，凸轮 7 与推杆 8 组成凸轮副（平面高副）。

（3）选择视图平面

一般应选择多数构件的运动所在平面或其平行平面作为视图平面，以便清楚地表达构件间的相对运动关系。如果一个视图平面不能将机构各部分的运动关系表达清楚，可以就不同部分分别选择视图平面，然后将各视图画在同一图面上。

图 3-9(a) 已能清楚地表达各构件间的运动关系，所以选此平面作为视图平面。

（4）选择比例尺，定出各运动副的相对位置，用构件和运动副的规定符号绘出机构运动简图 3-9(b)。

【例 3-2】　试绘制图 3-10(a) 所示颚式破碎机主体机构运动简图。

解　（1）颚式破碎机的带轮 5 与偏心轴 2 一起绕回转中心 A 转动时，偏心轴带动动颚 3 运动。由于在动颚与机架 1 之间安装了肘板 4，故动颚运动时就不断搓挤矿石。由

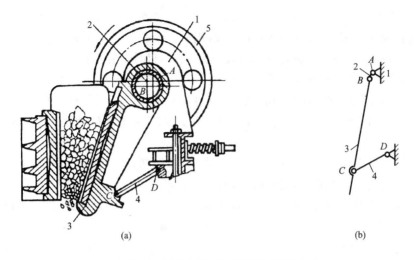

图 3-10 颚式破碎机及其主体机构运动简图

此分析可知,该机构是由机架 1、原动件偏心轴 2、输出构件动颚 3 和从动件肘板 4 等四个构件组成。

(2)偏心轴 2 与机架 1 组成回转副 A,偏心轴 2 与动颚 3 组成回转副 B,肘板 4 与动颚 3 组成回转副 C,肘板 4 与机架 1 组成回转副 D。整个机构共有四个回转副。

(3)图 3-10(a)已能清楚地表达各构件间的运动关系,所以就选择此平面作为视图平面。

(4)选定回转副 A 的位置,然后根据各回转副中心间距的尺寸,按选定的比例尺确定回转副 B、C 及 D 的位置,最后用规定的符号绘出机构运动简图 3-10(b)。

应当说明,机构运动简图 3-10(b)中,构件 2 代表偏心轴,构件的运动与偏心轴中心 B 绕带轮中心 A 回转的情况完全相同。

§3-3 平面机构具有确定运动的条件

机构的各构件之间具有确定的相对运动。显然,不能产生相对运动或无规则乱动的一堆构件是不能成为机构的。为了使组合起来的构件能产生相对运动并具有运动确定性,有必要探讨机构自由度和机构具有确定运动的条件。

一、平面机构自由度计算公式

如前所述,一个做平面运动的自由构件具有三个自由度。因此,平面机构的每个活动构件在未用运动副连接前,都有三个自由度。当两个构件组成运动副之后,它们的相对运动就受到约束,自由度数目即随之减少。不同种类的运动副引入的约束不同,所以保留的自由度也不同。例如图 3-3 所示的回转副约束了两个移动的自由度,只保留一个转动的自由度;而移动副(图 3-4)约束了沿一轴方向的移动和在平面内的转动两个自由度;平面高副(图 3-5)则只约束了沿接触处公法线 n-n 方向移动的自由度,保留绕接触处的转动和沿接触处公切线 t-t 方向移动的两个自由度。也可以说,在平面机构中,每个低副引入两个约束,使构件失去两个自由度;每个高副引入一个约束,使构件失去一个自由度。

设平面机构共有 K 个构件。除去固定件,则机构中的活动件数 $n=K-1$。在未用运动副连接之前,这些活动构件的自由度总数应为 $3n$。当用运动副将构件连接起来组成构件之后,机构中各构件具有的自由度数就减少了。若机构中低副的数目为 P_L 个,高副数目为 P_H,则机构中全部运动副所引入的约束总数为 $2P_L+P_H$。因此活动构件的自由度总数减去运动副引入的约束总数就是该机构的自由度(又称机构活动度),以 F 表示,则

$$F=3n-2P_L-P_H \tag{3-1}$$

这就是计算平面机构自由度的公式。由式(3-1)可知,机构自由度 F 取决于活动构件的数目以及运动副的性质(低副或高副)和数目。

机构的自由度即机构所具有的独立运动的个数。由前述可知,从动件是不能独立运动的,只有原动件才能独立运动。通常每个原动件只具有一个独立运动,如电动机转子具有一个独立转动,内燃机活塞具有一个独立移动,因此,机构自由度必定与原动件的数目相等。

【例 3-3】 试计算图 3-9(a)所示内燃机的自由度。

解 该内燃机有六个构件:曲轴 3 与齿轮 5 组成一个构件,齿轮 6 与凸轮 7 组成一个构件,其余构件是活塞 1、连杆 2、推杆 8 和机架 4。机构中共有六个低副和两个高副,即 $n=6-1=5$,$P_L=6$,$P_H=2$。根据式(3-1)求得自由度为

$$F=3n-2P_L-P_H=3\times5-2\times6-2=1$$

该机构具有一个原动件(活塞 1),故原动件数与机构自由度相等。

【例 3-4】 试计算图 3-10(a)所示颚式破碎机的自由度。

解 该机构由四个构件、四个回转副组成。活动构件数 $n=4-1=3$,低副数 $P_L=4$,高副数 $P_H=0$,根据式(3-1)求得该机构的自由度为

$$F=3n-2P_L-P_H=3\times3-2\times4-0=1$$

该机构具有一个原动件(偏心轴 2),故原动件数与机构自由度相等。

机构原动件的独立运动是由外界给定的。如果给出的原动件数不等于机构自由度,则将产生如下影响:

图 3-11 所示为原动件数少于机构自由度的例子(图中原动件数等于 1,而机构自由度 $F=3\times4-2\times5=2$)。显然,当只给定原动件 1 的位置角 φ_1 时,从动件 2、3、4 的位置不能确定,不具有确定的相对运动。只有给出两个原动件,使构件 1、4 都处于给定位置,才能使从动件获得确定的运动。

图 3-12 所示为原动件数大于机构自由度的例子(图中原动件数等于 2,机构自由度 $F=3\times3-2\times4=1$)。如果原动件 1 和原动件 3 的给定运动要同时满足,势必将杆 2 拉断。

图 3-13 所示为机构自由度等于零的构件组合($F=3\times4-2\times6=0$)。它的各构件之间不可能产生相对运动。

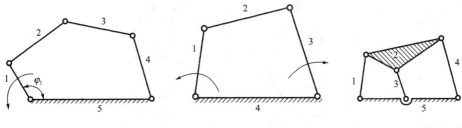

图 3-11　原动件数＜F　　　图 3-12　原动件数＞F　　　图 3-13　F＝0 的构件组合

综上所述可知,机构具有确定运动的条件是:F＞0,且等于原动件数。

二、计算平面机构自由度的注意事项

应用式(3-1)计算平面机构自由度时,对下述几种情况必须加以注意。

1.复合铰链

若两个以上的构件同时在一处用回转副相连接,则称该连接为复合铰链。如图 3-14(a)所示是三个构件汇交成的复合铰链,图 3-14(b)是它的俯视图。由图 3-14(b)可以看出,这三个构件共组成两个回转副。依此类推,m 个构件汇交而成的复合铰链应具有($m-1$)个回转副。在计算机构自由度时应注意识别复合铰链,以免把回转副的个数算错。

【例 3-5】　试计算图 3-15 所示惯性筛机构的自由度。

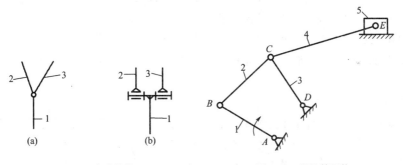

图 3-14　复合铰链　　　　　图 3-15　惯性筛机构

解　该机构当原动件 1 等速回转时,滑块 5 做往复直线运动。该机构有一个原动件,由六个构件、七个低副(C 处是由三个构件组成的复合铰链,含有 $m-1=3-1=2$ 个回转副)组成,即 $n=6-1=5$,$P_L=7$,$P_H=0$,则自由度为

$$F=3\times5-2\times7-0=1$$

若计算时将 C 处错算为一个回转副,则机构自由度 $F=3\times5-2\times6=3$,即此机构必须有两个原动件才能具有确定的运动,这样就使计算结果与实际情况不符。

2.局部自由度

机构中不影响机构整体运动特性的自由度,称为局部自由度或多余自由度。在计算机构自由度时应将局部自由度去除不计。

【例 3-6】　试计算图 3-16(a)所示滚子移动从动杆凸轮机构的自由度。

解　该机构当原动件凸轮回转时,通过滚子 2 使推杆 3 做一定规律的往复直线运动。该机构有一个原动件(凸轮 1),由四个构件、三个低副和一个高副组成,即 $m=4-1=3$,

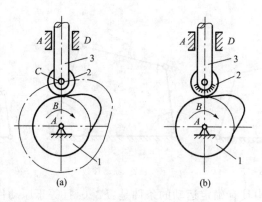

图 3-16　局部自由度

$P_L=3$，$P_H=1$，则自由度为

$$F=3n-2P_L-P_H=3\times3-2\times3-1=2$$

计算结果表明，该机构应有两个原动件，这显然与实际情况不符，其原因就是计入了多余自由度。

试想，若将滚子 2 与推杆 3 焊成一体（图 3-16(b)），从动件推杆 3 的运动不发生任何变化。可见，滚子与推杆间的自由度是局部自由度。如将局部自由度除去不计，即将滚子与推杆看作一个构件，则 $n=3-1=2$，$P_L=2$，$P_H=1$。此机构的自由度为

$$F=3n-2P_L-P_H=3\times2-2\times2-1=1$$

即此机构只有一个自由度，与实际情况相符。

局部自由度虽不影响机构的运动规律，但可改善机构的工作状况。如上例所述，若在推杆上安装滚子，就可减轻推杆与凸轮的摩擦，减少构件的磨损。所以在机械中常有局部自由度出现。

3. 虚约束

在运动副引入的约束中，有些约束对机构自由度的影响是重复的。这些对机构运动不起限制作用的重复约束称为消极约束，或称为虚约束，在计算机构自由度时应将其除去不计。

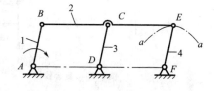

图 3-17　铰接五杆机构的虚约束

【例 3-7】　试计算图 3-17 所示铰接五杆机构的自由度。机构中各杆长的关系为 $L_{AB}=L_{CD}=L_{EF}$，$L_{BC}=L_{AD}$，$L_{CE}=L_{DF}$

解　该机构由五个构件、六个回转副组成，即 $n=5-1=4$，$P_L=6$，$P_H=0$，则自由度为

$$F=3n-2P_L-P_H=3\times4-2\times6=0$$

计算结果表明，该机构不能运动。显然，这是不符合实际情况的。进一步分析可以发现，若将铰链 E 拆开，则当原动件曲柄 1 运动时，连杆 2 做平移运动，杆 2 上 E 点的轨迹是以 F 为圆心、L_{EF} 为半径的圆周。由于杆 4 上 E 点的轨迹与杆 2 上 E 点的轨迹相重合，所以机构中的杆 4 是否存在，对机构的运动不会产生影响。这就是说，机构中增加构件 4 及回转副 E 和 F 后，虽然机构增加了一个约束，但此约束不能起限制机构运动的作用，因而是一个虚约束。

如将虚约束除去不计(即将构件 4 及运动副 E 和 F 不计),则 $n=3$,$P_L=4$,$P_H=0$。机构的自由度为

$$F=3n-2P_L-P_H=3\times3-2\times4=1$$

这样,计算结果与实际情况相符。

【例 3-8】 试计算图 3-18 所示行星轮系机构的自由度。该机构中有四个外齿轮 1、2、$2'$ 和 $2''$ 和一个内齿轮 3,外齿轮 1 的轴线和内齿轮 3 的轴线重合,并可相对机架回转。外齿轮 2、$2'$ 和 $2''$ 装在转臂 H 上,转臂 H 可在内齿轮 3 的轴孔内转动。

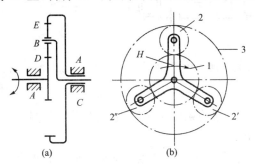

图 3-18 行星轮系的虚约束

解 为使机构受力均衡,该机构中采用 2、$2'$ 和 $2''$ 三个齿轮对称布置,而从传递运动要求来说,只需一个齿轮就够了,在这里,每增加一个齿轮便多了一个虚约束。

计算机构自由度时,除去齿轮 $2'$ 和 $2''$ 及它们带入的运动副不计,该机构还有五个构件、四个回转副(齿轮与机架 4 组成回转副 A,齿轮 2 与转臂 H 组成回转副 B,齿轮 3、机架 4 和转臂 H 共同组成复合铰链 C,C 处含有两个回转副)和两个齿轮副 D 及 E,即 $n=5-1=4$,$P_L=4$,$P_H=2$,故其自由度为

$$F=3n-2P_L-P_H=3\times4-2\times4-2=2$$

该机构有两个自由度,要使机构具有确定的运动,必须有两个原动件。这两个原动件可以是齿轮 1、转臂 H 与齿轮 3 中的任意两个。

机构中的虚约束常在下列情况发生:

(1)如将机构的某个运动拆开,机构被拆开的两部分在原连接点的运动轨迹仍互相重合(如例 3-7 所述)。

(2)机构中对运动不起作用的对称部分(如例 3-8 所述)。

(3)两构件同时在几处构成几个移动副,且各移动副导路中心线互相平行(图 3-19(a));或两构件同时在几处构成几个回转副且各回转副轴线重合(图 3-19(b))。在此情况下,两构件所构成几个运动副的作用是重复的,计算机构自由度时,这样的几个运动副,只能算一个。

(4)在机构的运动过程中,若两构件上两点间的距离始终保持不变(如图 3-20 所示的 E 和 F 两点),则在此两点间的构件相连所产生的约束必定是虚约束。计算机构自由度时,应将此构件及其带入的运动副除去不计。

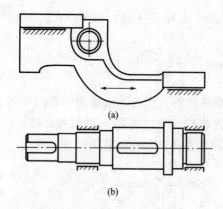

(a)

(b)

图 3-19 两构件之间形成的虚约束

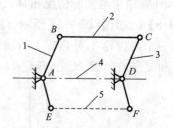

图 3-20 构件上两点间距离不变形
成的虚约束

虚约束虽对机构运动不起约束作用,但可起到改善机构受力状况和运动状况等作用,故在机构中常有虚约束出现。

如上所述,虚约束都是在一定的几何条件下形成的。如果这些几何条件不能满足,则虚约束就成为实际约束。这种虚约束转化成的实际约束,不仅能够影响机构的正常运转,甚至还会使机构不能运动。例如图 3-19(b)所示的两个回转副,当其轴线相重合时,是虚约束;而当轴线不重合时,就成为实际约束,两构件会被卡紧,甚至不能做相对转动。所以,为了便于加工和装配,应当尽量减少机构中的虚约束。

思考题

3-1 一个在平面内自由运动的构件有三个自由度,一个在空间自由运动的构件有几个自由度?

3-2 什么是运动副?移动副、回转副和高副各限制构件间哪些相对运动?保留哪些相对运动?

3-3 试判别下述结论是否正确,并说明理由。

(1)图 3-21(a)中,构件 1 相对于构件 2 能沿切向 At 移动,沿法向 An 向上移动和绕接触点 A 转动,所以构件 1 与 2 组成的运动副保留三个相对运动。

(2)图 3-21(b)中,构件 1 与 2 在 A'、A'' 两处接触,所以构件 1 与 2 组成两个高副。

3-4 试利用平面机构自由度公式回答下述问题:

(1)图 3-22(a)中,构件 1、2 组成两个回转副,由于加工误差,两孔几何轴线不重合,这时构件 1、2 间能否作相对转动?

(2)图 3-22(b)所示三个构件由三个回转副连接成构件组合体,构件间能相对运动吗?

(3)图 3-22(c)所示五个构件由五个回转副连接成构件组合体,当有一个原动件时,是不是机构?当有两个原动件时,是不是机构?

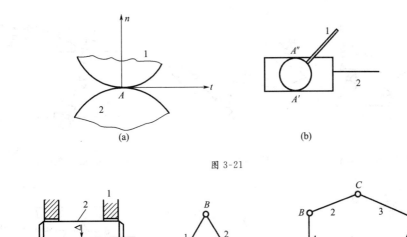

图 3-21

图 3-22

习　题

3-1　如图 3-23 所示压力机,已知 $AB=20$ mm,$BC=265$ mm,$CD=CE=150$ mm,$a=150$ mm,$b=300$ mm,试按适当比例绘出机构运动简图,并计算机构自由度。

3-2　图示一简易冲床,设计者的思路是:动力由齿轮 1 输入,使轴 A 连续回转,而固装在轴 A 上的凸轮 2 与杠杆 3 组成的凸轮机构将使冲头 4 上下运动以达到冲压的目的。试绘出其机构运动简图,分析其运动是否确定,并提出修改措施。

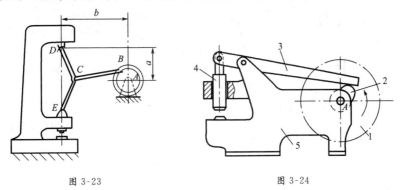

图 3-23　　　　　　　　　　　　图 3-24

3-3　试计算图 3-25 所示机构的自由度,并判断该机构的运动是否确定(图中绘有箭头的构件为原动件)。

3-4　实训提高:选择一两种实际机械模型,从原动件开始仔细观察机构的运动,确定组成机构的构件数目及运动副的数目,测量各运动副间的相对位置,按规定的符号以适当的比例绘制出机构运动简图。计算该机构的自由度,并验证其运动是否确定。

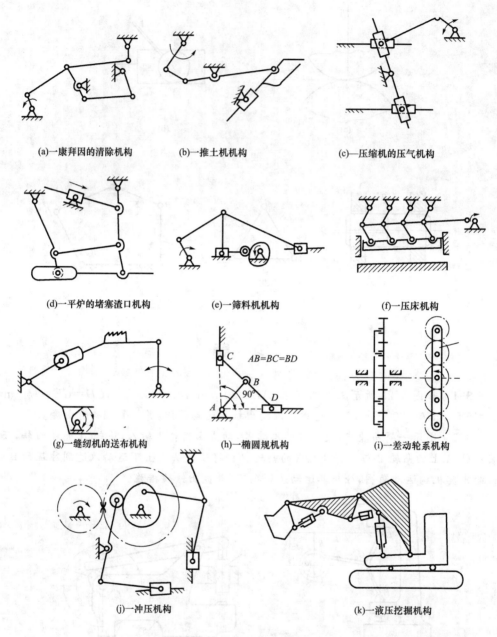

(a)—康拜因的清除机构 (b)—推土机机构 (c)—压缩机的压气机构

(d)—平炉的堵塞渣口机构 (e)—筛料机机构 (f)—压床机构

(g)—缝纫机的送布机构 (h)—椭圆规机构 (i)—差动轮系机构

$AB=BC=BD$

(j)—冲压机构 (k)—液压挖掘机构

图 3-25

第4章 平面连杆机构

导学导读

主要内容:本章主要介绍平面四杆机构的类型、特性及平面四杆机构设计等内容。

目的与要求:了解四杆机构的应用场合;掌握按构件相对长度、运动副类型和机架轮换来判定机构类型的方法;掌握四杆机构的运动特性、传力特性等基本概念——行程速度变化系数、压力角(或传动角)和死点;掌握四杆机构设计的基本方法——图解法。

重点与难点:铰链四杆机构基本形式的判别及特性;铰链四杆机构的演变;四杆机构设计的基本方法——图解法,其中按给定两连架杆的对应位置设计四杆机构是难点,要很好地理解"刚化、反转"的设计方法。

平面连杆机构是许多刚性构件用平面低副连接组成的机构。由于低副是面接触,耐磨损,加上回转副和移动副的接触表面是圆柱面或平面,制造简单,易于获得较高的精度,因此,平面连杆机构在各种机械和仪器中获得了广泛的应用。连杆机构的缺点是:低副中存在着间隙,会引起运动误差,而且它的设计比较复杂,不易较精确地实现较复杂的运动规律。

最简单的平面连杆机构是由四个构件组成的,简称平面四杆机构。它的应用非常广泛,而且是组成多杆机构的基础。因此,本章着重讨论平面四杆机构的基本类型、特性及常用的设计方法。

§4-1 铰链四杆机构的基本形式和特性

如图 4-1 所示,当平面四杆机构中的运动副都是回转副时,称为铰链四杆机构。在该机构中,固定不动的构件 4 称为机架;与机架相连的构件 1 和构件 3 称为连架杆;不与机架相连的构件 2 称为连杆。如果连架杆 1 或杆 3 能绕其回转中心 A 或 D 做整周转动,则称为曲柄;若仅能在小于 360° 的某一角度内摆动,则称为摇杆。

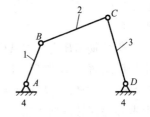

图 4-1 铰链四杆机构

对于铰链四杆机构来说,机架和连杆总是存在的,因此可按连架杆是曲柄还是摇杆,将铰链四杆机构分为三种形式:曲柄摇杆机构、双曲柄机构和双摇杆机构。

一、曲柄摇杆机构

在铰链四杆机构中,若两个连架杆中一个为曲柄,另一个为摇杆,则此铰链四杆机构称为曲柄摇杆机构。通常曲柄1为原动件,并做匀速转动,而摇杆3为从动件,做变速往复摆动。

图4-2所示为织机常用的四杆打纬机构。当曲柄AB回转时,通过连杆BC(牵手)带动摇杆(筘座脚)绕摇轴D摆动。筘座脚摆向前方时,便将纬纱打入织口。

曲柄摇杆机构也能将摆动转换为整周回转运动。图4-34-3(b)所示为缝纫机的驱动机构,图(a)为该机构的运动简图。当踏板3(相当于摇杆)往复摆动时,杆2(相当于连杆)使杆1(相当于曲柄)做整周回转。

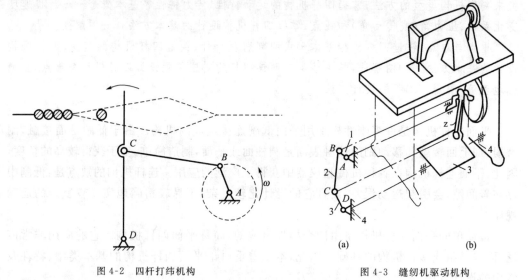

图4-2 四杆打纬机构   图4-3 缝纫机驱动机构

下面让我们以曲柄摇杆机构为例讨论铰链四杆机构的一些主要特性。

1. 急回特性

如图4-4所示为一曲柄摇杆机构,其曲柄AB在转动一周的过程中,有两次与连杆共线。在这两个位置,铰链中心A与C之间的距离AC_1和AC_2分别是最短和最长,因而摇杆CD的位置C_1D和C_2D分别为其极限位置。摇杆在两极限位置的夹角ψ称为摇杆的摆角。

当曲柄AB由位置AB_1顺时针转到AB_2时,转过的角度$\varphi_1=180°+\theta$,这时,摇杆CD由极限位置C_1D摆到极限位置C_2D,摆角为ψ。而当曲柄顺时针再转过角度$\varphi_2=180°-\theta$时,摇杆由位置C_2D摆回到位置C_1D,其摆角仍然是ψ。虽然摇杆来回摆动的角度相同,但做等速回转的曲柄的转角不同($\varphi_1>\varphi_2$),对应的时间也不等($t_1>t_2$),从而反映了摇杆往复摆动的快慢不同。摇杆自C_1D摆到C_2D为工作行程,这时C点的平均速度$v_l=C_1C_2/t_1$;摇杆自C_2D摆回至C_1D是空回行程,这时C点的平均速度$v_2=C_1C_2/t_2$,则$v_1<v_2$。它表明摇杆具有急回运动的特性。在生产实际中,常利用这个性质来缩短非生产时间,提高生产率。

为了定量地反映从动摇杆的急回特性,一般用行程速比系数K表示,即

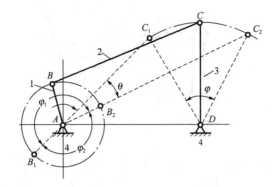

图 4-4　曲柄摇杆机构的急回特性

$$K = \frac{\omega_2}{\omega_1} = \frac{\psi/t_2}{\psi/t_1} = \frac{t_1}{t_2} = \frac{\varphi_1}{\varphi_2} = \frac{180° + \theta}{180° - \theta} \qquad (4\text{-}1)$$

式中,θ 为摇杆处于两极限位置时曲柄所夹的锐角,称为极位夹角。

上式表明:曲柄摇杆机构有无急回特性取决于有无极位夹角 θ。θ 越大,K 值越大,急回特性也越显著。

将式(4-1)整理后,可得极位夹角为

$$\theta = 180° \frac{K-1}{K+1} \qquad (4\text{-}2)$$

对于一些有急回运动要求的机械,常常根据所需的 K 值,先由式(4-2)算出极位夹角 θ,再确定各构件的尺寸。

2. 死点位置

在图 4-4 所示的曲柄摇杆机构中,若以摇杆 3 为原动件,而曲柄 1 为从动件,则当摇杆 3 摆到极限位置 C_1D 和 C_2D 时,连杆 2 与曲柄 1 共线。若忽略各杆质量,则这时通过连杆传给曲柄的力将通过铰链中心 A,此力对 A 点不产生力矩,因此不能使曲柄转动。机构的这种位置称死点位置。死点位置会使机构的从动件出现卡死或运动不确定现象。为了消除死点位置的不良影响,可以对从动曲柄施加外力,或利用飞轮及构件自身的惯性作用使机构顺利通过死点位置。

在图 4-3 所示的缝纫机驱动机构中,当踏板 3(原动件)做往复摆动时,通过连杆 2 使曲柄 1(从动件)做整周转动,再经过皮带驱使机头主轴转动。在实际使用时,缝纫机有时会出现踏不动或倒车现象,这就是由于机构处于死点位置而引起的。在正常运转时,借助安装在机头上的主轴皮带轮(相当于飞轮)的惯性作用,可使缝纫机顺利通过死点位置。

对于传动来说,死点位置是有害的,应当设法消除其影响。但在工程上,有时也利用死点位置的性质来实现某些要求。

如图 4-5 所示为一夹具。当工件 5 被夹紧时,铰链中心 B、C、D 处于一条线上。在此位置,工件经杆 1 通过杆 2 传给杆 3 之力将通过杆 3 的回转中心 D。因此,就保证了夹具在去掉外力 P 后仍能夹紧工件。当需要取出工件时,必须向上扳动手柄,才能松开夹具。

3. 压力角和传动角

在生产中,往往要求连杆机构不仅能实现预定的运动规律,还希望运转轻便,效率较高。如图 4-6 所示的曲柄摇杆机构,若忽略各杆质量和运动副中的摩擦影响,则连杆 BC

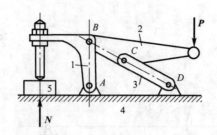

图 4-5 夹具

为二力杆,它作用于从动摇杆 3 上的力 P 是沿 BC 方向的,从动件受力点的受力方向与该点的速度方向 v_c 之间所夹的锐角 α 称为压力角。力 P 在 v_c 方向的有效分力 $P_t = P\cos\alpha$。显然,压力角越小,有效分力 P_t 就越大,所以判断一连杆机构是否具有良好的传力性能,可用压力角大小作为标志。在实际应用中,为了度量方便,通常以压力角 α 的余角 γ(即连杆和从动摇杆之间所夹的锐角)来判断连杆机构的传力性能,γ 称为传动角。因 $\gamma = 90° - \alpha$,故 α 越小,γ 越大,机构的传力性能越好;反之,α 越大,γ 越小,机构传力越费劲,传动效率越低。

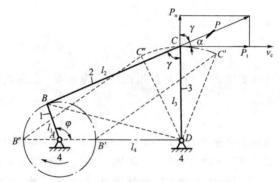

图 4-6 连杆机构的压力角和传动角

在机构运转过程中,传动角是变化的,为了保证机构能正常工作,通常约取最小传动角 $\gamma_{min} \geq 40°$,具体数值可根据传递功率的大小而定。传递的功率大时,传动角 γ_{min} 应取大些,可取 $\gamma_{min} \geq 50°$;而在一些控制仪表机构中,γ_{min} 甚至可略小于 $40°$。

为了确定最小传动角出现的位置,可由图 4-6 所示的 $\triangle ABD$ 和 $\triangle BDC$ 求得

$$BD^2 = l_1^2 + l_4^2 - 2l_1 l_4 \cos\varphi$$
$$BD^2 = l_2^2 + l_3^2 - 2l_2 l_3 \cos\angle BCD$$

解以上两式可得

$$\cos\angle BCD = \frac{l_2^2 + l_3^2 - l_1^2 - l_4^2 + 2l_1 l_4 \cos\varphi}{2l_2 l_3} \tag{4-3}$$

当 $\varphi = 0°$ 和 $180°$ 时,$\cos\varphi = +1$ 和 -1,此时 $\angle BCD$ 分别出现最小值和最大值。由于 γ 是用锐角表示的,故当 $\angle BCD$ 为锐角时,传动角 $\gamma = \angle BCD$,显然,$\angle BCD$ 也即是传动角的最小值;但当 $\varphi = 180°$ 时,$\angle BCD$ 成为钝角,这时传动角应用 $\gamma = 180° - \angle BCD$ 来表示,因而 $\angle BCD$ 的最大值也对应于传动角的另一最小值。由此可知,曲柄摇杆机构的最小传动角 γ_{min} 必出现在图中所示曲柄与机架共线的位置 AB' 或 AB'' 处。只要二者中的

$\gamma_{\min} \geq [\gamma]$,则此四杆机构设计就是合理的。

二、双曲柄机构

在铰链四杆机构中,若两连架杆均为曲柄,则此四杆机构称为双曲柄机构。

如图 4-7 所示的惯性筛机构中,$ABCD$ 为双曲柄机构。当曲柄 1 做等速转动时,曲柄 3 做变速转动,通过构件 5 使筛体 6 产生变速直线运动,筛体内的物料由于惯性而来回抖动,从而达到筛选物料的目的。

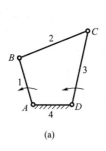 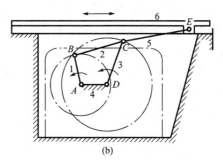

(a)　　　　　　　　　　(b)

图 4-7　惯性筛机构

在双曲柄机构中,用得最多的是平行双曲柄机构,或称平行四边形机构,如图 4-8(a) 中 AB_1C_1D 所示。这种机构的对边长度相等,组成平行四边形。当杆 1 等角速度转动时,杆 3 也以相同的角速度同向转动,连杆 2 则做平移运动。必须指出,这种机构当四个铰链中心位于同一直线(如图中 AB_2DC_2 所示)上时,将出现运动不确定状态。例如在图 4-8(a)中,当曲柄 1 由 AB_2 转到 AB_3 时,从动曲柄 3 可能转到 DC_3',也可能转到 DC_3''。为了消除这种运动不确定状态,可以在主、从动曲柄上错开一定角度,再安装一组平行四边形机构。如图 4-8(b)所示,当上面一组平行四边形转到 $AB'C'D$ 共线位置时,下面一组平行四边形 $AB_1'C_1'D$ 都处于正常位置,故机构仍然保持确定运动。图 4-9 所示机车驱动轮联动机构,则为利用第三个平行曲柄来消除平行四边形机构在这种位置的运动不确定状态。

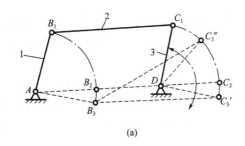 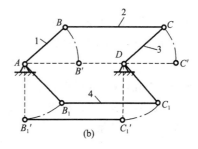

(a)　　　　　　　　　　(b)

图 4-8　平行四边形机构

三、双摇杆机构

在铰链四杆机构中,若两连架杆均为摇杆,则此四杆机构称为双摇杆机构。

图 4-10 所示为飞机起落机构的运动简图。飞机着陆前,需要将着陆轮 1 从机翼 4 中推放出来(图中实线所示);起飞后,为了减小空气阻力,又需将着陆轮收入机翼中(图中虚

图 4-9 机车驱动轮联动机构

线所示）。这些动作是由原动摇杆 3、通过连杆 2、从动摇杆 5 带动着陆轮来实现的。

两摇杆长度相等的双摇杆机构，称为等腰梯形机构。图 4-11 所示轮式车辆的前轮转向机构就是等腰梯形机构的应用实例。车子转弯时，与前轮轴固联的两个摇杆的摆角 β 和 δ 不等。如果在任意位置都能使两前轮轴线的交点 P 落在后轮轴线的延长线上，则当整个车身绕 P 点转动时，四个车轮都能在地面上纯滚动，避免轮胎因滑动而损伤。等腰梯形机构就能近似地满足这一要求。

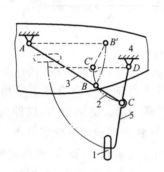

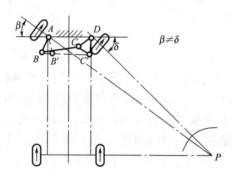

图 4-10 飞机起落架机构   图 4-11 汽车前轮转向机构

§4-2 铰链四杆机构的曲柄存在条件

前面讨论了铰链四杆机构的三种基本形式。这三种基本形式决定于机构内有无曲柄存在，而有无曲柄存在，则与机构各构件的相对尺寸有关。下面来分析铰链四杆机构存在曲柄的条件。

如图 4-12 所示，在铰链四杆机构中，设以 a、b、c、d 分别代表机构中各杆的长度。并设 AD 杆为机架，且 $a<d$。作回转中心 B 及 D 的连线，其长度以 f 表示。根据平面几何知识（三角形中两边之和必大于第三边），在 $\triangle BCD$ 中应有以下关系：

$$\left.\begin{array}{l} b+c \geqslant f \\ b-c \leqslant f(b>c) \\ c-b \leqslant f(c>b) \end{array}\right\} \qquad (4-4)$$

随着机构位置的改变，f 值将跟着改变。从图 4-12 中可看出，f 可能达到的极大、极小值分别为 $f_{max}=d+a$ 和 $f_{min}=d-a$，这时连架杆 AB 与机架 AD 共线。

显然，如果 f 能为 f_{max} 和 f_{min} 其间的任意值，则说明 AB 杆能转至任何位置，亦即 AB

杆能成为作整周回转的曲柄。由此可得下列
关系式：

$$\left.\begin{array}{l} b+c \geqslant f_{\max}=d+a \\ b-c \leqslant f_{\min}=d-a \\ c-b \leqslant f_{\min}=d-a \end{array}\right\} \quad (4-5)$$

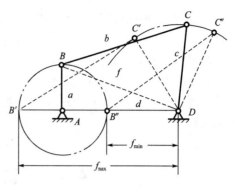

图 4-12　$a<d$ 时曲柄存在条件分析

将上式移项整理得：

$$\left.\begin{array}{l} a+b \leqslant c+d \\ a+c \leqslant b+d \\ a+d \leqslant b+c \end{array}\right\} \quad (4-6)$$

将式(4-6)两两相加化简得：

$$\left.\begin{array}{l} a \leqslant b \\ a \leqslant c \\ a \leqslant d \end{array}\right\} \quad (4-7)$$

当设 $a>d$ 时，如图 4-13 所示，与 $a<d$ 情形的
区别仅在于 $f_{\min}=a-d$。经类似分析可得

$$\left.\begin{array}{l} d+a \leqslant b+c \\ d+b \leqslant a+c \\ d+c \leqslant a+b \end{array}\right\} \quad (4-8)$$

同理可得

$$\left.\begin{array}{l} d \leqslant a \\ d \leqslant b \\ d \leqslant c \end{array}\right\} \quad (4-7)$$

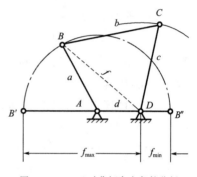

图 4-13　$a>d$ 时曲柄存在条件分析

分析以上诸式，由式(4-7)及式(4-9)可见 a(或 d)与任一杆长度之和总小于或等于
其余两杆长度之和。由此我们得出结论，即铰链四杆机构存在曲柄的条件是：

(1)连架杆和机架中必有一个是最短杆；

(2)最短杆与最长杆长度之和小于或等于其余两杆长度之和。

四杆机构属于何种类型，除了与各杆相对长度有关外，还与选用哪一构件作为机架有
关。

在图 4-12 所示的曲柄摇杆机构中，由于曲柄 AB 相对于机架 AD 及连杆 BC 能做
$360°$整周回转，而摇杆 CD 相对于机架 AD 和连杆 BC 只能作小于 $360°$ 的摆动，因此，若取
AB 作为机架时，BC 和 AD 两杆分别能绕 A、B 两轴作 $360°$整周回转，即此时两杆均为曲
柄；当取 CD 杆为机架时，BC 和 AD 两杆只能分别绕 C、D 两轴作小于 $360°$的摆动，即此
时 BC、AD 均成为摇杆。由以上分析可得如下结论：

如果最短杆与最长杆长度之和，小于或等于其余两杆长度之和，则可能有以下三种情
形：

(1)取与最短杆相邻的杆为机架，则最短杆为曲柄，而与机架相连的另一杆为摇杆，故
该机构为曲柄摇杆机构。

(2)取最短杆为机架，则与机架相连的两杆均为曲柄，故该机构为双曲柄机构。

(3)取在最短杆对面的一杆为机架,则与机架相连的两杆均为摇杆,故该机构为双摇杆机构。

若最短杆与最长杆长度之和,大于其余两杆的长度之和,则不论取哪一杆作为机架,都没有曲柄存在,故该机构为双摇杆机构。

另外,当四杆机构中对面两杆的长度两两相等时,则不论取哪一杆作为机架,均为双曲柄机构。

§4-3 铰链四杆机构的演化

如上节所述,当铰链四杆机构各构件长度关系发生变化时,构件间相对运动的形式将发生变化,形成三种不同类型的四杆机构。下面还可看到,当铰链四杆机构尺寸关系作某种特殊变化或者取不同杆件为机架时,还能演化成一些其他形式的机构。

一、曲柄滑块机构

如图 4-14(a)所示的曲柄摇杆机构,铰链中心 C 的轨迹为以 D 为圆心和 l_3 为半径的圆弧 m-m。若 l_3 增至无穷大,则如图 4-14(b)所示,C 点轨迹变成直线。于是摇杆 3 演化成为移动副,机构演化为如图 4-14(c)所示的曲柄滑块机构。若 C 点运动轨迹正对曲柄回转中心 A,则称为对心曲柄滑块机构(图 4-14(c));若 C 点运动轨迹 m-m 的延长线与回转中心 A 之间存在偏距 e(图 4-14(d)),则称为偏置曲柄滑块机构。当曲柄等速转动时,偏置曲柄滑块机构可实现急回运动。

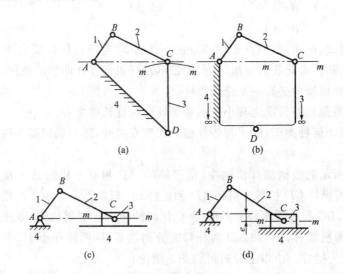

图 4-14 曲柄滑块机构

曲柄滑块机构广泛应用在活塞式内燃机、空气压缩机、冲床等机械中。

二、导杆机构

导杆机构可看成是改变曲柄滑块机构中的固定件而演化来的。如图 4-15(a)所示的曲柄滑块机构,若改取杆 1 为固定件,即得图 4-15(b)所示导杆机构。杆 4 称为导杆,滑块 3 相对导杆滑动并一起绕 A 点转动。通常取杆 2 为原动件。当 $l_1 < l_2$ 时(图 4-15(b)),杆 2 和杆 4 均可整周转,故称为转动导杆机构;当 $l_1 > l_2$ 时(图 4-16),杆 4 只能往复摆动,故称为摆动导杆机构。由图可见,导杆机构的传动角始终等于 90°,具有很好的传力性能,故常用于牛头刨床、插床和回转式油泵之中。

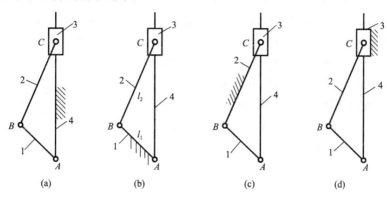

图 4-15　曲柄滑块机构的演化

三、摇块机构和定块机构

在图 4-15(a)所示曲柄滑块机构中,若取杆 2 为固定件,即可得图 4-15(c)所示摆动滑块机构,或称摇块机构。这种机构广泛应用于摆缸式内燃机和液压驱动装置中。例如在图 4-17 所示卡车车厢自动翻转卸料机构中,当油缸 3 中的压力油推动活塞杆 4 运动时,车厢 1 便绕回转副中心 B 倾转,当达到一定角度时,物料就自动卸下。

在图 4-15(a)所示曲柄滑块机构中,若取杆 3 为固定件,即可得图 4-15(d)所示固定滑块机构,或称定块机构。这种机构常用于抽水唧筒(图 4-18)和抽油泵中。

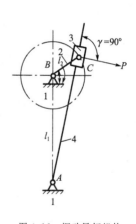

图 4-16　摆动导杆机构

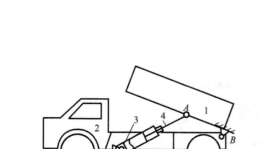

图 4-17　自卸货车

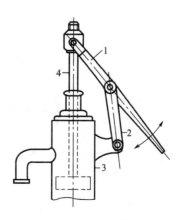

图 4-18　抽水唧筒

四、双滑块机构

双滑块机构是具有两个移动副的四杆机构。可以认为是铰链四杆机构两杆长度趋于无穷大而演化成的。

按照两个移动副所处位置的不同,可将双滑块机构分成四种形式。(1)两个移动副不相邻,如图 4-19 所示。这种机构从动件 3 的位移与原动件转角的正切成正比,故称为正切机构。(2)两个移动副相邻,且其中一个移动副与机架相关联,如图 4-20 所示。这种机构从动件 3 的位移与原动件转角的正弦成正比,故称为正弦机构。这两种机构常见于计算装置之中。(3)两个移动副相邻,且均不与机架相关联,如图 4-21(a)所示。这种机构的原动件 1 与从动件 3 具有相等的角速度。图 4-21(b)所示滑块联轴器就是这种机构的应用实例,它可用来连接中心线不重合的两根轴。(4)两个移动副都与机架相关联。图 4-22 所示椭圆仪就应用这种机构。当滑块 1 和 3 沿机架的十字槽滑动时,连杆 2 上的各点便描绘出长、短径不同的椭圆。

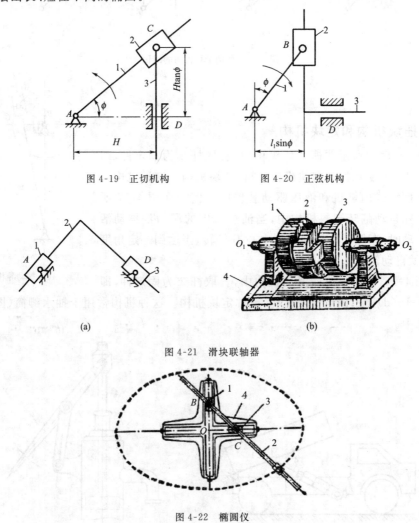

图 4-19 正切机构　　　　图 4-20 正弦机构

(a)　　　　　　　(b)

图 4-21 滑块联轴器

图 4-22 椭圆仪

五、偏心轮机构

图 4-23(a)所示为偏心轮机构。杆 1 为圆盘,其几何中心为 B。因运动时该圆盘绕偏心 A 转动,故称偏心轮。A、B 之间的距离 e 称为偏心距,按照相对运动关系,可画出该机构的运动简图,如图 4-23(b)所示。由图可知,偏心轮是回转副 B 扩大到包括回转副 A 而形成的,偏心距 e 即是曲柄的长度。

同理,图 4-23(c)所示偏心轮机构可用图 4-23(d)来表示。

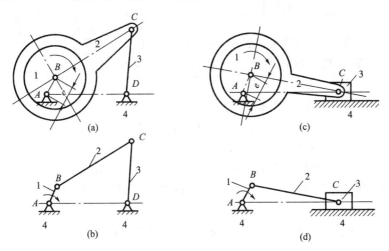

图 4-23　偏心轮机构

当曲柄长度很小时,通常都把曲柄做成偏心轮,这样不仅增大了轴颈的尺寸,提高偏心轴的强度和刚度,而且当轴颈位于中部时,还可安装整体式连杆,使结构简化。因此,偏心轮广泛应用于传力较大的剪床、冲床、颚式破碎机、内燃机等机械之中。

§4-4　平面四杆机构的设计

平面四杆机构的设计,主要是根据给定的运动条件,确定机构运动简图的尺寸参数。为了使机构设计得合理、可靠,有时还要考虑几何条件和动力条件(最小传动角 γ_{min})等等。

生产实践中的要求是多种多样的,给定的条件也各不相同,常碰到的是下面两类问题:(1)按照给定从动件的位置设计四杆机构,称为位置设计。(2)按照给定点轨迹设计四杆机构,称为轨迹设计。

设计的方法有解析法、几何法和实验法。本书仅介绍几何法。

一、按照给定的行程速比系数设计四杆机构

设计具有急回特性的四杆机构,往往是根据实际工作需要,先给定行程速比系数 K 的值,然后根据机构在极限位置处的几何关系,结合有关辅助条件,确定机构运动简图的尺寸参数。

1.曲柄摇杆机构

已知条件:摇杆的长度 l_3,摆角 φ 和行程速比系数 K。

设计的实质是确定铰链中心 A 点的位置。从而定出其他三杆的尺寸 l_1、l_2 和 l_4。其设计步骤如下:

(1)由给定的行程速比系数 K,按式(4-2)求出极位夹角 θ

$$\theta = 180° \frac{K-1}{K+1}$$

(2)如图 4-24 所示,任选固定铰链中心 D 的位置,由摇杆长度 l_3 和摆角 φ 做出摇杆的两个极限位置 C_1D 和 C_2D。

(3)连接 C_1 和 C_2,并作 C_1M 垂直于 C_1C_2。

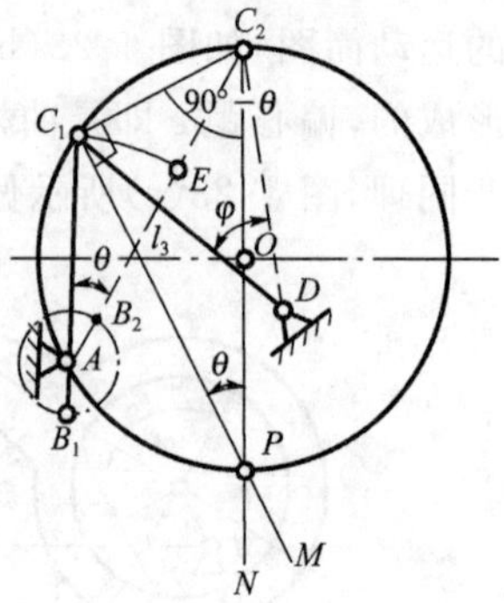

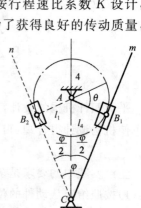

图 4-24 按 K 值设计曲柄摇杆机构

(4)作 $\angle C_1C_2N = 90° - \theta$,使线 C_2N 与 C_1M 相交于 P 点,由三角形的内角之和等于 $180°$ 可知,$\angle C_1PC_2 = \theta$。

(5)作 ΔC_1PC_2 的外接圆,在圆上任选一点 A 作为曲柄与机架组成的固定铰链中心,并分别与 C_1、C_2 相连,得 $\angle C_1AC_2$。因同一圆弧的圆周角相等,故 $\angle C_1AC_2 = \angle C_1PC_2 = \theta$。

(6)由机构在极限位置处曲柄和连杆共线的关系可知:$AC_1 = l_2 - l_1$,$AC_2 = l_2 + l_1$,从而得曲柄长度 $l_1 = \dfrac{AC_2 - AC_1}{2}$(曲柄长度也可由作图法求解如下:以 A 为圆心,AC_1 为半径作圆弧与 AC_2 相交于 E,平分 C_2E 便得到曲柄长度 l_1)。再以 A 为圆心,l_1 为半径作圆,交 C_1A 的延长线和 C_2A 于 B_1 和 B_2,从而得出 $B_1C_1 = B_2C_2 = l_2$ 及 $AD = l_4$。

由于 A 点是 ΔC_1PC_2 的外接圆上任选的一点,所以若仅按行程速比系数 K 设计,可得无穷多的解。A 点位置不同,机构传动角的大小也不同。为了获得良好的传动质量,可按照最小传动角或其他辅助条件来确定 A 点的位置。

2.导杆机构

已知条件:机架长度 l_4、行程速比系数 K。

由图 4-25 可以看出,导杆机构的极位夹角 θ 与导杆摆角 φ 相等,所需确定的尺寸是曲柄长度 l_1。其设计步骤如下:

(1)由已知行程速比系数 K,按式(4-2)求得极位夹角 θ(即摆角 φ)

$$\varphi = \theta = 180° \frac{K-1}{K+1}$$

图 4-25 按 K 值设计导杆机构

(2)任选一点作为固定中心 C,做出导杆的两极限位置 C_m 和 C_n,其间夹角为 φ。

(3)作摆角 φ 的平分线 AC,并在线上取 $AC = l_4$,得固定铰链中心 A 的位置。

(4)过 A 点作导杆极限位置的垂线 AB(或 AB_1),即得曲柄长度 $l_1 = AB_1$。

二、按照给定连杆位置设计四杆机构

图 4-26 所示为大型铸件翻转机示意图,当翻转台 8 位于位置 Ⅰ(实线位置)时,在砂箱 7 内填砂造型。造型结束后,油缸活塞 6 驱动四杆机构 AB_1C_1D 使翻转台转至位置 Ⅱ(虚线位置),以便拔模。此时,四杆机构位于 AB_2C_2D 位置。现在要求按照连杆 3 的两个位置 B_1C_1 和 B_2C_2 设计四杆机构。

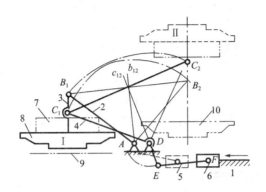

图 4-26　造型机翻转机构

当连杆长度 l_2 及其两个位置 B_1C_1 和 B_2C_2 已经给定时,设计四杆机构的任务是确定其他三杆的长度及连架杆回转中心 A 和 D 的位置。

由图可知,若能确定连架杆的回转中心位置 A 和 D,则所求各杆长度即可确定。由于四杆机构的铰按点 B 和 C 的运动轨迹分别为以 A 和 D 点为圆心的圆弧,所以 A 和 D 两点必分别在 B_1B_2 和 C_1C_2 两线段的垂直平分线上,于是得到图解步骤如下:

(1)绘出连杆的两个给定位置 B_1C_1 和 B_2C_2;

(2)分别作线段 B_1B_2 及 C_1C_2 的垂直平分线 b_{12} 和 c_{12};

(3)分别在 b_{12} 和 c_{12} 上任取 A 和 D 两点,此两点即为所求四杆机构的固定铰链中心,AB_1C_1D 即为所求四杆机构。

由于 A 和 D 两点可在 b_{12} 和 c_{12} 线上任意选择,所以可得无穷多个解。在图 4-26 中选取了在同一水平线上的两个点,并且使 $\overline{AD}=\overline{BC}$。实际设计时可根据传动角和结构方面的其他要求确定 A 和 D 两点的位置。此外,还要指出,有时因 A 点和 D 点的位置选择不当,所得机构不能实现设计要求。如图 4-27 所示,其连杆的给定位置处于机架线的两侧(AD 是机架线),且杆长关系不满足曲柄存在条件,两连架杆不能在 AD 线附近区域转动,因而不能实现预定的要求。

如图 4-27 所示,当给定连杆三个位置 B_1C_1、B_2C_2 和 B_3C_3 时,设计四杆机构的图解过程与上述步骤基本相同。但是,由于 B_1、B_2、B_3 三点(或 C_1、C_2、C_3 三点)只能唯一地确定一个圆,所以机构是唯一的。

三、按照给定的运动轨迹设计四杆机构的概念

在生产上,有时要求按给定运动轨迹设计四杆机构。由于曲柄摇杆机构运动时,连杆作复杂的平面运动,因而在连杆平面上的各点,可以描绘出多种多样的轨迹,称为连杆曲线(图 4-28)。工程上的某些机械,就是利用连杆曲线来实现已知轨迹的。例如图 4-29

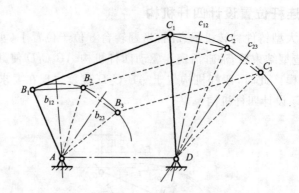

图 4-27　给定连杆三个位置的设计

所示的搅拌机就是利用连杆 BC 上的 E 点所描绘的连杆曲线来进行搅拌的(为了使搅拌均匀,容器亦作转动)。

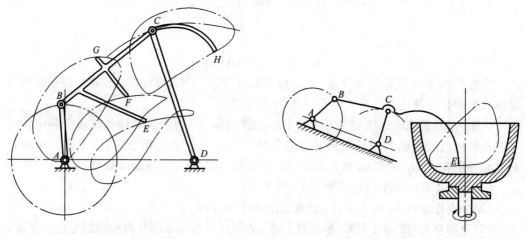

图 4-28　连杆曲线　　　　　　　　　　　　图 4-29　搅拌机

【例 4-1】　一偏置曲柄滑块机构如图 4-30 所示。已知滑块行程 H,偏心距 e 和行程速比系数 K,要求设计该机构。

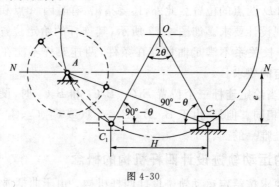

图 4-30

解　1. 根据 $\theta = 180° \dfrac{K-1}{K+1}$ 求出极位夹角;

2.选定比例尺,并根据已知行程 H 画出滑块两极限位置 C_1 和 C_2;

3.以 C_1C_2 为底作等腰三角形 C_1C_2O,使 $\angle C_1C_2O = \angle C_2C_1O = 90° - \theta$,然后以 O 为中心,OC 为半径作圆;

4.作与 C_1C_2 相距为 e 的平行线 NN,此线与圆 O 交于 A 点,A 点即为曲柄的固定回转中心;

5.作直线 AC_1,及 AC_2 即得到曲柄与连杆两共线位置;

6.因在两共线位置时,曲柄长 l_1 与连杆长 l_2 有如下关系:

$$\left.\begin{array}{r} l_1 + l_2 = AC_2 \\ l_2 - l_1 = AC_1 \end{array}\right\}$$

从上列方程组可求得曲柄长及连杆长。

思考题

4-1　什么是平面连杆机构?它有哪些优缺点?

4-2　铰链四杆机构有几种类型?应该怎样判别?各有什么运动特点?

4-3　辨别以下概念叙述是否准确,若不准确请予订正。

(1)极位夹角就是从动件在两个极限位置的夹角;

(2)压力角就是作用于构件的压力和速度的夹角;

(3)传动角就是连杆与从动件的夹角。

4-4　加大原动件上的驱动力,能否使机构越过死点位置?死点位置是否就是采用任何方法都不能使机构运动的位置?

习　题

4-1　试根据图 4-31 中注明的尺寸判断下列铰链四杆机构是曲柄摇杆机构、双曲柄机构、还是双摇杆机构。

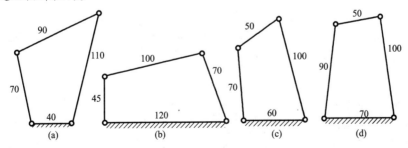

图 4-31

4-2　设计一曲柄摇杆机构,已知摇杆长度 $l_3 = 100$ mm,摆角 $\varphi = 30°$,摇杆的行程速比系数 $K = 1.2$,试根据最小传动角 $\gamma \geqslant 40°$ 的条件,用图解法确定其余三杆的尺寸。

4-3 设计一曲柄滑块机构。已知滑块的行程 $S=50$ mm，偏距 $e=16$ mm，行程速比系数 $K=1.2$，求曲柄与连杆的长度。

4-4 设计一导杆机构。已知机架长度 $l_4=100$ mm，行程速比系数 $K=1.4$，求曲柄长度。

4-5 设计一铰链四杆机构作为加热炉炉门的启闭机构。已知炉门上两活动铰链的中心距为 50 mm，炉门打开后成水平位置，要求炉门温度较低的一面朝上（如虚线所示），设固定铰链安装在 y-y 轴线上，其相关尺寸如图所示，求此铰链四杆机构其余三杆的长度。

4-6 实训提高：设计一铰链四杆机构，已知摇杆长 $L_{CD}=0.12$ m，摆角 $\varphi=45°$，机架长 $L_{AD}=0.10$ m，行程速比系数 $K=1.4$，试用图解法求曲柄和连杆的长度。

第5章 凸轮机构

导学导读

主要内容：凸轮机构的特点、类型、应用及分类；从动件的运动规律；盘状凸轮轮廓的设计；凸轮机构基本尺寸的确定。

学习目的与要求：熟悉凸轮机构的特点及应用；了解从动件的运动规律及其选择；掌握盘状凸轮轮廓设计的反转法；了解凸轮机构的压力角与自锁的关系、压力角与基圆半径的关系以及滚子半径与凸轮轮廓曲线形状的关系。

重点与难点：重点是绘制三种运动规律的位移线图，按位移线图用反转法设计对心移动从动杆盘状凸轮轮廓；难点是偏置移动从动杆盘状凸轮轮廓的设计和凸轮机构压力角的校核。

§5-1 凸轮机构的应用和分类

一、凸轮机构的组成及特点

凸轮机构是机械中的一种常用机构，主要由凸轮（主动件）、从动件和机架三部分组成。可将凸轮的转动或移动变为从动件的移动或摆动。

图 5-1 所示为一内燃机的配气机构。具有曲线外轮廓形状的轮 1 匀速回转时，其轮廓将迫使气门杆 2 断续地往复移动。这里构件 1 称为凸轮，是主动件，构件 2 为从动件，固定不动的构件 3 为机架，三者组成一个凸轮机构。凸轮的轮廓形状决定了从动件运动的位移、速度及加速度。

图 5-2 所示为一绕线机构。当绕线轴 3 快速转动时，通过蜗杆机构带动凸轮 1 缓慢地转动，并靠凸轮 1 的轮廓与从动件 2 的尖顶 A 之间的作用驱使从动件 2 往复摆动，使过从动件叉口（B 点）的线均匀地缠绕在绕线轴 3 上。这里凸轮 1、从动件 2、机架 4 三者组成一个凸轮机构。

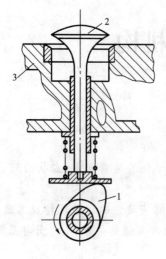

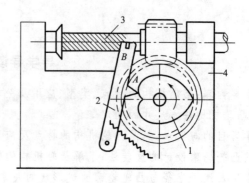

图 5-1　内燃机的配气机构　　　　　　　图 5-2　绕线机构

由以上实例可以看出,凸轮机构只要适当地设计出凸轮的轮廓曲线,便可使从动件获得相应的运动规律。与连杆机构相比,其结构简单、紧凑,能满足从动件复杂的运动规律要求。因此,它广泛应用于各种机械中。但由于凸轮与从动件之间为点或线接触,易于磨损,而且凸轮轮廓一般为非圆弧曲线,加工比较困难。所以它通常多用于传力不大的控制机构。

二、凸轮机构的分类

由于凸轮机构应用范围很广,形式很多,所以可以从不同的角度对其进行分类。常见分类方法如下:

1. 按凸轮的形状分

(1)盘形凸轮:这种凸轮是一个径向尺寸变化的盘形构件,如图 5-1 和图 5-2 所示。

(2)移动凸轮:当盘形凸轮的回转中心无穷远时,凸轮将作直线移动,故称移动凸轮。

(3)圆柱凸轮:这种凸轮可以认为是将移动凸轮卷成圆柱体而演化成的。

由上面所述可知,盘形凸轮是凸轮的最基本形式,在实际中应用也最广泛,是本章的主要研究对象。

2. 按从动件的运动形式分

(1)移动从动件:从动件沿导路相对机架作往复移动。如果从动件移动导路通过凸轮的轴心称为对心移动从动件凸轮机构,否则称为偏置从动件凸轮机构。如图 5-1 所示。

(2)摆动从动件:从动件绕某一点做往复摆动。如图 5-2 所示。

3. 按从动件的端部形式分

(1)尖顶从动件:它的尖顶可以与任何形状的凸轮轮廓保持逐点接触,因而能实现复杂的运动规律,且结构最简单。但它工作时与凸轮是尖点接触,又是滑动摩擦,易磨损,所以只适用于低速及作用力不大的凸轮机构。如图 5-3(a)、(b)所示。

(2)滚子从动件:它将尖顶从动件与凸轮轮廓间的相对滑动变为滚子与凸轮轮廓之间的相对滚动,减小了摩擦,因而可承受较大载荷,所以它是从动件中最常用的一种形式。

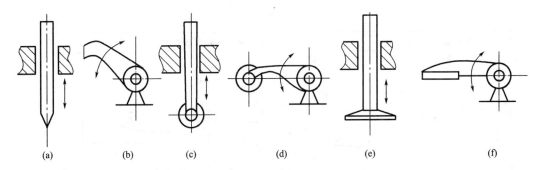

图 5-3　从动件各种形式

如图 5-3(c)、(d)。但在设计时,应注意滚子半径的选择。

(3)平底从动件:在不计摩擦时,凸轮与从动件之间的作用力始终与从动件平底相垂直,从动件受力情况好,且工作时接触面间易于形成油膜,利于润滑,故常用于高速凸轮机构。如图 5-3(e)、(f)。但这种从动件只能用于凸轮轮廓全部为外凸的盘形凸轮。

为了实现从动件的运动规律要求,必须使从动件与凸轮轮廓始终保持接触。常用的方法是利用弹簧力、重力或依靠凸轮上的凹槽来实现。

凸轮的基本形式和分类列于表 5-1 中。

表 5-1 　　　　　　　　　　　　**凸轮机构的类型**

凸轮形状	接触形式与特点	从动件运动形式		
		移　动		摆　动
盘形凸轮	尖顶 易于实现各种运动规律,但易磨损			
	滚子 磨损小,但不宜高速			
	平底 紧凑,可高速,但凸轮轮廓不能呈凹形			

(续表)

凸轮形状	接触形式与特点	从动件运动形式	
		移 动	摆 动
移动凸轮	尖顶或滚子		
圆柱凸轮	只能用滚子		
	尖顶、滚子、平底皆可		

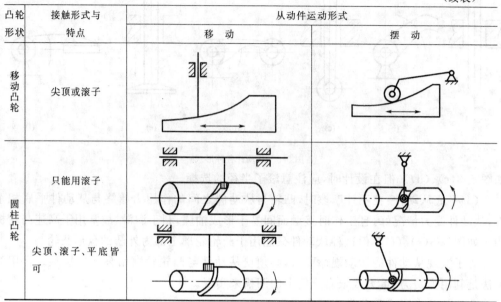

§5-2 从动件的常用运动规律及其选择

一、从动件的常用运动规律

如图 5-4(a)为一尖顶对心移动从动件盘形凸轮机构。凸轮轮廓上离回转中心最近的点所在的圆称为基圆,此圆的半径称为基圆半径,以 r_{min} 表示。在图示位置,尖顶与凸轮轮廓上的 A 点(基圆上的点)相接触,此时从动件处于上升的起始位置。当凸轮以 ω_1 匀速逆时针方向回转 δ_t 角度时,从动件被凸轮轮廓推动以一定的运动规律由最近点 A 到达最远点 B,这个过程称为推程。从动件沿导路移动的距离 h 称为从动件的升程,凸轮转角 δ_t 称为升程角。当凸轮继续回转 δ_s 角度时,从动件尖顶与圆弧 $\overset{\frown}{BC}$ 接触,在最远位置静止不动,这个过程称为远停程。凸轮转角 δ_s 称为远停程角。凸轮继续转动 δ_h 角度时,从动件在弹簧力或重力的作用下,以一定的运动规律回到基圆上的 D 点,这个过程称为回程。凸轮转角 δ_h 称为回程角。凸轮再回转 δ_s' 时,从动件与基圆上的圆弧 $\overset{\frown}{DA}$ 接触,在最近位置静止不动,这个过程称为近停程。凸轮转角 δ_s' 称为近停程角。当凸轮继续回转时,从动件重复上述运动规律,进行下一个运动循环。如果以直角坐标系的横坐标表示凸轮转角 δ_1 (或对应的时间 t),以纵坐标表示从动件的位移 s_2,则可画出凸轮转角 δ_1 与从动件位移劫之间的关系曲线,如图 5-4(b),称为从动件位移线图。

由以上分析可知:从动件的运动规律取决于凸轮轮廓的形状。反之从动件的不同运动规律要求凸轮具有不同的轮廓曲线。所以在设计凸轮机构时,必须首先确定从动件的运动规律。下面介绍几种从动件在推程和回程中常用的运动规律。

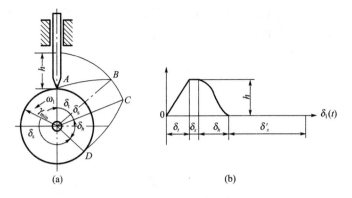

图 5-4 凸轮机构及位移线图

1. 等速运动规律

当凸轮以 ω_1 匀速回转时,从动件推程或回程的速度为一常数,这种运动规律称为等速运动规律。从动件推程运动方程为

$$\left.\begin{array}{l} s_2 = \dfrac{h}{\delta_t} \cdot \delta_1 \\[2mm] v_2 = \dfrac{h}{\delta_t} \cdot \omega_1 \\[2mm] a_2 = 0 \end{array}\right\} \tag{5-1}$$

分别以从动件的位移 s_2、速度 v_2 及加速度 a_2 为纵坐标,以凸轮转角(或时间 t)为横坐标作位移线图 s_2-δ_1、速度线图 v_2-δ_1 和加速度线图 a_2-δ_1,如图 5-5 所示,通称为从动件运动线图。由图可知,等速运动规律从动件位移线图为一过原点的斜直线,故又称为直线运动规律。速度线图为一平行于横轴的直线,从动件的加速度为零,但是在运动开始和终止的瞬间,由于速度突变,在理论上加速度为无穷大,产生的惯性力也是无穷大(由于材料有弹性变形,实际上不可能无穷大),使机构产生强烈冲击,这种现象称为刚性冲击。因此,这种运动规律只能适用于低速及轻载的凸轮机构中。

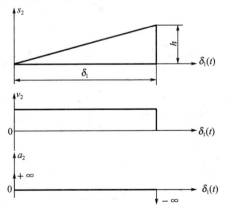

图 5-5 等速运动规律运动线图

2. 等加速等减速运动规律

当凸轮以 ω_1 等速回转时,从动件推程及回程的加速度等于常数,这种运动规律称为

等加速等减速运动。通常是前半程作等加速运动,后半程作等减速运动,且前后半程加速度的绝对值$|a_0|$相等。从动件的推程运动方程为

等加速段$\left(0\leqslant\delta_1\leqslant\dfrac{\delta_t}{2}\right)$

$$\left.\begin{aligned}s_2&=\frac{2h}{\delta_t^2}\cdot\delta_1^2\\v_2&=\frac{4h\cdot\omega_1}{\delta_t^2}\cdot\delta_1\\a_2&=\frac{4h\cdot\omega_1^2}{\delta_t^2}\end{aligned}\right\}\tag{5-2}$$

等加减速段$\left(\dfrac{\delta_t}{2}\leqslant\delta_1\leqslant\delta_t\right)$

$$\left.\begin{aligned}s_2&=h-\frac{2h}{\delta_t^2}\cdot(\delta_t-\delta_1)^2\\v_2&=\frac{4h\cdot\omega_1}{\delta_t^2}(\delta_t-\delta_1)\\a_2&=-\frac{4h\cdot\omega_1^2}{\delta_t^2}\end{aligned}\right\}\tag{5-3}$$

回程时从动件的运动方程,前半段为等加速,速度和加速度均为负值,后半段为等减速,速度为负值而加速度为正值。

作出等加速等减速运动推程的运动线图,如图5-6所示。由于加速度为常数,其线图为两平行于横轴的直线。速度线图由两条相连斜直线组成。位移线图由两段光滑相连的抛物线组成,所以这种运动规律又称为抛物线运动规律。在加速度线图中,O、A、B三点处加速度出现有限值的突变,从动件会产生有限的惯性力,由此产生的冲击称为柔性冲击。所以这种运动规律也只适用中、低速及轻载的凸轮机构。

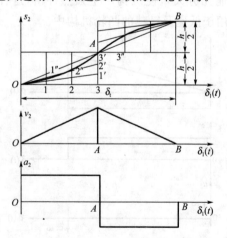

图5-6 等加速等减速运动规律运动线图

位移线图的画法如图5-6所示。由于位移线图是抛物线,且这种运动规律前后两半段又具有对称性,所以我们可以在横坐标轴上找出代表$\delta_t/2$的点,将$\delta_t/2$分为若干等分

（图中为三等分，等分数越多，画出的线图越精确），得 1、2、3 各点，过这些点作横坐标轴的垂线，再将从动件推程的一半 $h/2$ 分成相同的等分（三等分），得 1′、2′、3′ 各点，连接 01′、02′、03′ 与相应垂线分别交于 1″、2″、3″ 各点。最后将 1″、2″、3″ 连成光滑曲线，便得推程中等加速运动部分的位移线图。用同样方法可得推程等减速运动部分和回程的位移曲线。

3. 简谐运动规律

质点在固定圆周上做匀速运动时，它在这个圆的直径上的投影所形成的运动规律称为简谐运动规律。作简谐运动的从动件其推程运动方程为

$$\left.\begin{array}{l} s_2 = \dfrac{h}{2}\left[1 - \cos\left(\dfrac{\pi}{\delta_t} \cdot \delta_1\right)\right] \\ v_2 = \dfrac{\pi \cdot h\omega_1}{2\delta_t} \cdot \sin\left(\dfrac{\pi}{\delta_t} \cdot \delta_1\right) \\ a_2 = \dfrac{\pi^2 h \cdot \omega_1^2}{2\delta^2 t} \cdot \cos\left(\dfrac{\pi}{\delta_t} \cdot \delta_1\right) \end{array}\right\} \tag{5-4}$$

简谐运动规律的运动线图如图 5-7 所示。从动件位移线图是简谐曲线，速度线图是正弦曲线，加速度线图是余弦曲线，所以这种运动规律又称为余弦加速度运动规律。由图可知，在从动件运动过程中，加速度是连续变化的。但在运动的始末两点仍有加速度突变，会产生柔性冲击。所以它也只能适用于中、低速及中载荷的凸轮机构。

简谐运动规律位移线图的画法如图 5-7 所示。将代表 δ_t 的横坐标轴分成若干等分，得等分点 1、2、3、…由各点作垂线。再以从动件的推程 h 为直径在纵坐标轴上作半圆，把半圆周也分成相应等分，得等分点 1′、2′、3′、…过各点分别作水平线与各垂线对应相交于 1″、2″、3″、…将各交点连成一光滑曲线，便得位移线图。

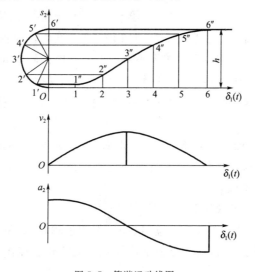

图 5-7　简谐运动线图

二、从动件运动规律的选择

由上面介绍可知，各种从动件运动规律的特点不同。所以在选择时首先要根据凸轮机构在工作性能方面的要求对各种运动规律进行比较，分析它们的位移、速度及加速度的大小和变化情况，因为它们直接影响着凸轮的形状、尺寸及凸轮机构的工作性能。表 5-2

中列出了三种从动件常用运动规律的简要比较。其次还要考虑凸轮加工制造是否方便等问题。例如:等速运动规律在盘形凸轮上得到一条阿基米德螺旋线轮廓,在圆柱凸轮上得到一条普遍螺旋线,这种凸轮轮廓利用普遍机床就可以方便地制造出来。虽然它在起始和终止时存在刚性冲击,但在低速轻载凸轮机构中还是经常用到的。

表 5-2   从动件常用运动规律特性比较

运动规律	v_{max} $\dfrac{h \cdot \omega_1}{\delta_t}$	a_{max} $\dfrac{h \cdot \omega_1^2}{\delta_t^2}$	冲击性	适用范围
等速	1.00	∞	刚 性	低速轻载
等加速等减速	2.00	4.00	柔 性	中速轻载
简谐	1.57	4.93	柔 性	中速中载

§5-3   图解法设计凸轮轮廓

根据工作要求(如升程、平稳性等)合理地选择了从动件的运动规律之后,就可以按照结构所允许的空间和具体要求初步确定凸轮的基圆半径 r_{min},然后设计凸轮的轮廓。设计方法有两种:作图法和解析法。解析法精度高,但计算工作量大。对于一般的中、低速凸轮机构,作图法的精度已能满足使用要求,且简便易行,所以在实际中使用最多。下面介绍几种常见凸轮轮廓的绘制方法。

一、尖顶对心移动从动件盘形凸轮

当凸轮机构工作时,凸轮是转动的,而绘制凸轮时,却要求凸轮相对静止。根据相对运动原理:如果绕凸轮回转中心给整个机构加上一个与凸轮转向相反,角速度大小相同的转动,从动件与凸轮之间的相对运动关系不会改变。这时凸轮看起来静止不动;而从动件一方面随机架以 ω_1 绕凸轮回转中心反向转动,另一方面又按已知的运动规律在导路中移动。由于尖顶始终与凸轮轮廓接触,所以反转后尖顶的运动轨迹就是凸轮轮廓。这种方法我们称之为"反转法"。

已知凸轮的基圆半径 r_{min},凸轮以 ω_1 顺时针匀速转动。从动件的运动规律为:推程角 $\delta_t = 120°$,升程为 h;远停程角 $\delta_s = 30°$;回程角 $\delta_h = 120°$;近停程角 $\delta_s' = 90°$;推程作等速运动;回程作等加速等减速运动。

根据"反转法",设计步骤如下:

(1)选取适当的比例尺,作从动件位移线图(作图过程略)。将推程角若干等分(图中为四等),得 1、2、3、4 各点。自这些点分别作横轴垂线交位移线图于 1′、2′、3′、4′各点,如图 5-8(b)。

(2)以 r_{min} 为半径,用与位移线图相同的比例尺作基圆。此基圆与从动件移动导路的交点 A_0 便是从动件尖顶的起始位置,如图 5-8(a)。

(3)自 A_0 点沿 ω_1 的相反方向在基圆上取角度 δ_t、δ_s、δ_h、δ_s'。将 δ_t 分别与位移线图中相应的等分(四等分),得 A_1、A_2、A_3、A_4 各点。从凸轮回转中心 O 点,分别过上述各点作

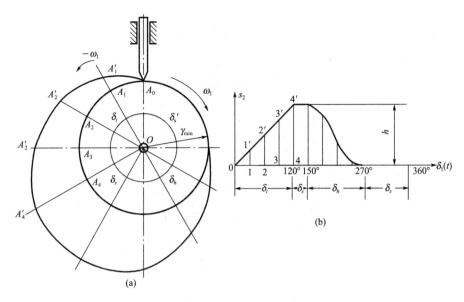

图 5-8　尖顶对心移动从动件盘形凸轮的绘制

射线,得出从动件在反转时的各个导路位置。

(4)在位移线图上量取各等分点的位移量,以 A_1、A_2、A_3、A_4 为始点,在基圆外相应位置射线上量取 $A_1A_1'=11'$、$A_2A_2'=22'$、$A_3A_3'=33'$、$A_4A_4'=44'$,得反转后尖顶的一系列位置 A_1'、A_2'、A_3'、A_4'。

(5)将 A_0、A_1'、A_2'、A_3'、A_4' 连成光滑曲线,便得到所要求的推程凸轮轮廓。

回程部分凸轮轮廓作法与推程部分相同。在远停程和近停程,由于从动件没有移动,所以其凸轮轮廓曲线是以 O 为圆心,分别以 $r_{min}+h$ 和 r_{min} 为半径所作的圆弧。

二、滚子对心移动从动件盘形凸轮

这种凸轮机构在运动过程中,凸轮的廓线始终与滚子相切,廓线与滚子的接触点到滚子中心的距离恒等于滚子半径,而且滚子中心的运动规律与从动件的运动规律是一致的,所以我们可以在尖顶从动件的基础上来设计滚子从动件的凸轮廓线,其步骤如下:

(1)以 r_{min} 为半径,用与位移线图相同的比例尺作基圆。基圆与从动件移动导路的交点 A_O 便是从动件滚子中心的起始位置。如图 5-9 所示。

(2)将滚子中心看作尖顶从动件的尖顶,按照前述方法,画出凸轮廓线。我们称之为凸轮的理论廓线,用 β_o 表示。

(3)分别以理论廓线上的若干点为圆心,以滚子的半径为半径,用相同的比例尺画许多圆。作一条与所有这些圆内边相切的光滑曲线,我们称之为内包络线。它就是凸轮的实际廓线,用 β 表示。由作图过程可知,凸轮的基圆半径 r 应在理论轮廓线上度量。

三、滚子移动从动件圆柱凸轮

图 5-10(a)为一滚子移动从动件圆柱凸轮。其轮廓曲线分布在圆柱表面上,不能在图纸上直接画出其真实廓线。如果将圆柱面在平均半径(凹槽一半深度处)R 上展开,就成为一个平面移动凸轮,可以用反转法绘出其轮廓曲线。

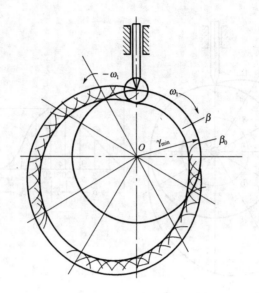

图 5-9　滚子对心移动从动件盘形凸轮的绘制

设已知凸轮以 ω_1 匀速顺时针方向回转。凸轮的平均半径为 R，从动件的位移线图如图 5-10(b)所示。要求绘制此凸轮的展开轮廓。

根据"反转法"，其作图过程如下：

(1)将位移线图的横坐标等分，得等分点 1、2、3、…过各等分点作横坐标轴的垂线分别交立移曲线于 $1'$、$2'$、$3'$、…

(2)用与位移线图相同的比例尺画凸轮的展开图，其宽度等于 $2\pi R$，高度等于凸轮的高度 H，取 $S_0 = \dfrac{H-h}{2}$ 为凸轮廓线的起始点。从 S_0 开始将宽度 $2\pi R$ 按与位移线图横坐标相同的等分数等分，得点 1、2、3、…过各点作垂线，得到反转后从动件各导路位置。

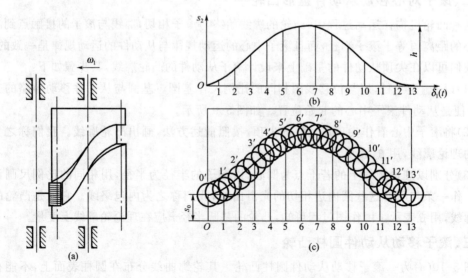

图 5-10　滚子移动从动件圆柱凸轮的绘制

(3)将位移线图中各等分点的位移量 $11'$、$22'$、$33'$、…依次画在从动件各对应导路位置上,得到一系列点 $1'$、$2'$、$3'$、…。

(4)将这些点用光滑曲线连接,即得到凸轮在平均半径处展开时的理论曲线。

(5)以理论曲线上的若干点为圆心,以滚子的半径为半径,用相同的比例尺作若干小圆。作这些圆的上下两条包络线,即得所求凸轮轮廓的展开图,如图 3-10(c)所示。将展开图围成圆柱,就得到圆柱凸轮凹槽的实际廓线。

§5-4　设计凸轮机构时应注意的问题

设计凸轮机构时,不仅要保证实现从动件运动规律,而且要使机构具有良好的动力性能和紧凑的结构。下面讨论几个与此有关的问题。

一、滚子半径的确定

滚子从动件可以减小与凸轮轮廓之间的摩擦,而且滚子半径越大,其强度越高。但滚子半径的大小,又会影响凸轮实际轮廓的形状。如图 5-11 所示,设已知凸轮的理论轮廓 β_0(虚线),当用三种不同半径的滚子时,可以得到三种不同的实际轮廓 β(实线)。设 β_0 上最小曲率半径

为 $\rho_{\min}$,滚子半径用 r_T 表示。

(1)当 $\rho_{\min} > r_T$ 时,实际轮廓 β 为一平滑曲线,曲率半径 $\rho_1 = \rho_{\min} - r_T > 0$。

(2)$\rho_{\min} = r_T$ 时,实际轮廓的曲率半径 $\rho = \rho_{\min} - r_T = 0$,产生一尖点。这种尖点极易磨损,轮廓磨损变形后,会改变从动件原来的运动规律。

(3)当 $\rho_{\min} < r_T$ 时,实际轮廓曲率半径 $\rho = \rho_{\min} - r_T < 0$,发生相交。在加工时交叉部分被刀具切去,使这一部分曲线所表达的运动规律无法实现。这种现象称为"失真"。

(4)对于理论轮廓上内凹部分,实际轮廓曲率半径 $\rho = \rho_{\min} + r_T$,恒为一光滑曲线,所以不需考虑。

综上所述,欲使凸轮实际轮廓在任何位置都不

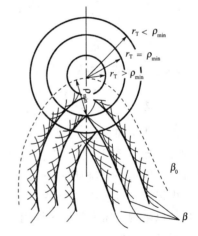

图 5-11　滚子半径的选择

变尖更不相交,滚子半径 r_T 必须小于理论廓线外凸部分的最小曲率半径 $\rho_{\min}$,通常取 $r_T \leqslant 0.8\rho_{\min}$同时,考虑到滚子的结构及强度,滚子半径也不能太小,对于一般机构,可取滚子直径 $d_T = 20 \sim 35$ mm。

理论廓线的最小曲率半径可用下列方法近似得到:在廓线上找出曲率最大的一点 A,如图 5-12,以 A 为圆心作任意半径的小圆。再分别以小圆与曲线的两个交点 B、C 为圆心,以相同的半径作两个小圆,三个小圆相交于 E、F、G、H 四点,连接 EF、GH 并延长得交点 D,则 D 点和 AD 即为近似的曲率中心和半径 $\rho_{\min}$。

如果因理论廓线的曲率半径太小而使滚子过小时,我们可用扩大基圆半径等方法解决。

二、压力角的校核

如图 5-13 所示,凸轮机构工作时,从动件运动方向与受力方向之间所夹的锐角称为压力角,用 α 表示。设凸轮给从动件的作用力为 $\boldsymbol{F}$。当不考虑摩擦时,$\boldsymbol{F}$ 是沿接触点的法线方向。工作时从动件与凸轮的接角点是变化的,力 $\boldsymbol{F}$ 的方向也是变化的。所以凸轮廓线上各点的压力角不同。

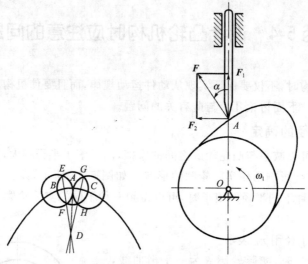

图 5-12 最小曲率半径的确定　　　图 5-13 凸轮机构的压力角

将力 $\boldsymbol{F}$ 分解为沿从动件运动方向的分力 $\boldsymbol{F}_1$ 和垂直于导路的分力 $\boldsymbol{F}_2$。

$$F_1 = F \cdot \cos\alpha \text{——推动从动件运动的有效分力}$$

$$F_2 = F \cdot \sin\alpha \text{——使从动件压紧导路的有害分力}$$

由公式可知:压力角 α 越大,有害分力 $\boldsymbol{F}_2$ 越大,不仅对导路支点产生较大转矩,而且从动件与导路之间产生的摩擦力越大。当压力角大到一定程度时,无论 $\boldsymbol{F}$ 有多大,从动件都将不能运动,这种现象称为自锁。

由以上分析可知:为了保证凸轮机构正常工作,并具有良好的性能,通常要对最大压力角加以限制。压力角最大许用值称为许用压力角,用 $[\alpha]$ 表示。推程的许用压力角

移动从动件 　　　　　　　　　　$[\alpha] \leqslant 30°$

摆动从动件 　　　　　　　　　　$[\alpha] \leqslant 35° \sim 45°$

在回程中,凸轮轮廓与从动件受力关系不大,一般不会发生自锁。所以许用压力角较大,通常取 $[\alpha] = 70° \sim 80°$。

在以上数据中,若使用滚子从动件润滑良好和支承刚性较好时取大值,否则取小值。

在绘制出凸轮轮廓后,必须对轮廓推程各处的压力角进行校核,看其最大压力角是否在许用范围内。校核的方法是在凸轮轮廓坡度较陡的地方选几点,作出过这些点的法线和相应的从动件运动方向线,量出它们之间的夹角,看是否超过许用值。若超过许用值,必须修改设计。常用的方法有:

(1)将对心移动改为偏置移动,如图 5-14 所示。注意从动件偏置方向应与凸轮回转方向相反,且偏距 e 不要太大。

（2）加大凸轮基圆半径。

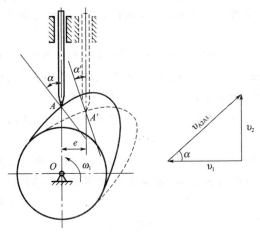

图 5-14　偏置从动件对压力角的影响

三、凸轮基圆半径的确定

凸轮基圆半径越小，机构越紧凑，但压力角越大。如图 5-14，当凸轮与从动件在 A 点接触时，从动件和凸轮的运动速度之间满足关系

$$v_2 = v_1 \cdot \tan\alpha = r_A \cdot \omega_1 \cdot \tan\alpha = (r_{\min} + s_2) \cdot \omega_1 \cdot \tan\alpha$$

$$\tan\alpha = \frac{v_2}{(r_{\min} + s_2) \cdot \omega_1}$$

由上式可知：当从动件运动规律确定后，ω_1、v_2、s_2 均为已知，$r_{\min}$ 越小，压力角越大。因此，为了保证凸轮机构不发生自锁或保持良好的传力性能，$r_{\min}$ 不能太小。即在设计时只能在保证凸轮轮廓的最大压力角不超过许用值的前提下缩小基圆半径，以使机构紧凑。

思考题

5-1　与连杆机构相比，凸轮机构有什么特点？

5-2　试比较尖顶、滚子和平底从动件的优缺点，并说明它们适用的场合。

5-3　滚子从动件的滚子半径是否可以任意选取，为什么？

5-4　为什么要校核凸轮机构的压力角？减小压力角常用哪些方法？

习　题

5-1　已知一凸轮机构，推程作简谐运动，回程作等加速等减速运动，而且 $\delta_t = 150°$、$\delta_s = 30°$、$\delta_h = 120°$、$\delta_t' = 60°$、$\omega_1 = 0.5$ rad/s。试绘制整个运动循环的位移、速度和加速度线图。

5-2　设已知题 5-1 中为尖顶对心移动从动件盘形凸轮机构，$r_{\min} = 40$ mm，凸轮顺时针转动,试绘制凸轮轮廓曲线。

5-3 若将题5-2中的尖顶换成滚子,则滚子半径最大可取多少? 并取一适当大小的滚子作出凸轮轮廓。

5-4 如图5-15所示为一滚子对心移动从动件盘形凸轮机构。已知凸轮廓线是一半径 $r=60$ mm 的圆,滚子半径 $r_T=16$ mm,凸轮回转中心距圆心的偏距 $e=30$ mm。试画出该凸轮的基圆、理论轮廓曲线和图示位置的压力角。并求出凸轮的推程角 δ_t 和从动件的升程 h。

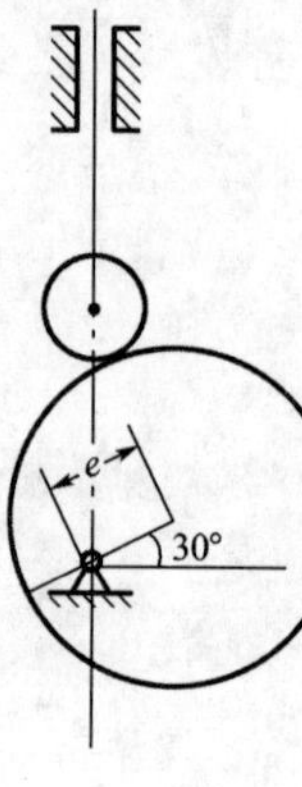

5-5 实训提高:设计一平底直动从动件盘形凸轮机构。已知凸轮以等角速度 ω_1 逆时针方向回转,凸轮的基圆半径 $r_b=30$ mm,从动件升程 $h=30$ mm,$\delta_t=120°$,$\delta_s=30°$,$\delta_h=90°$,$\delta_s'=120°$,从动件在推程和回程均作简谐运动,试绘出凸轮的轮廓。

5-6 实训提高:设计一对心移动尖顶从动件盘形凸轮机构,已知凸轮的基圆半径 $r_b=40$ mm,凸轮逆时针等速回转。推程中,凸轮转过150°时,从动件等速上升 40 mm;凸轮继续转过30°时,从动件保持不动;在回程中,凸轮转过120°时,从动件以简谐运动规律回到原处;凸轮再转过60°时,从动件保持不动。试绘制从动件的位移曲线及凸轮的轮廓曲线。

图 5-15

第6章 齿轮传动

导学导读

主要内容:齿轮传动的基本知识、设计计算方法和结构设计的基本知识。

学习目的与要求:了解齿轮传动的特点、应用范围、齿廓啮合基本定律、渐开线的性质与特点;掌握圆柱齿轮和直齿锥齿轮的几何尺寸计算;熟悉一对渐开线齿轮的正确啮合条件、连续传动条件和正确安装条件;了解渐开线齿廓切齿原理、根切现象和避免根切的方法;了解变位齿轮的概念;掌握圆柱齿轮和直齿锥齿轮的受力分析;了解不同工况下齿轮传动的失效形式,能分析失效原因,提出防止失效的措施,掌握计算准则、设计原理和强度计算(包括选择材料、热处理方式及各种参数)的方法。

重点与难点:本章重点是直齿轮的设计原理、强度计算方法和齿轮结构设计。而对斜齿轮和锥齿轮传动应从演变的观点出发,采用与直齿轮对比的方法分析其受力和设计计算特点。本章难点是斜齿轮与锥齿轮的受力分析、强度计算和各种参数的选择。

学习指导:本章概念多、定义多、公式多、图表多。学习时应把这些概念、定义、公式、图表有机地结合起来,以便系统地掌握所学知识并加以运用。

本章的逻辑关系:齿轮传动应满足两个基本要求,即传动平稳和有足够的强度,于是就把本章分成两大部分。第一部分解决传动平稳性要求问题,属于齿轮机构部分,"齿廓、齿轮及其啮合过程"是这部分内容的逻辑结构;第二部分是解决齿轮传动部分的强度问题,其基本思路是:根据齿轮工况,分析主要失效形式,为防止这一失效应采用什么设计准则和设计公式。

§6-1 齿轮机构的齿廓啮合基本规律、特点和类型

一、齿轮机构的特点和类型

齿轮传动是近代机械传动中用得最多的传动形式之一。它不仅可用于传递运动,如各种仪表机构;而且可用于传递动力,如常见的各种减速装置、机床传动系统等。

同其他传动形式比较,它具有下列优点:①能保证传动比恒定不变;②适用的载荷与速度范围很广,传递的功率可由很小到几万千瓦,圆周速度可达 150 m/s;③结构紧凑;④效率高,一般效率 $\eta=0.94\sim0.99$;⑤工作可靠且寿命长。其主要缺点是:①对制造及安装精度要求较高;②当两轴间距离较远时,采用齿轮传动较笨重。

齿轮的分类方法很多,按照两轴线的相对位置,可分为两类:平面齿轮传动和空间齿

轮传动。

1. 平面齿轮传动

该传动的两齿轮轴线相互平行,常见的有直齿圆柱齿轮传动(图 6-1(a)),斜齿圆柱齿轮传动(图 6-1(d)),人字齿轮传动(图 6-1(e))。此外,按啮合方式区分,前两种齿轮传动又可分为外啮合传动(图 6-1(a)、图 6-1(d)、图 6-1(e)),内啮合传动(图 6-1(b))和齿轮齿条传动(图 6-1(c))。

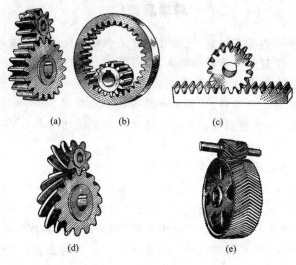

(a)　　　　(b)　　　　(c)

(d)　　　　(e)

图 6-1　平面齿轮传动

2. 空间齿轮传动

两轴线不平行的齿轮传动称为空间齿轮传动,如直齿圆锥齿轮传动(图 6-2(a))、交错轴斜齿轮传动(图 6-2(b))和蜗杆传动(图 6-2(c))。

另外,齿轮传动按照齿轮的圆周速度可分为:①低速传动 $v < 3$ m/s;②中速传动 $v = 3 \sim 15$ m/s;③高速传动 $v > 15$ m/s。按齿轮的工作情况可以分为:①开式齿轮传动;②闭式齿轮传动。

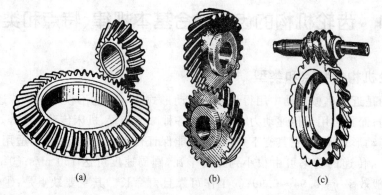

(a)　　　　　　(b)　　　　　　(c)

图 6-2　空间齿轮传动

二、齿轮啮合的基本规律

齿轮传动最基本的要求是其瞬时传动比必须恒定不变,否则当主动轮以等速度回转时,从动轮的角速度为变数,因而产生惯性力,影响齿轮的寿命,同时也引起振动,影响其工作精度。

　　要满足这一基本要求,则齿轮的齿廓曲线必须符合一定的条件。

　　图 6-3 所示为两啮合齿轮的齿廓 C_1 和 C_2 在 K 点接触的情况,设两轮的角速度分别为 ω_1 和 ω_2,则齿廓 C_1 上 K 点的速度 $v_{K_1} = \omega_1 \overline{O_1 K}$;齿廓 C_2 上 K 点的速度 $v_{K_2} = \omega_2 \overline{O_2 K}$。

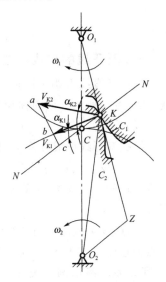

图 6-3　齿廓啮合基本定律

　　过 K 点作两齿廓的公法线 NN 与两轮中心连线 $O_1 O_2$ 交于 C 点,为保证两齿轮连续和平稳地运动,v_{K1} 与 v_{K2} 在公法线上的分速度应相等,否则两齿廓将互相嵌入或分离,即

$$v_{K_1} \cos\alpha_{K_1} = v_{K_2} \cos\alpha_{K_2}$$

　　线段 $ab \perp NN$

　　过 O_2 作 $O_2 Z$ 平行于 NN,与 $O_1 K$ 的延长线交于 Z 点,因 $\triangle Kab \backsim \triangle KO_2 Z$,于是有

$$\frac{\overline{KZ}}{\overline{O_2 K}} = \frac{\overline{Kb}}{\overline{Ka}} = \frac{v_{K_1}}{v_{K_2}} = \frac{\omega_1}{\omega_2} \frac{\overline{O_1 K}}{\overline{O_2 K}}$$

经整理有

$$\frac{\overline{KZ}}{\overline{O_1 K}} = \frac{\omega_1}{\omega_2}$$

　　又因为 $NN // O_2 Z$,故 $\triangle O_1 O_2 Z \backsim \triangle O_1 CK$,得

$$\frac{\overline{KZ}}{\overline{O_1 K}} = \frac{\overline{O_2 C}}{\overline{O_1 C}}$$

故传动比可写为

$$i_{12} = \frac{\omega_1}{\omega_2} = \frac{\overline{O_2 C}}{\overline{O_1 C}} \tag{6-1}$$

　　上式表明:两齿轮的角速度之比与连心线被齿廓接触点的公法线分得的两线段成反比。

　　由此可见,要使两齿轮的角速度比恒定不变,则应使 $\overline{O_2 C}/\overline{O_1 C}$ 恒为常数。但因两齿轮的轴心为定点,即 $\overline{O_1 O_2}$ 为定长,故欲使齿轮传动得到定传动比,必须使 C 点成为连心线上的一个固定点。此固定点称为节点。因此,齿廓的形状必须符合下述条件:不论轮齿齿廓在哪个位置接触,过接触点所作齿廓公法线均须通过节点 C,这就是齿廓啮合的基本定律。

　　理论上,符合上述条件的齿廓曲线有无穷多,但齿廓曲线的选择应考虑制造、安装和强度等要求。目前,工程上通常用的曲线为渐开线、摆线和圆弧。由于渐开线齿廓易于制造,故大多数的齿轮都是用渐开线作为齿廓曲线。本章只讨论渐开线齿轮传动。

　　如图 6-3 所示分别以 O_1 和 O_2 为圆心,过节点 C 所作的圆称为齿轮的节圆,其半径 $\overline{O_1 C}$ 和 $\overline{O_2 C}$ 称为节圆半径,分别用 r_1' 和 r_2' 表示。由式(6-1)有

$$\omega_1 \overline{O_1 C} = \omega_2 \overline{O_2 C}$$

即通过节点的两节圆具有相同的圆周速度,它们之间作纯滚动。

§6-2 渐开线齿廓

一、渐开线的形成和性质

当一条直线 L 沿一圆周作纯滚动时,此直线上任一点 K 的轨迹即称为该圆的渐开线,如图 6-4 所示。该圆称为渐开线的基圆,基圆半径以 r_b 表示,该直线 L 称为渐开线的发生线。

根据渐开线形成过程可知它具有下列特性:

(1)因发生线在基圆上作无滑动的纯滚动,故发生线所滚过的一段长度必等于基圆上被滚过的圆弧的长度。

(2)当发生线沿基圆作纯滚动时,N 点为速度瞬心,K 点的速度垂直于 NK,且与渐开线 K 点的切线方向一致,所以发生线即渐开线在 K 点的法线。又因 NK 线切于基圆,所以渐开线上任一点的法线必与基圆相切。此外,N 点为渐开线上 K 点的曲率中心,线段 NK 为渐开线上 K 点的曲率半径。显然,渐开线愈接近基圆部分,其曲率半径愈小,即曲率愈大。

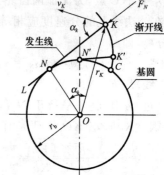

图 6-4 渐开线的形成

(3)渐开线的形状完全决定于基圆的大小。基圆大小相同时,所形成的渐开线相同。基圆愈大,渐开线愈平直,当基圆半径为无穷大时,渐开线就变成一条与发生线垂直的直线(齿条的齿廓)。

(4)基圆以内无渐开线。齿轮啮合传动时,渐开线上任一点法线压力的方向线 F_N(即渐开线在该点的法线)和该点速度方向 v_K 之间所夹锐角称为该点的压力角 α_K。由图可知:

$$\cos\alpha_K = \frac{\overline{ON}}{\overline{OK}} = \frac{r_b}{r_K} \tag{6-2}$$

上式表明渐开线上各点的压力角 α_K 的大小随 K 点的位置而异,K 点距圆心愈远,其压力角愈大;反之,压力角愈小;基圆上的压力角为零。

二、渐开线齿廓啮合特点

1.中心距可分性

图 6-5 所示为两渐开线齿轮的外啮合情况,节点为 C,两齿轮的基圆半径分别为 r_{b1} 和 r_{b2},与两基圆的内公切线 N_1N_2 构成一对相似三角形 $\triangle O_1N_1C$ 和 $\triangle O_2N_2C$,由相似三角形的性质和式(6-1)知两齿轮的传动比为

$$i_{12} = \frac{\omega_1}{\omega_2} = \frac{O_2C}{O_1C} = \frac{r_{b2}}{r_{b1}} \tag{6-3}$$

可见渐开线齿轮的传动比取决于两齿轮基圆半径的大小,当一对渐开线齿轮制成后,

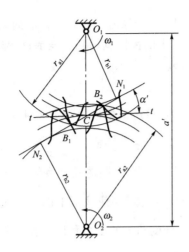

图 6-5　渐开线齿轮的啮合

两齿轮的基圆半径就确定了,即使安装后两齿轮中心距稍有变化,由于两齿轮基圆半径不变,所以传动比仍保持不变。渐开线齿轮这种不因中心距变化而改变传动比的特性称为中心距可分性。这一特性可补偿齿轮制造和安装方面的误差,是渐开线齿轮传动的一个重要优点。

2. 啮合线为直线

两齿轮啮合时,其接触点的轨迹称为啮合线,由渐开线特性可知,两渐开线齿廓在任何位置接触时,过接触点所作两齿廓的公法线即为两基圆的内公切线 N_1N_2,故接触点的轨迹必然在这内公切线上。所以,其啮合线是唯一直线。过节点 C 作两节圆的公切线tt,它与啮合线所夹的锐角称为啮合角。通常用 α' 来表示。

§6-3　渐开线标准齿轮各部分名称、参数和几何尺寸

一、齿轮各部分名称

图 6-6 所示为一直齿圆柱齿轮的一部分,相邻两齿的空间称为齿间。齿间底部连成的圆称为齿根圆,直径用 d_f 表示。连接齿轮各齿顶的圆称为齿顶圆,直径用 d_a 表示。

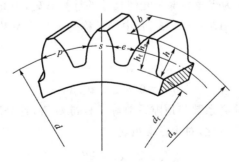

图 6-6　齿轮的几何尺寸

在任意直径为 d_K 的圆周上，一个轮齿左右两侧齿廓的弧长称为该圆上的齿厚，用 s_K 表示；而一齿间的弧长称为该圆上的齿槽宽，用 e_K 表示；相邻两齿对应点之间的弧线长称为该圆上的齿距，用 p_K 表示，$p_K = e_K + s_K$。

二、主要参数

设 d_K 为任意圆的直径，z 为齿数，根据齿距的定义可得

$$p_K = \frac{\pi d_K}{z} \text{ 或 } d_K = \frac{p_K}{\pi} z \tag{6-4}$$

上式中含有无理数 π，为了便于设计、制造及互换使用，在齿轮上取一基准圆，使该圆周上的 $\frac{p_K}{\pi}$ 比值等于一些较简单的数值，并使该圆上的压力角等于规定的某一数值，该圆称为分度圆，其直径用 d 表示，分度圆上的压力角以 α 表示之，我国采用 20°为标准值。显然有分度圆直径 $d = \frac{p}{\pi} z$，我们把比值 p/π 规定为标准值，用 m 来表示，称为模数，单位为 mm。于是分度圆上的齿距 p 和直径 d 分别为

$$p = \pi m (\text{mm}) \tag{6-5}$$
$$d = mz (\text{mm}) \tag{6-6}$$

模数是齿轮尺寸计算中的一个基本参数，模数愈大，则齿距愈大，轮齿也就愈大，轮齿的抗弯能力愈强。齿轮模数已标准化，我国常用的标准模数见表 6-1。

表 6-1　　常用的标准模数 m（摘自 GB/T 1357—2008）

第一系列	1	1.25	1.5	2	2.5	3	4	5	6
	8	10	12	16	20	25	32	40	50
第二系列	1.75	2.25	2.75	(3.25)	3.5	(3.75)	4.5	5.5	7
	9	(11)	14	18	22	28	36	45	

注：①本表适用于渐开线圆柱齿轮。对斜齿轮是指法向模数。优先采用第一系列，括号内的数尽量不用。
②锥齿轮大端模数除了可在上表中选取外，还可选 1.125、1.375 等。

对于任一轮齿，其齿顶圆与分度圆间的部分称为齿顶，它沿半径方向的高度称为齿顶高，用 h_a 表示；而齿根圆与分度圆间的部分称为齿根，它沿半径方向的高度称为齿根高，用 h_f 表示；齿顶圆与齿根圆间沿半径方向的高度称为全齿高，用 h 表示，因此，

$$h = h_a + h_f \tag{6-7}$$

设计中，将模数 m 作为齿轮各部分几何尺寸的计算基础，因此，齿顶高可表示为 $h_a = h_a^* m$，齿根高可表示为 $h_f = (h_a^* + c^*) m$，其中，h_a^* 称为齿顶高系数，c^* 称为顶隙系数。它们有两种标准数值

正常齿　　　　　　　　$h_a^* = 1, c^* = 0.25$
短齿　　　　　　　　　$h_a^* = 0.8, c^* = 0.3$

凡模数、压力角、齿顶高系数与顶隙系数等于标准数值，且分度圆上齿厚与齿槽宽相等的齿轮称为标准齿轮。因此，对于标准齿轮

$$s = e = \frac{p}{2} = \frac{\pi m}{2} \tag{6-8}$$

对于一对模数、压力角相等的标准齿轮，由于其分度圆上的齿厚与齿槽宽相等，因此，

正确安装时分度圆与节圆重合,可看成两齿轮的分度圆相切作纯滚动。标准齿轮的这种安装称为标准安装,其中心距称为标准中心距。

对于单个齿轮而言,节圆、啮合角都是不存在的,只有当一对齿轮互相啮合时,节圆和啮合角才有意义。这时,节圆可能和分度圆重合,也可能不重合,需视两齿轮的安装是否正确而定。对于正确安装的一对齿轮,其啮合角 α' 等于分度圆上的压力角 α。

三、标准直齿圆柱齿轮的几何尺寸

标准直齿圆柱齿轮的几何尺寸按表 6-2 进行计算。

表 6-2　　　　标准直齿圆柱齿轮各部分尺寸的几何关系

名　称	符号	公　式		
		外齿轮	内齿轮	齿条
模数	m	强度计算后获得		
分度圆直径	d	$d = mz$		
齿顶高	h_a	$h_a = h_a^* m$		
齿根高	h_f	$h_f = (h_a^* + c^*)m$		
全齿高	h	$h = (2h_a^* + c^*)m$		
齿顶圆直径	d_a	$d_a = (z + 2h_a^*)m$	$d_a = (z - 2h_a^*)m$	∞
齿根圆直径	d_f	$d_f = (z - 2h_a^* - 2c^*)m$	$d_f = (z + 2h_a^* + 2c^*)m$	∞
中心距	a	$a = (d_1 + d_2)/2$	$a = (d_1 - d_2)/2$	∞
基圆直径	d_b	$d_b = d\cos\alpha$		∞
齿距	p	$p = \pi m$		
齿厚	s	$s = \pi m / 2$		
齿槽宽	e	$e = \pi m / 2$		

【例 6-1】　已知一正常齿制的标准直齿圆柱齿轮,齿数 $z_1 = 20$,模数 $m = 2$ mm,拟将该齿轮作某外啮合传动的主动轮,现需配一从动轮,要求传动比 $i = 3.5$,试计算从动齿轮的几何尺寸及两轮的中心距。

解　根据给定的传动比 i,可计算从动轮的齿数

$$z_2 = iz_1 = 3.5 \times 20 = 70$$

已知齿轮的齿数 z_2 及模数 m,由表 6-2 所列公式可以计算从动轮各部分尺寸。

分度圆直径　$d_2 = mz_2 = 2 \times 70 = 140$ mm

齿顶圆直径　$d_{a2} = (z_2 + 2h_a^*)m = (70 + 2 \times 1) \times 2 = 144$ mm

齿根圆直径　$d_f = (z_2 - 2h_a^* - 2c^*)m = (70 - 2 \times 1 - 2 \times 0.25) \times 2 = 135$ mm

全齿高　$h = (2h_a^* + c^*)m = (2 \times 1 + 0.25) \times 2 = 4.5$ mm

中心距　$a = \dfrac{d_1 + d_2}{2} = \dfrac{m}{2}(z_1 + z_2) = \dfrac{2}{2} \times (20 + 70) = 90$ mm

§6-4 渐开线标准直齿圆柱齿轮的啮合传动

一、正确啮合条件

为保证齿轮传动时各对齿之间能平稳传递运动,在齿对交替过程中不发生冲击,必须符合正确啮合条件。

一对渐开线齿轮的正确啮合条件为:①两齿轮的模数必须相等;②两齿轮分度圆上的压力角必须相等。即

$$m_1 = m_2 = m$$
$$\alpha_1 = \alpha_2 = \alpha$$

这样,一对齿轮的传动比可写成

$$i = \frac{\omega_1}{\omega_2} = \frac{n_1}{n_2} = \frac{d_2'}{d_1'} = \frac{d_2}{d_1} = \frac{z_2}{z_1} \qquad (6\text{-}9)$$

二、标准中心距

正确安装的渐开线齿轮,理论上应为无齿侧间隙啮合,即一轮节圆上的齿槽宽与另一轮节圆齿厚相等。标准齿轮正确安装时齿轮的分度圆与节圆重合,啮合角 $\alpha' = \alpha = 20°$。

一对外啮合齿轮的中心距为

$$a = \frac{d_1' + d_2'}{2} = \frac{d_1 + d_2}{2} = \frac{m}{2}(z_1 + z_2) \qquad (6\text{-}10)$$

一对内啮合齿轮的中心距为

$$a = \frac{d_2' - d_1'}{2} = \frac{d_2 - d_1}{2} = \frac{m}{2}(z_2 - z_1) \qquad (6\text{-}11)$$

由于渐开线齿廓具有可分性,两轮中心距略大于正确安装中心距时仍能保持瞬时传动比恒定不变,但齿侧出现间隙,反转时会有冲击。

三、连续传动条件

若要一对渐开线齿轮连续不断地传动,就必须使前一对齿终止啮合之前后续的一对齿及时进入啮合。如图 6-7 所示为一对互相啮合的齿轮。设齿轮 1 为主动轮,齿轮 2 为从动轮。开始啮合时,主动齿轮 1 的齿根部分与从动齿轮 2 的齿顶部分在 K' 点开始接触。随着两齿轮继续啮合转动,啮合点的位置沿啮合线 $N_1 N_2$ 向下移动,齿轮 2 齿廓上的接触点由齿顶向齿根移动,而齿轮 1 齿廓上的接触点则由齿根向齿顶移动。当两齿廓的啮合点移至 K 点时,则两齿廓啮合终止。

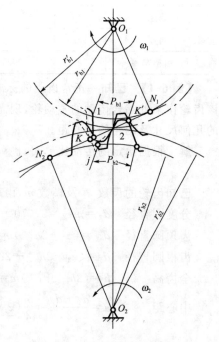

图 6-7 连续传动的条件

　　由此可见，线段 $\overline{KK'}$ 为啮合点的实际轨迹，故 $\overline{KK'}$ 称为实际啮合线段。因基圆内无渐开线，故线段 $\overline{N_1N_2}$ 为理论上可能的最大啮合线段，所以被称为理论啮合线段 。

　　显然，要保证一对渐开线齿轮连续不断地啮合传动，必须使前一对轮齿尚未在 K 点脱离啮合之前，后一对轮齿及时到达 K' 点进入啮合。要保证这一点，必须使 $\overline{KK'}\geqslant P_b$，即实际啮合线段必须大于或等于齿轮的基圆齿距。这就是连续传动的条件，通常我们把这个条件用 $\overline{KK'}$ 与 P_b 的比值表示，称为重合度，用 ε 表示。即

$$\varepsilon=\frac{\overline{KK'}}{P_b}\geqslant 1 \tag{6-12}$$

　　重合度愈大，表明同时参与啮合的轮齿对数愈多，每对齿分担的载荷就愈小，运动愈平稳。由于制造齿轮时齿廓必然有少量的误差，故设计齿轮时必须使实际啮合线段比基圆齿距大，即重合度大于 1。重合度主要与齿数 z、齿顶高系数 h_a^*、压力角 α 有关，当取 $h_a^*=1，\alpha=20^0，z=12\sim\infty$ 时，$\varepsilon=1.699\sim1.982$。

§6-5　渐开线齿廓的根切现象

一、齿轮的加工方法

　　齿轮的加工方法很多，如铸造法、冲压法、热轧法、切削法等。其中最常用的还是切削加工。按切削齿廓的原理不同，可分为仿形法和范成法。

1. 仿形法

　　仿形法在铣床上用与齿槽形状相同的盘形铣刀（图 6-8(a)）或指形铣刀（图6-8(b)）逐个切去齿槽，从而得到渐开线齿廓。

　　由于渐开线齿廓形状取决于基圆的大小，而基圆直径 $d_b=mz\cos\alpha$，即模数 m、压力角 α 和齿数 z 决定齿廓形状。同一模数和压力角的齿轮，齿数不同，齿形就不同，这样加工不同齿数的齿轮就要制造许多刀具，显然这是不可能的。为了减少铣刀数量，对于同一模数和压力角的齿轮，按齿数范围分为 8 组，每组用一把刀具来加工，刀具形状按范围内最少齿形设计。

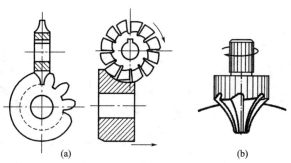

图 6-8　仿形法加工齿轮

　　仿形法加工齿轮的方法简单，不需要专用的齿轮加工机床；但是，生产率低，加工精度低，故只适用于精度要求不高，单件或小批量生产。

2. 范成法

　　范成法是利用一对齿轮（或齿轮和齿条）互相啮合时，其共轭齿廓互为包络的原理来

加工齿轮的。用范成法切齿的常用刀具有三种:齿轮插刀、齿条插刀及滚刀。

图 6-9 所示为齿轮插刀加工齿轮的情况,具有渐开线齿形的齿轮插刀和被切齿轮都按规定的传动比转动。根据正确啮合条件,被切齿轮的模数和压力角与齿轮插刀相同。齿轮插刀沿被切齿轮轴线方向做往复切削运动,同时模仿一对齿轮啮合传动,齿轮插刀在被切齿轮上切出一系列渐开线外形,这些渐开线包络即被切齿轮的渐开线齿廓。切制相同模数和压力角、不同齿数的齿轮,只需用同一把齿轮插刀即可。

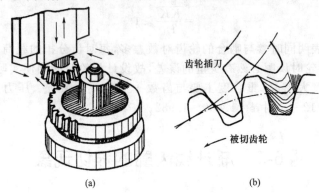

图 6-9　齿轮插刀加工齿轮

图 6-10 所示为齿条插刀加工齿轮的情况。当齿轮插刀的齿数增至无穷多时,其基圆半径变为无穷大,渐开线齿廓为直线齿廓,齿轮插刀便变为齿条插刀。其加工原理与齿轮插刀切削齿轮相同。用齿条插刀加工所得的轮齿齿廓也为刀刃在各个位置的包络线。由于齿条插刀的齿廓为直线,比齿轮插刀制造容易,精度高,但因为齿条插刀长度有限,每次移动全长后要求复位,所以生产率低。

图 6-11 所示为齿轮滚刀加工轮齿的情况。滚刀是蜗杆形状的铣刀,它的纵剖面为具有直线齿廓的齿条,当滚刀转动时,相当于齿条在移动,按范成法原理加工齿轮,它们的包络线形成被切齿轮的渐开线齿廓。

由于滚刀加工是连续切削,而插刀加工有进刀和退刀,是间断切削,所以滚刀加工生产率较高,是目前应用最为广泛的加工方法。但是在切削时,被切齿廓略有误差,因此,加工精度略低。

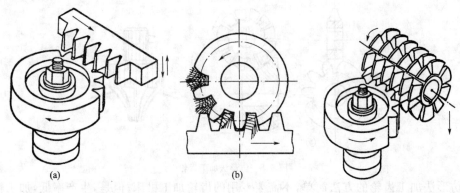

图 6-10　齿条插刀加工齿轮　　　　　图 6-11　滚刀加工齿轮

二、根切现象和最少齿数

用范成法加工齿轮时,如果齿轮的齿数太少,则切削刀具的齿顶就会切去轮齿根部的一部分,这种现象称为根切,如图 6-12 所示。

　　发生根切会使轮齿的弯曲强度降低,并使重合度减小,传动时出现冲击噪声,故应设法避免根切的发生。

　　加工齿轮的刀具通常都是标准刀具,为什么还会发生根切呢? 图 6-13 所示为用齿条插刀加工标准齿轮的情况,N_1 点为轮坯基圆与啮合线的切点,即啮合的极限点,刀具的顶线超出了 N_1(图中虚线位置)。显然,当刀具完成一个行程的切削后,N_1 点到刀具顶线的部分齿廓会被切掉而发生根切。因此,要避免根切就必须使刀具顶线不超出 N_1 点。经几何推导可得不发生根切的条件为

$$z \geqslant 2h_a^* / \sin^2 \alpha$$

即最少齿数为

$$z_{min} = \frac{2h_a^*}{\sin^2 \alpha} \tag{6-13}$$

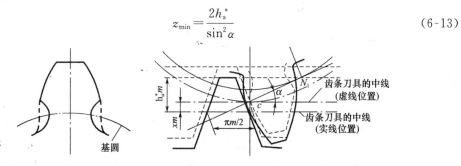

图 6-12　齿轮的根切　　　　　　图 6-13　根切与变位

　　显然,为了避免根切,则齿数 z 不得少于某一最少限度,用范成法加工齿轮时,各种标准刀具最少齿数的数值为

　　当 $h_a^* = 1, \alpha = 20°$ 时,$z_{min} = 17$;当 $h_a^* = 0.8, \alpha = 20°$ 时,$z_{min} = 14$。

　　必须指出,最少齿数是用范成法加工标准齿轮时提出的,用仿形法加工时不受这个最少齿数的限制。因此,必要时可设计齿数为 12 的标准齿轮,因为标准仿形刀具的最少齿数为 12,但是用仿形法加工使生产率下降。既要齿数少又要生产率高,可采用下面介绍的变位齿轮。

§6-6　渐开线变位直齿圆柱齿轮传动

一、变位齿轮的概念

　　用齿条型刀具加工齿轮时,若刀具的分度线(又称中线)与轮坯的分度圆相切时,称为标准安装。这样加工出来的齿轮为标准齿轮。标准齿轮有许多优点,因而得到了广泛应用。但在实际应用中也暴露出如下主要缺点:①不得小于最少齿数,否则用范成法加工时会产生根切;②两齿轮啮合只能按标准中心距安装;③小齿轮的齿根厚度小于大齿轮的齿根厚度,使小齿轮更容易损坏。

　　若加工齿轮时,不采用标准安装,而是将刀具相对于轮坯中心向外移出或向内移进一段距离,则刀具的中线不再与轮坯的分度圆相切,如图 6-13 所示。刀具移动的距离 xm

称为变位量,其中 m 为模数,x 为变位系数,并规定刀具相对于轮坯中心向外移出的变位系数为正,反之为负。对应于 $x>0$、$x=0$ 及 $x<0$ 的变位分别称为正变位、零变位和负变位,如图 6-14 所示。这种用改变刀具与轮坯的相对位置来加工齿轮的方法称为变位修正法,采用变位修正法加工出来的齿轮称为变位齿轮。

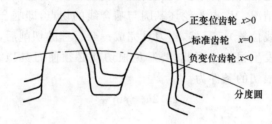

正变位齿轮 $x>0$
标准齿轮 $x=0$
负变位齿轮 $x<0$

分度圆

图 6-14 变位齿轮的齿廓

二、变位齿轮的类型和特点

根据相互啮合两齿轮的总变位系数 $x_\Sigma = x_1 + x_2$ 的不同,变位齿轮可分为以下三种类型:

1. 零传动($x_\Sigma = 0$)

(1)标准齿轮传动 标准齿轮传动可视为变位系数为零的变位齿轮,由于两齿轮的变位系数 $x_1 + x_2 = 0$,为了避免根切,两齿轮齿数均需大于 $z_{\min}$。

(2)高变位齿轮传动 两齿轮的变位系数为一正一负,且绝对值相等。即 $x_1 + x_2 = 0$。为了防止小齿轮根切和增加根部齿厚,小齿轮应采用正变位,而大齿轮采用负变位。为使两齿轮都不产生根切,必须使 $z_1 + z_2 \geqslant 2z_{\min}$。

2. 正传动($x_\Sigma > 0$)

正传动变位齿轮的中心距大于标准中心距,即 $a' > a$,当 $z_1 + z_2 < 2z_{\min}$ 时,必须采用正传动,其他场合为了改善传动质量也可以采用正传动。

3. 负传动($x_\Sigma < 0$)

负传动变位齿轮的中心距小于标准中心距,即 $a' < a$。负传动时,要求两轮齿数和大于两倍最少齿数。

采用正传动和负传动可以实现非标准中心距传动。由于这两种变位齿轮传动的节圆与分度圆不重合,啮合角不等于压力角,即 $a' \neq \alpha$,所以这两种变位又称为角度变位。

变位齿轮传动与标准齿轮传动相比,有如下优点:①可以制出齿数小于 $z_{\min}$ 而无根切的小齿轮,从而可以减小齿轮机构的尺寸和质量;②合理选择两轮的变位系数,使大、小齿轮的强度接近并降低两轮齿根部位的磨损,从而提高了传动的承载能力和耐磨性能;③等移距变位齿轮传动能保持标准中心距,故可取代标准齿轮传动并改善传动质量。

其主要缺点是:①互换性差,必须成对设计、制造和使用;②重合度略为降低。

由于变位齿轮与标准齿轮相比具有很多优点,而且并不增加设计制造难度,因此,变位齿轮在机械中得到了广泛应用。

三、变位直齿圆柱齿轮的几何尺寸

变位直齿圆柱齿轮的几何尺寸按表 6-3 进行计算。

序号	名 称	符号	高变位齿轮传动	角变位齿轮传动
			表 6-3 变位直齿圆柱齿轮计算公式	
1	变位系数	x	$x_1 = -x_2 \neq 0$ $x_\Sigma = x_1 + x_2 = 0$	$x_\Sigma = x_1 + x_2 \neq 0$
2	分度圆直径	d	$d = mz$	
3	啮合角	α'	$\alpha' = \alpha$	$\mathrm{inv}\alpha' = \mathrm{inv}\alpha + \dfrac{2(x_1 + x_2)}{z_1 + z_2}\tan\alpha$
4	节圆直径	d'	$d' = d$	$d' = d\dfrac{\cos\alpha}{\cos\alpha'}$
5	中心距	a	$a = \dfrac{1}{2}(d_1 + d_2)$	$a' = \dfrac{1}{2}(d_1' + d_2')$
6	齿顶降低系数	σ	$\sigma = 0$	$\sigma = x_1 + x_2 - \dfrac{a' - a}{m}$
7	齿顶高	h_a	$h_\mathrm{a} = (h_\mathrm{a}^* + x)m$	$h_\mathrm{a} = (h_\mathrm{a}^* + x - \sigma)m$
8	齿根高	h_f	$h_\mathrm{f} = (h_\mathrm{a}^* + c^* - x)m$	$h_\mathrm{f} = (h_\mathrm{a}^* + c^* - x)m$
9	全齿高	h	$h = (2h_\mathrm{a}^* + c^*)m$	$h = (2h_\mathrm{a}^* + c^* - \sigma)m$
10	齿顶圆直径	d_a	$d_\mathrm{a} = (z + 2h_\mathrm{a}^* + 2x)m$	$d_\mathrm{a} = (z + 2h_\mathrm{a}^* + 2x - 2\sigma)m$
11	齿根圆直径	d_f	$d_\mathrm{f} = (z - 2h_\mathrm{a}^* - 2c^* + 2x)m$	$d_\mathrm{f} = (z - 2h_\mathrm{a}^* - 2c^* + 2x)m$

注：变位系数最小值 $x_\mathrm{min} = (17 - z)/17$

§6-7 平行轴斜齿圆柱齿轮传动

一、齿廓曲面的形成及啮合特点

前面讨论直齿圆柱齿轮时,仅就垂直于轮轴的一个剖面加以研究,但实际齿轮齿廓侧面的形成如图 6-15(a)所示,发生面 S 沿母线切于齿轮的基圆柱上。当这一发生面在基圆柱上做纯滚动时,其上任一平行于母线的直线 AA 将展出一渐开线曲面,此曲面即齿轮的齿侧面,它与轮轴垂直面的交线即渐开线。当一对齿轮啮合时,两轮的齿将沿直线接触,其轨迹即两轮的啮合面。直齿圆柱齿轮的缺点为重合度低,容易引起冲击、振动,对制造误差的影响比较敏感,不适用于高速、大功率传动的场合。因此,在高速、大功率传动以及要求传动平稳性较高的场合,常采用斜齿圆柱齿轮。

斜齿轮齿面的形成原理与直齿轮相似,不同的是形成渐开面的直线 AA 与母线不平行,偏斜了一个角度 β_b,如图 6-15(b)所示。发生面 S 在基圆柱上做纯滚动时,直线 AA 上的任一点的轨迹都是渐开线,这一系列的渐开线就形成了斜齿轮的齿廓曲面。显然,这个齿廓曲面与垂直于轴线的端面的交线(端面齿廓)仍然是渐开线。将偏斜了 β_b 的直线 AA 在基圆柱上全面接触,形成螺旋线 ZZ,ZZ 在空间形成的曲面为渐开螺旋面。偏斜的角度 β_b 称为基圆上的螺旋角。当 $\beta_b = 0$ 时成了直齿轮,可见直齿轮是斜齿轮的特例。

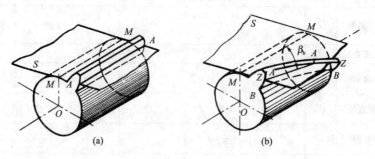

图 6-15　圆柱齿轮的形成

二、主要参数及几何尺寸

斜齿圆柱齿轮齿形有端面和法面之称。

法面是指垂直于轮齿螺旋线方向的平面。轮齿的法面齿形与刀具齿形相同,故国际上规定法面参数 (m_n, α_n) 为标准参数。

端面是指垂直于轴线的平面。端面齿形与直齿轮相同,故可以采用直齿轮的几何尺寸计算公式计算斜齿轮的几何尺寸。

注意:端面参数 (m_t, α_t) 为非标准值,为了计算斜齿轮的几何尺寸,必须掌握法面参数和端面参数间的换算关系。

图 6-16 为斜齿圆柱齿轮分度圆的展开图,由图可知:端面齿距 p_t 和法面齿距 p_n 的关系为

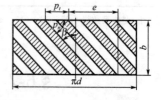

$$p_t = \frac{p_n}{\cos\beta} \tag{6-14}$$

图 6-16　分度圆柱展开面

由于端面模数为 $m_t = p_t/\pi$,法面模数为 $m_n = p_n/\pi$,故

$$m_t = \frac{m_n}{\cos\beta} \tag{6-15}$$

式中,β 为分度圆柱上的螺旋角。

与模数类似,斜齿轮分度圆上的端面压力角 α_t 与法面压力角 α_n 间的关系为

$$\tan\alpha_t = \frac{\tan\alpha_n}{\cos\beta} \tag{6-16}$$

分度圆柱上的螺旋角 β(简称螺旋角)表示轮齿的倾斜程度。β 越大,则轮齿越倾斜,传动的平稳性越好,但轴向力越大。通常在设计时取 $\beta = 8° \sim 20°$。

斜齿轮按轮齿的螺旋线方向分为左旋和右旋,如图 6-17 所示,图(a)为左旋齿轮,图(b)为右旋齿轮。

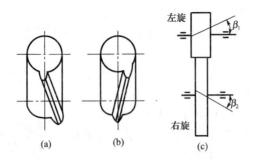

左旋

右旋

β_1

β_2

(a)　　　　　(b)　　　　　(c)

图 6-17　斜齿圆柱齿轮的旋向

表 6-4　　　　　　外啮合标准斜齿圆柱齿轮各部分的几何尺寸

各部分名称	代　号	公　式
法向模数	m_n	由强度计算获得
分度圆直径	d	$d_1 = m_t z_1 = \dfrac{m_n z_1}{\cos\beta}$；$d_2 = m_t z_2 = \dfrac{m_n z_2}{\cos\beta}$
齿顶高	h_a	$h_a = h_{an}^* m_n \quad (h_{an}^* = 1)$
齿根高	h_f	$h_f = (h_{an}^* + c_n^*) m_n \quad (c_n^* = 0.25)$
全齿高	h	$h = h_a + h_f = 2.25 m_n$
齿顶圆直径	d_a	$d_{a1} = d_1 + 2h_a$；$d_{a2} = d_2 + 2h_a$
齿根圆直径	d_f	$d_f = d_1 - 2h_f$
中心距	a	$a = \dfrac{d_1 + d_2}{2} = \dfrac{m_t(z_1 + z_2)}{2} = \dfrac{m_n(z_1 + z_2)}{2\cos\beta}$

三、正确啮合条件

一对斜齿圆柱齿轮的正确啮合条件为

$$\begin{cases} m_{n1} = m_{n2} = m_n \\ \alpha_{n1} = \alpha_{n2} = \alpha_n \\ \beta_1 = -\beta_2 \end{cases}$$

由于斜齿圆柱齿轮的齿与轮轴的方向呈一螺旋角,所以使齿轮传动的啮合弧增大了 $e = b\tan\beta$。如与斜齿轮端面齿廓相同的直齿圆柱齿轮的重合度为 ε_a,则斜齿圆柱齿轮的重合度 $\varepsilon_\gamma = \varepsilon_a + \varepsilon_\beta$,斜齿轮比直齿轮重合度增加部分为

$$\varepsilon_\beta = \frac{b\tan\beta}{p_t} = \frac{b\sin\beta}{p_n} = \frac{z\psi_d}{\pi}\tan\beta \tag{6-17}$$

式中:b 为齿宽;ψ_d 为齿宽系数,当 $z = 17$、$\psi_d = 1$、$\beta = 7° \sim 20°$ 时,$\varepsilon_\beta = 0.664 \sim 1.970$。

四、当量齿数

为了选择盘形铣刀及进行强度计算,必须知道和斜齿圆柱齿轮法面齿形相当的直齿圆柱齿轮,其齿数称为当量齿数。下面研究当量齿数 z_v 与实际齿数 z 及螺旋角 β 之间的关系。

如图 6-18 所示,过斜齿圆柱齿轮任一轮齿上的节点 C 作法向截面,则此法面与斜齿圆柱齿轮分度圆的交线为一椭圆,其长半轴为 $a = d/(2\cos\beta)$,短半轴为 $b = d/2$,该椭圆在 C 点的曲率半径为

$$\rho = \frac{a^2}{b} = \frac{d}{2\cos^2\beta}$$

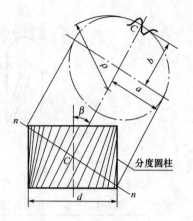

若以 ρ 为半径作一圆,此圆即与斜齿圆柱齿轮相当的直齿圆柱齿轮的分度圆,此直齿圆柱齿轮称为当量齿轮。当量齿轮上的齿数称为当量齿数,其值为

$$z_v = \frac{2\pi\rho}{p_n} = \frac{\pi d}{p_n\cos^2\beta} = \frac{\pi z m_t}{p_t\cos^3\beta} = \frac{z}{\cos^3\beta} \quad (6\text{-}18)$$

斜齿圆柱齿轮不产生根切的最少齿数 z_{min} 可由直齿圆柱齿轮最少齿数 z_{vmin} 来确定,即 $z_{min} = z_{vmin}\cos^3\beta$。

图 6-18 斜齿圆柱齿轮的当量齿

【例 6-2】 为改装某设备,需配一对斜齿圆柱齿轮传动。已知传动比 $i = 3.5$,法向模数 $m_n = 2$ mm,中心距 $a = 92$ mm。试计算该对齿轮的几何尺寸。

解 (1)先选定小齿轮的齿数 $z_1 = 20$,则大齿轮齿数 $z_2 = iz_1 = 3.5 \times 20 = 70$。

(2)知道齿数、法向模数及中心距,可由下式计算斜齿轮的分度圆螺旋角

$$a = \frac{m_n(z_1 + z_2)}{2\cos\beta}$$

$$\cos\beta = \frac{m_n(z_1 + z_2)}{2a} = \frac{2 \times (20 + 70)}{2 \times 92} = 0.978\ 261$$

$$\beta = 11°58'7''$$

(3)按表 6-4 的公式计算其他几何尺寸

分度圆直径 $\quad d_1 = \dfrac{z_1 m_n}{\cos\beta} = \dfrac{20 \times 2}{\cos 11°58'7''} = 40.89$ mm

$$d_2 = \frac{z_2 m_n}{\cos\beta} = \frac{70 \times 2}{\cos 11°58'7''} = 143.11 \text{ mm}$$

齿顶圆直径 $\quad d_{a1} = d_1 + 2m_n = 40.89 + 2 \times 2 = 44.89$ mm

$$d_{a2} = d_2 + 2m_n = 143.11 + 2 \times 2 = 147.11 \text{ mm}$$

齿根圆直径 $\quad d_{f1} = d_1 - 2.5m_n = 40.89 - 2.5 \times 2 = 35.89$ mm

$$d_{f2} = d_2 - 2.5m_n = 143.11 - 2.5 \times 2 = 138.11 \text{ mm}$$

§6-8　直齿圆锥齿轮传动

一、传动比和几何尺寸计算

圆锥齿轮主要用于几何轴线相交的两轴间的传动,其运动可以看成是两个圆锥摩擦轮相切做纯滚动,该圆锥即节圆锥。与圆柱齿轮相似,圆锥齿轮也分为分度圆锥、齿顶圆锥和齿根圆锥等。但和圆柱齿轮不同的是轮齿的厚度沿锥顶方向逐渐减小。锥齿轮的轮齿也有直齿和斜齿两种,本书只讨论直齿圆锥齿轮。圆锥齿轮传动中,两轴的夹角 Σ 一

般可以为任意角,但通常多为 90°。当两轴的夹角 $\Sigma = 90°$ 时,其传动比为

$$i = \frac{n_1}{n_2} = \frac{d_2}{d_1} = \frac{z_2}{z_1} = \cot\delta_1 = \frac{1}{\tan\delta_1} \tag{6-19}$$

因此,传动比一定时,两锥齿轮的节锥角也一定。

如图 6-19 所示,直齿圆锥齿轮的参数和几何尺寸均以大端为标准,大端应取标准模数和标准压力角,即 $\alpha = 20°$。对标准齿形取齿高系数 $h_a^* = 1$、顶隙系数 $c^* = 0.2$。渐开线圆锥齿轮的几何尺寸按表 6-5 计算。

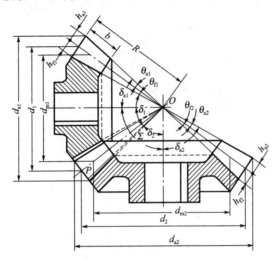

图 6-19　圆锥齿轮的基本尺寸

表 6-5　渐开线锥齿轮的几何尺寸计算

名　称	代号	计算公式	
		小齿轮	大齿轮
锥距	R	$R = \dfrac{d_1}{2\sin\delta_1} = \dfrac{d_2}{2\sin\delta_2} = \dfrac{m}{2}\sqrt{z_1^2 + z_2^2}$	
齿顶角	θ_a	$\tan\theta_a = h_a/R$	
齿根角	θ_f	$\tan\theta_f = h_f/R$	
顶锥角	δ_a	$\delta_{a1} = \delta_1 + \theta_a$	$\delta_{a2} = \delta_2 + \theta_a$
根锥角	δ_f	$\delta_{f1} = \delta_1 - \theta_f$	$\delta_{f2} = \delta_2 - \theta_f$
齿顶圆直径	d_a	$d_{a1} = d_1 + 2h_a\cos\delta_1$	$d_{a2} = d_2 + 2h_a\cos\delta_2$
齿根圆直径	d_f	$d_{f1} = d_1 - 2h_f\cos\delta_1$	$d_{f2} = d_2 - 2h_f\cos\delta_2$
齿宽	b	$b = \psi_R R$　一般 $\psi_R = 0.2 \sim 0.3$ 常用 $\psi_R = 0.3$	
齿数	z	z_1	$z_2 = iz_1$
分度圆锥角	δ	$\cot\delta_1 = i$	$\tan\delta_2 = i$
分度圆直径	d	$d_1 = m z_1$	$d_2 = m z_2$
模数	m	由强度计算确定,按表 6-1 取值	
齿顶高	h_a	$h_a = h_a^* m = m$　$(h_a^* = 1)$	
齿根高	h_f	$h_f = (h_a^* + c^*)m = 1.2m$　$(c^* = 0.2)$	
全齿高	h	$h = h_a + h_f = 2.2m$	

二、背锥与当量齿数

从理论上讲,锥齿轮的齿廓应为球面上的渐开线。但由于球面不能展开成平面,致使锥齿轮的设计制造有许多困难,故采用近似方法。由图 6-20 可知,自 A(或 B)点和 C 点分别作 OA(或 OB)和 OC 的垂线交于 O_1(或 O_2)点,以 OO_1(或 OO_2)为轴线的圆锥 ACO_1(或 BCO_2)称为该齿轮的背锥。将此轮的背锥展开成平面时,其形状为一扇形。此扇形的半径以 r_v 表示,把这个扇形当作以 O 为中心的圆柱齿轮的节圆的一部分,以锥齿轮大端模数为模数,并取标准压力角,即可画出该锥齿轮大端的近似齿廓。

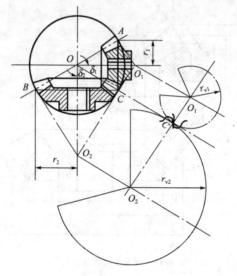

图 6-20 背锥及当量齿数

这一扇形齿轮的齿数 z 即该锥齿轮的实际齿数,若将此扇形补足成为完整的圆柱齿轮,则它的齿数将增加为 z_v,z_v 称为该锥齿轮的当量齿数。该圆柱齿轮称为锥齿轮的当量齿轮。因

$$r_v = \frac{d}{2\cos\delta} = \frac{mz}{2\cos\delta} \quad 及 \quad r_v = \frac{mz_v}{2}$$

故

$$z_v = \frac{z}{\cos\delta}$$

即

$$\left. \begin{array}{l} z_{v1} = \dfrac{z_1}{\cos\delta_1} \\[2mm] z_{v2} = \dfrac{z_2}{\cos\delta_2} \end{array} \right\} \tag{6-20}$$

锥齿轮不产生根切的最少齿数 z_{min} 可由当量齿轮的最少齿数 z_{vmin} 来确定,即

$$z_{min} = z_{vmin}\cos\delta \tag{6-21}$$

【例 6-3】 某车间进行机床技术改造,需要一传递两垂直相交轴运动的齿轮机构,要求传动比 $i = 2.25$。现有一标准直齿圆锥齿轮,齿数 $z = 20$,测得大端齿顶圆直径

$d_a \approx 87.31$ mm、齿根圆直径 $d_f \approx 71.23$ mm,拟将该齿轮作为主动轮。试求两锥齿轮的主要尺寸。

解　(1)依题意知　$z_1 = 20$、$d_{a1} = 87.31$ mm、$d_{f1} = 71.23$ mm、$\Sigma = 90°$;

(2)由传动比 i 计算从动轮齿数　$z_2 = iz_1 = 2.25 \times 20 = 45$

(3)分度圆锥角　　　　　　$\cot\delta_1 = i = 2.25$

$$\delta_1 = \text{arccot} 2.25 = 23°57'45''$$

$$\delta_2 = \Sigma - \delta_1 = 90° - 23°57'45'' = 66°2'15''$$

(4)模数　将 $d_1 = mz_1 = 20m$ 代入

$$d_1 = d_{a1} - 2h_a^* m\cos\delta_1 = 87.31 - 2 \times 1 \times m \times \cos 23°57'45''$$

得

$$m = 4 \text{ mm}$$

(5)分度圆直径　　　　　$d_1 = mz_1 = 4 \times 20 = 80$ mm

$$d_2 = mz_2 = 4 \times 45 = 180 \text{ mm}$$

(6)从动轮齿顶圆和齿根圆直径

$$d_{a2} = d_2 + 2h_a^* \cos\delta_2 = 180 + 2 \times 1 \times 4\cos 66°2'15'' = 183.25 \text{ mm}$$

$$d_{f2} = d_2 - 2h_f\cos\delta_2 = 180 - 2 \times 1.2 \times 4\cos 66°2'15'' = 176.10 \text{ mm}$$

(7)锥距　$R = \dfrac{m}{2}\sqrt{z_1^2 + z_2^2} = \dfrac{4}{2}\sqrt{20^2 + 45^2} = 98.49$ mm

(8)齿顶角　$\theta_a = \arctan\dfrac{h_a}{R} = \arctan\dfrac{4}{98.49} = 2°19'33''$

(9)顶锥角　$\delta_{a1} = \delta_1 + \theta_a = 23°57'45'' + 2°19'33'' = 26°17'18''$

$$\delta_{a2} = \delta_2 + \theta_a = 66°2'15'' + 2°19'33'' = 68°21'48''$$

(10)当量齿数　$z_{v1} = \dfrac{z_1}{\cos\delta_1} = \dfrac{20}{\cos 23°57'45''} = 21.89$

$$z_{v2} = \dfrac{z_2}{\cos\delta_2} = \dfrac{45}{\cos 66°2'15''} = 110.80$$

§6-9　齿轮传动的失效形式和设计准则

一、齿轮传动的失效形式

齿轮传动是靠齿与齿的啮合进行工作的,轮齿是齿轮直接参与工作的部分,所以齿轮的失效主要发生在轮齿上。主要的失效形式有轮齿折断、齿面点蚀、齿面磨损、齿面胶合以及齿面塑性变形等。

1. 轮齿折断

轮齿折断通常有两种情况:一种是由于多次重复的弯曲应力和应力集中造成的疲劳折断;另一种是由于突然产生严重过载或冲击载荷作用引起的过载折断。尤其是脆性材料(铸铁、淬火钢等)制成的齿轮更容易发生轮齿折断。两种折断均起始于轮齿受拉应力的一侧,如图 6-21 所示。

增大齿根过渡圆角半径、改善材料的力学性能、降低表面粗糙度以减小应力集中,以及对齿根处进行强化处理(如喷丸、滚挤压)等,均可提高轮齿的抗折断能力。

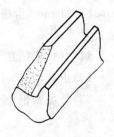

图 6-21　轮齿折断

2.齿面点蚀

轮齿工作时,齿面啮合处在交变接触应力的多次反复作用下,在靠近节线的齿面上会产生若干小裂纹。随着裂纹的扩展,将导致小块金属剥落,这种现象称为齿面点蚀,如图 6-22 所示。齿面点蚀的继续扩展会影响传动的平稳性,并产生振动和噪声,导致齿轮不能正常工作。

点蚀是润滑良好的闭式齿轮传动常见的失效形式。开式齿轮传动,由于齿面磨损较快,很少出现点蚀。

提高齿面硬度和降低表面粗糙度值,均可提高齿面的抗点蚀能力。

3.齿面磨损

轮齿啮合时,由于相对滑动,特别是外界硬质微粒进入啮合工作面之间时,会导致轮齿表面磨损。齿面逐渐磨损后,齿面将失去正确的齿形(图 6-23),严重时导致轮齿过薄而折断,齿面磨损是开式齿轮传动的主要失效形式。

为了减少磨损,重要的齿轮传动应采用闭式传动,并注意润滑。

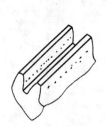

图 6-22　齿面点蚀　　　　图 6-23　齿面磨损

4.齿面胶合

在高速重载的齿轮传动中,齿面间的压力大,温升高,润滑效果差,当瞬时温度过高时,将使两齿面局部熔融、金属相互粘连,当两齿面做相对运动时,粘住的地方被撕破,从而在齿面上沿着滑动方向形成带状或大面积的伤痕(图 6-24),低速重载的传动不易形成油膜,摩擦发热虽不大,但也可能因重载而出现冷胶合。

采用黏度较大或抗胶合性能好的润滑油,降低表面粗糙度以形成良好的润滑条件,提高齿面硬度等均可增强齿面的抗胶合能力。

5.齿面塑性变形

硬度较低的软齿面齿轮,在低速重载时,由于齿面压力过大,在摩擦力作用下,齿面金属产生塑性流动而失去原来的齿形(图 6-25)。

提高齿面硬度和采用黏度较高的润滑油,均有助于防止或减轻齿面塑性变形。

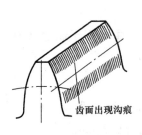

图 6-24 齿面胶合

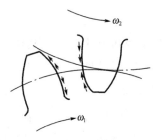

图 6-25 齿面塑性变形

二、设计准则

齿轮传动的失效形式不大可能同时发生,但却是互相影响的。例如齿面的点蚀会加剧齿面的磨损,而严重的磨损又会导致轮齿折断。在一定条件下,由于上述第 1、2 种失效形式是主要的,因此,设计齿轮传动时,应根据实际工作条件分析其可能发生的主要失效形式,以确定相应的设计准则。

对于软齿面(硬度≤350HBS)的闭式齿轮传动,润滑条件良好,齿面点蚀将是主要的失效形式,在设计时,通常按齿面接触疲劳强度设计,再按齿根弯曲疲劳强度校核。

对于硬齿面(硬度>350HBS)的闭式齿轮传动,抗点蚀能力较强,轮齿折断的可能性大,在设计计算时,通常按齿根弯曲疲劳强度设计,再按齿面接触疲劳强度校核。

开式齿轮传动的主要失效形式是齿面磨损。但由于磨损的机理比较复杂,目前尚无成熟的设计计算方法,故只能按齿根弯曲疲劳强度计算,用增大模数 10%~20% 的办法来考虑磨损的影响。

§6-10 齿轮常用材料及热处理

由轮齿失效形式可知,选择齿轮材料时,应考虑以下要求:轮齿的表面应有足够的硬度和耐磨性,在循环载荷和冲击载荷作用下,应有足够的弯曲强度。即齿面要硬,齿芯要韧,并具有良好的加工性和热处理性。

制造齿轮的材料主要是各种钢,其次是铸铁,还有其他非金属材料。

一、钢

钢可分为锻钢和铸钢两类,只有尺寸较大(直径大于 400~600 mm),结构形状复杂的齿轮宜用铸钢外,一般都用锻钢制造齿轮。

软齿面齿轮多经调质或正火处理后切齿,常用 45、40Cr 等。因齿面硬度不高,易制造,成本低,故应用广,常用于对尺寸和质量无严格限制的场合。

由于在啮合过程中,小齿轮的轮齿接触次数比大齿轮多。因此,若两齿轮的材料和齿面硬度都相同,则一般小齿轮的寿命较短。为了使大、小齿轮的寿命接近,应使小齿轮的齿面硬度比大齿轮的高出 30~50HBS。对于高速、重载或重要的齿轮传动,可采用硬齿面齿轮组合,齿面硬度可大致相同。

二、铸铁

由于铸铁的抗弯和耐冲击性能都比较差,因此主要用于制造低速、不重要的开式传动、功率不大的齿轮。常用材料有 HT250、HT300 等。

三、非金属材料

对高速、轻载而又要求低噪声的齿轮传动,也可采用非金属材料,如夹布胶木、尼龙等。常用的齿轮材料,热处理方法、硬度、应用举例见表 6-6。

表 6-6 常用的齿轮材料、热处理方法、硬度和应用举例

材 料	牌号	热处理方法	硬 度		应用举例
			齿芯(HBS)	齿面(HRC)	
优质碳素钢	35	正火	150~180		低速轻载的齿轮或中速中载的大齿轮
	45		169~217		
	50		180~220		
	45	调质	217~255		
合金钢	35SiMn		217~269		
	40Cr		241~286		
优质碳素钢	35	表面淬火	180~210	40~45	高速中载、无剧烈冲击的齿轮。如机床变速箱中的齿轮
	45		217~255	40~50	
	40Cr		241~286	48~55	
合金钢	20Cr	渗碳淬火		56~62	高速中载、承受冲击载荷的齿轮。如汽车、拖拉机中的重要齿轮
	20CrMnTi			56~62	
	38CrMo AlA	氮化	229	>850HV	载荷平稳、润滑良好的齿轮
铸 钢	ZG45	正火	163~197		重型机械中的低速齿轮
	ZG55		179~207		
球墨铸铁	QT700-2		225~305		可用来代替铸钢
	QT600-2		229~302		
灰铸铁	HT250		170~241		低速中载、不受冲击的齿轮。如机床操纵机构的齿轮
	HT300		187~255		

注:正火、调质及铸件的齿面硬度与齿芯硬度相近。

§6-11 齿轮传动精度简介

一、精度等级

渐开线圆柱齿轮标准(GB/T 10095—2008)中,规定了 12 个精度等级,第 1 级精度最高,第 12 级最低。一般机械中常用 7~8 级。高速、分度等要求高的齿轮传动用 6 级,对精度要求不高的低速齿轮可用 9 级。根据误差特性及它们对传动性能的影响,齿轮每个精度等级的公差划分为三个公差组,即第 I 公差组(影响运动准确性),第 II 公差组(影响传动平稳性),第 III 公差组(影响载荷分布均匀性)。一般情况下,可选三个公差组为同一

精度等级,也可以根据使用要求的不同,选择不同精度等级的公差组组合。

常用的齿轮精度等级与圆周速度的关系及使用范围见表 6-7。

表 6-7　　　　　　　齿轮传动精度等级(第Ⅱ公差组及其应用)

精度等级	齿面硬度(HBS)	圆周速度 $v/(\text{m} \cdot \text{s}^{-1})$			应用举例
		直齿圆柱齿轮	斜齿圆柱齿轮	直齿圆锥齿轮	
6	≤350	≤18	≤36	≤9	高速重载的齿轮传动,如机床、汽车中的重要齿轮,分度机构的齿轮,高速减速器的齿轮等
	>350	≤15	≤30		
7	≤350	≤12	≤25	≤6	高速中载或中速重载的齿轮传动,如标准系列减速器的齿轮,机床、汽车变速箱中的齿轮等
	>350	≤10	≤20		
8	≤350	≤6	≤12	≤3	一般机械中的齿轮传动,如机床、汽车和拖拉机中的一般齿轮,起重机械中的齿轮,农业机械中的重要齿轮等
	>350	≤5	≤9		
9	≤350	≤4	≤8	≤2.5	低速重载的齿轮和低精度机械中的齿轮等
	>350	≤3	≤6		

注:第Ⅰ、Ⅲ公差组的精度等级参阅有关手册,一般第Ⅲ公差级不低于第Ⅱ公差组的精度等级。

二、齿侧间隙

考虑到齿轮制造以及工作时轮齿变形和受热膨胀,同时为了便于润滑,需要有一定的齿侧间隙。合适的侧隙可通过适当的齿厚极限偏差和中心距极限偏差来保证,齿轮副的实际中心距越大,齿厚越小,则侧隙越大。

国家标准中规定渐开线圆柱齿轮的齿厚偏差有 C、D、E、F、G、H、J、K、L、M、N、P、R、S 等 14 种,每种代号所规定的齿厚偏差值可查有关手册。在齿轮工作图上用代号表示精度等级和齿厚极限偏差。例:8-7-7GM　GB/T 10095—2008 代号,从左至右表示第Ⅰ、Ⅱ、Ⅲ公差组精度等级分别为 8 级、7 级、7 级,齿厚上偏差代号为 G、下偏差代号为 M。

§6-12　标准直齿圆柱齿轮传动的强度计算

一、轮齿的受力分析

图 6-26 所示为齿轮啮合传动时主动齿轮的受力情况,不考虑摩擦力时,轮齿所受总作用力 F_n 将沿着啮合线方向,F_n 称为法向力。F_n 在分度圆上可分解为切于分度圆的切向力(圆周力)F_t 和沿半径方向并指向轮心的径向力 F_r,即

$$\left. \begin{array}{ll} \text{圆周力} & F_t = \dfrac{2T_1}{d_1} \\[2mm] \text{径向力} & F_r = F_t \tan\alpha \\[2mm] \text{法向力} & F_n = \dfrac{F_t}{\cos\alpha} \end{array} \right\} \tag{6-22}$$

式中:d_1 为主动轮分度圆直径,mm;α 为分度圆压力角,标准齿轮 $\alpha = 20°$。

设计时可根据主动轮传递的功率 P_1(kW)及转速 n_1(r/min),由下式求主动轮力矩

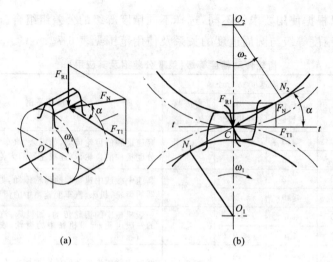

图 6-26 直齿圆柱齿轮传动的受力分析

$$T_1 = 9.55 \times 10^6 \times \frac{P_1}{n_1} \ (\text{N} \cdot \text{mm}) \tag{6-23}$$

根据作用力与反作用力原理，$F_{T1} = -F_{T2}$，F_{T1} 是主动轮上的工作阻力，故其方向与主动轮的转向相反，F_{T2} 是从动轮上的驱动力，其方向与从动轮的转向相同。

同理，$F_{R1} = -F_{R2}$，其方向指向各自的轮心。

二、载荷与载荷系数

由上述求得的法向力 F_N 为理想状况下的名义载荷。由于各种因素的影响，齿轮工作时实际所承受的载荷通常大于名义载荷，因此，在强度计算中，用载荷系数 K 考虑各种影响载荷的因素，以计算载荷 F_{Nc} 代替名义载荷 F_N。其计算公式为

$$F_{Nc} = KF_N \tag{6-24}$$

式中：K 为载荷系数，见表 6-8。

表 6-8 载荷系数 K

原动机	工作机的载荷特性		
	均匀、轻微冲击	中等冲击	大冲击
电动机	1～1.2	1.2～1.6	1.6～1.8
多缸内燃机	1.2～1.6	1.6～1.8	1.9～2.1
单缸内燃机	1.6～1.8	1.8～2.0	2.2～2.4

三、齿根弯曲疲劳强度计算

齿根处的弯曲强度最弱。计算时设全部载荷由一对齿承担，且载荷作用于齿顶，将轮齿看作悬臂梁，其危险截面可用 30°切线法确定，即作与轮齿对称中心线成 30°夹角并与齿根过渡曲线相切的两条直线，连接两切点的截面即为齿根的危险截面，如图 6-27 所示。运用材料力学的方法，可得轮齿弯曲强度校核的公式为

$$\sigma_F = \frac{2KT_1}{bmd_1}Y_{FS} \leqslant [\sigma_F]$$

或

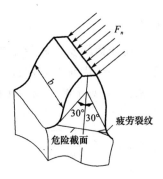

图 6-27　危险截面位置及应力

$$\sigma_{\mathrm{F}}=\frac{2KT_1}{\psi_d Z_1^2 m^3}Y_{\mathrm{FS}}\leqslant[\sigma_{\mathrm{F}}] \tag{6-25}$$

或由上式得计算模数 m 的设计公式

$$m\geqslant\sqrt[3]{\frac{2KT_1\cdot Y_{\mathrm{FS}}}{\psi_d Z_1^2\cdot[\sigma_{\mathrm{F}}]}} \tag{6-26}$$

式中：$\psi_d=b/d_1$ 称齿宽系数（b 为大齿轮宽度），由表 6-9 查取；Y_{FS} 称为齿形系数，由图 6-28 查取；$[\sigma_{\mathrm{F}}]$ 为弯曲许用应力，由式 6-8、6-9 计算。

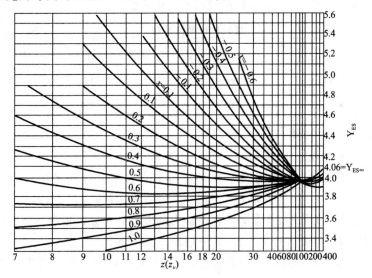

图 6-28　外齿轮齿形系数 Y_{FS}

表 6-9　　　　　齿宽系数 $\psi_d=b/d_1$

齿轮相对轴承位置	齿面硬度	
	≤350HBS	>350HBS
对称布置	0.8～1.4	0.4～0.9
非对称布置	0.6～1.2	0.3～0.6
悬臂布置	0.3～0.4	0.2～0.25

注：直齿轮取较小值，斜齿轮取较大值；载荷稳定，轴刚性大时取较大值。

四、齿面接触疲劳强度计算

齿面接触疲劳强度计算是为了防止齿间发生疲劳点蚀的一种计算方法,它的实质是使齿面节线处所产生的最大接触应力小于齿轮的许用接触应力,齿面接触应力的计算公式是以弹性力学中的赫兹公式为依据的,对于渐开线标准直齿圆柱齿轮传动,其齿面接触疲劳强度的校核公式为

$$\sigma_H = Z_E Z_H \sqrt{\frac{2KT_1(u\pm1)}{bd_1^2 u}} \leqslant [\sigma_H]$$

或

$$\sigma_H = Z_E Z_H \sqrt{\frac{2KT_1(u\pm1)}{\psi_d d_1^3 u}} \leqslant [\sigma_H] \tag{6-27}$$

将上式变换得齿面接触疲劳强度的设计公式

$$d_1 \geqslant \sqrt[3]{\frac{2KT_1}{\psi_d}\left(\frac{Z_E Z_H}{[\sigma_H]}\right)^2 \frac{u\pm1}{u}} \tag{6-28}$$

式中:"±"分别用于外啮合、内啮合齿轮;Z_E 为齿轮材料弹性系数,见表 6-10;Z_H 为节点区域系数,标准直齿轮正确安装时 $Z_H=2.5$;$[\sigma_H]$ 为两齿轮中较小的许用接触应力,由式 6-9 计算;u 为齿数比,即大齿轮齿数与小齿轮齿数之比。

表 6-10	齿轮材料弹性系数 Z_E			($\sqrt{N/mm^2}$)
小齿轮材料 ＼ 大齿轮材料	钢	铸 钢	铸 铁	球墨铸铁
钢	189.8	188.9	165.4	181.4
铸钢	188.9	188.0	161.4	180.5

五、设计参数的选择及许用应力

1. 主要参数的选择

(1)齿数 z。对于软齿面的闭式传动,在满足弯曲疲劳强度的条件下,宜采用较多齿数,一般取 $z_1=20\sim40$。因为当中心距确定后,齿数多,则重合度大,可提高传动的平稳性。对于硬齿面的闭式传动,首先应具有足够大的模数以保证齿根弯曲强度,为减小传动尺寸,宜取较少齿数,但要避免发生根切,一般取 $z_1=17\sim20$。

(2)模数 m。模数影响轮齿的抗弯强度,一般在满足轮齿弯曲疲劳强度条件下,宜取较小模数,以增加齿数,减少切齿量。

(3)齿宽系数 Ψ_d。齿宽系数是大齿轮齿宽 b 和小齿轮分度圆直径 d_1 之比,增大齿宽系数,可减小齿轮传动装置的径向尺寸,降低齿轮的圆周速度。但是齿宽越大,载荷分布越不均匀。为便于装配和调整,常将小齿轮齿宽加大 $5\sim10$ mm,但设计计算时按大齿轮齿宽计算。

2. 许用应力

一般的齿轮传动,其弯曲疲劳许用应力为

$$[\sigma_F] = \frac{\sigma_{Flim}}{S_F} Y_N \tag{6-29}$$

接触疲劳许用应力为

$$[\sigma_H] = \frac{\sigma_{Hlim}}{S_H} Z_N \tag{6-30}$$

式中：σ_{Flim} 为齿轮单向受载时的弯曲疲劳极限，查图 6-29；σ_{Hlim} 为接触疲劳极限，查图 6-30，由于实验齿轮的材质、热处理等性能的差异，实验值有一定的离散性，故图示数据为中间值；受对称循环变应力的齿轮（如惰轮，行星轮），应将图中查得数值乘以 0.7；S_F、S_H 为疲劳强度的最小安全系数，通常 $S_F=1$、$S_H=1$，对于损坏后会引起严重后果的，可取 $S_F=1.5$、$S_H=1.25\sim1.35$；Y_N、Z_N 为寿命系数，用以考虑当齿轮应力循环次数 $N<N_0$ 时，许用应力的提高系数，其值分别查图 6-31、6-32，图中横坐标为应力循环次数 N，按下式计算：

$$N = 60njL_h$$

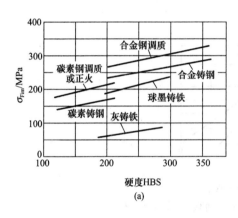 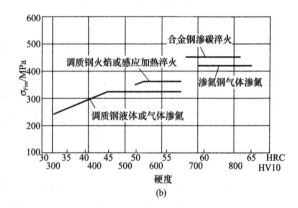

图 6-29　齿轮材料的 σ_{Flim}

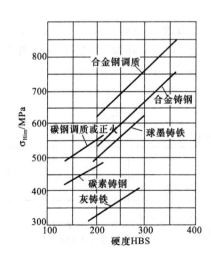 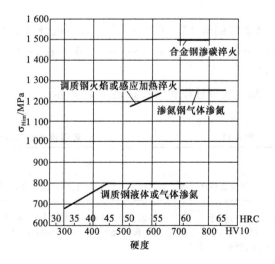

图 6-30　齿轮材料的 σ_{Hlim}

式中：n 为齿轮转速（r/min）；j 为齿轮每转一周，同一侧齿面啮合的次数；L_h 为齿轮在设计期限内的总工作时数，h。

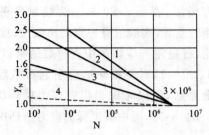

1—碳钢经正火、调质，球墨铸铁
2—碳钢经表面淬火、渗碳
3—渗氮钢气体渗氮，灰铸铁
4—碳钢调质后液体渗氮

图 6-31　弯曲疲劳寿命系数 Y_N

1—碳钢经正火、调质，球墨铸造铁；2—碳钢经表面淬火、渗碳；3—渗氮钢气体渗氮，灰铸铁；4—碳钢调质后液体渗氮

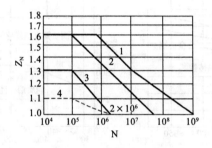

图 6-32　接触疲劳寿命系数 Z_N

1—碳钢经正火、调质、表面淬火及渗碳，球墨铸铁（允许一定的点蚀）；2—碳钢经正火、调质、表面淬火及渗碳，球墨铸铁（不允许出现点蚀）；3—碳钢调质后气体渗氮，灰铸铁；4—碳钢调质后液体渗氮

【实训例 6-1】　设计一带式运输机减速器的直齿圆柱齿轮传动，已知 $i=4$，$n_1=750$ r/min，传递功率 $P=5$ kW，工作平稳，单向传动，单班工作制，每班 8 h，工作期限 10 年。

解　实训过程和结果如表 6-11 所示：

表 6-11　实训例 6-1 实训过程

计算与说明	结　果
1.选择齿轮精度等级。运输机是一般工作机械，速度不高，故用 8 级精度	8 级精度
2.选材与热处理。该齿轮传动无特殊要求，为制造方便，采用软齿面，大小齿轮均用 45 钢，小齿轮调质处理，齿面硬度：217～255HBS，大齿轮正火处理，齿面硬度：169～217HBS。	小齿轮 45 钢调质处理、大齿轮正火处理

计算与说明	结　果
3.按齿面接触疲劳强度设计。该传动为闭式软齿面,主要失效形式为疲劳点蚀,故按齿面接触疲劳强度设计,再按齿根弯曲疲劳强度校核。 设计公式为: $d_1 \geqslant \sqrt[3]{\dfrac{2KT_1}{\psi_d}\left(\dfrac{Z_E Z_H}{[\sigma_H]}\right)^2 \dfrac{u \pm 1}{u}}$ (1)载荷系数 K,按表 6-8 取 $k=1.2$ (2)转矩 $T_1 = 9.55 \times 10^6 \times \dfrac{P_1}{n_1} = 9.55 \times 10^6 \times \dfrac{5}{750} = 63\ 666.7$ N・mm (3)接触疲劳许用应力 $[\sigma_H] = \dfrac{\sigma_{Hlim}}{S_H} Z_N$ 按齿面硬度中间值查图 6-12 得 $\sigma_{Hlim1}=600$ MPa, $\sigma_{Hlim2}=550$ MPa 按一年工作 300 天计算,应力循环次数 $\qquad N_1 = 60njL_h = 60 \times 750 \times 1 \times 10 \times 300 \times 8 = 1.08 \times 10^9$ $\qquad N_2 = \dfrac{N_1}{i} = \dfrac{1.08 \times 10^9}{4} = 2.7 \times 10^8$ 由图 6-32 得接触疲劳寿命系数 $\qquad Z_{N1}=1,\ Z_{N2}=1.08\ (N_1 > N_0,\ N_0 = 10^9)$ 按一般可靠性要求,取 $S_H=1$ 则 $\qquad [\sigma_{H1}] = \dfrac{600 \times 1}{1} = 600$ MPa $\qquad [\sigma_{H2}] = \dfrac{550 \times 1.08}{1} = 594$ MPa 取 $\qquad\qquad [\sigma_H] = 594$ MPa (4)计算小齿轮分度圆直径 d_1。查表 6-9 按齿轮相对轴承对称布置取 $\qquad\qquad \psi_d = 1.08,\ Z_H = 2.5,$ 查表 6-10 得 $\qquad Z_E = 189.8\ \sqrt{\text{N}\cdot\text{mm}^2}$ 将以上参数代入下式 $\quad d_1 \geqslant \sqrt[3]{\dfrac{2KT_1}{\psi_d}\left(\dfrac{Z_E Z_H}{[\sigma_H]}\right)^2 \dfrac{u \pm 1}{u}}$ $\quad = \sqrt[3]{\dfrac{2 \times 1.2 \times 63\ 666.7}{1.08} \times \left(\dfrac{189.8 \times 2.5}{594}\right)^2 \times \dfrac{4+1}{4}}$ $\quad = 48.3$ mm 取 $d_1 = 50$ mm (5)计算圆周速度 $\qquad v = \dfrac{n_1 \pi d_1}{60 \times 1\ 000}$ $\qquad = \dfrac{750 \times 3.14 \times 50}{60 \times 1\ 000} = 1.96$ m/s　因 $v < 6$ m/s,故取 8 级精度合适。	$T_1 = 63\ 666.7$ N・mm $[\sigma_H] = 594$ MPa $d_1 = 50$ mm 8 级精度合适
4.确定主要参数。 (1)齿数。取 $z_1 = 20$,则 $z_2 = z_1 i = 20 \times 4 = 80$ (2)模数。$m = d_1 / z_1 = 50/20 = 2.5$ mm　正好是标准模数第二系列上的数值。 (3)分度圆直径　$d_1 = z_1 m = 20 \times 2.5 = 50$ mm $\qquad\qquad\qquad\quad d_2 = z_2 m = 80 \times 2.5 = 200$ mm (4)中心距　$a = (d_1 + d_2)/2 = (50 + 200)/2 = 125$ mm (5)齿宽　$b = \psi_d d_1 = 1.08 \times 50 = 54$ mm 取 $b_2 = 60$ mm, $b_1 = b_2 + 5 = 65$ mm	$z_1 = 20$　$Z_2 = 80$ $m = 2.5$ $d_1 = 50$ mm $d_2 = 200$ mm $a = 125$ mm $b_2 = 60$ mm $b_1 = 65$ mm
5.校核弯曲疲劳强度 (1)齿形系数 Y_{FS},由表 6-28 得: $Y_{FS1} = 4.35$, $Y_{FS2} = 4.0$ (2)弯曲疲劳许用应力　$[\sigma_F] = \dfrac{\sigma_{Flim}}{S_F} Y_N$ 按齿面硬度中间值查图 6-32 得: $\sigma_{Flim1} = 240$ MPa, $\sigma_{Flim2} = 220$ MPa 由图 6-31 得弯曲疲劳寿命系数: $Y_{N1} = 1$　$(N_0 = 3 \times 10^6, N_1 > N_0)$ $\qquad\qquad\qquad\qquad\qquad Y_{N2} = 1$　$(N_0 = 3 \times 10^6, N_2 > N_0)$ 按一般可靠性要求,取弯曲疲劳安全系数 $S_F = 1$,则 $\quad [\sigma_{F1}] = \dfrac{\sigma_{Flim1}}{S_F} Y_{N1} = 240$ MPa　$[\sigma_{F2}] = \dfrac{\sigma_{Flim2}}{S_F} Y_{N2} = 220$ MPa (3)校核计算 $\quad \sigma_{F1} = \dfrac{2KT_1}{bmd_1} Y_{FS1} = \dfrac{2 \times 1.2 \times 63\ 666.7}{60 \times 2.5 \times 50} \times 4.35$ $\quad = 88.6$ MPa $< [\sigma_{F1}]$ $\qquad \sigma_{F2} = \sigma_{F1} Y_{FS2}/Y_{FS1}$ $\qquad = 83.53$ MPa $< [\sigma_{F2}]$	$[\sigma_{F1}] = 240$ MPa $[\sigma_{F2}] = 220$ MPa 弯曲强度足够
6.结构设计(略)	

§6-13 标准斜齿圆柱齿轮传动的强度计算

一、轮齿的受力分析

图 6-33 所示为斜齿圆柱齿轮传动的受力情况，当主动齿轮上作用转矩 T_1 时，若忽略接触面的摩擦力，齿轮上的法向力 F_N 作用在垂直于齿面的法向平面，将 F_N 在分度圆上分解为相互垂直的三个分力，即圆周力 F_t、径向力 F_r 和轴向力 F_a，各力的大小为：

$$
\begin{cases}
F_t = 2T_1/d_1 \\
F_r = F_t \tan\alpha_n / \cos\beta \\
F_a = F_t \tan\beta \\
F_N = F_t/(\cos\alpha_n \cos\beta)
\end{cases}
\tag{6-31}
$$

式中：β 为分度圆螺旋角；α_n 为法向压力角，标准齿轮 $\alpha_n = 20°$。

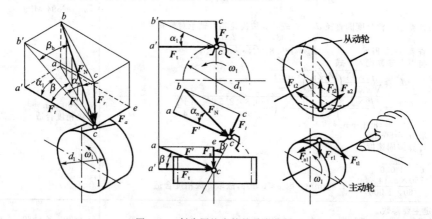

图 6-33 斜齿圆柱齿轮的受力分析

圆周力和径向力方向的判断与直齿圆柱齿轮相同。轴向力 F_a 的方向取决于齿轮的回转方向和轮齿的旋向，可用"主动轮左、右手定则"来判断。即当主动轮是右旋时所受轴向力的方向用右手判断，四指沿齿轮旋转方向握轴，伸直大拇指，大拇指所指即为主动轮所受轴向力的方向。从动轮所受轴向力与主动轮的大小相等、方向相反（图 6-13(b)）。

二、齿根弯曲疲劳强度计算

斜齿轮的强度计算与直齿轮相似，但斜齿轮齿面上的接触线是倾斜的，故轮齿往往是局部折断，其计算按法平面当量直齿轮进行、以法向参数为依据。另外，斜齿圆柱齿轮接触线较长、重合度增大，故其计算公式与直齿轮的公式有所不同。具体如下：

$$
\sigma_F = \frac{1.6KT_1\cos\beta}{bm_n^2 z_1} Y_{FS} \leqslant [\sigma_F]
\tag{6-32}
$$

或

$$
m_n \geqslant \sqrt[3]{\frac{1.6KT_1\cos^2\beta \cdot Y_{FS}}{\psi_d z_1^2 [\sigma_F]}}
\tag{6-33}
$$

式中：Y_{FS} 为齿形系数，应根据当量齿数 z_v 查图 6-8；其中 $z_v = z/\cos^3\beta$；β 为斜齿轮螺旋角，一般 $\beta = 8° \sim 20°$；其他符号代表的意义、单位及确定方法均与直齿圆柱齿轮相同。

三、齿面接触疲劳强度计算

斜齿圆柱齿轮传动的齿面接触疲劳强度，也按齿轮上的法平面当量直齿圆柱齿轮计算。一对钢制斜齿圆柱齿轮传动的计算公式如下：

$$\sigma_H = Z_E Z_H Z_\beta \sqrt{\frac{2KT_1(u\pm1)}{bd_1^2 u}} \approx 650\sqrt{\frac{KT_1(u\pm1)}{bd_1^2 u}} \leqslant [\sigma_H] \tag{6-34}$$

或

$$d_1 \geqslant \sqrt[3]{\left(\frac{650}{[\sigma_H]}\right)^2 \frac{KT_1}{\psi_d}\frac{u\pm1}{u}} \tag{6-35}$$

式中：Z_β 为螺旋角系数，考虑螺旋角造成接触线倾斜而对接触强度产生的影响，$Z_\beta = \sqrt{\cos\beta}$；其余各符号所代表的意义、单位及确定方法均与直齿圆柱齿轮相同。

【**实训例 6-2**】　试设计一单级减速器中的标准斜齿圆柱齿轮传动，已知主动轴由电动机直接驱动，功率 $P = 10$ kW，转速 $n_1 = 970$ r/min，传动比 $i = 4.6$，工作载荷有中等冲击。单向工作，单班制工作 10 年，每年按 300 天计算。

解　实训例 6-2 过程如表 6-12 所示：

表 6-12　　　　　　　　　　　　　**实训例 6-2 实训过程**

计算与说明	结　果
1.选择精度等级　一般减速器速度不高，故齿轮用 8 级精度	8 级精度
2.选材与热处理　减速器的外廓尺寸没有特殊限制，采用软齿面齿轮，大、小齿轮均用 45 钢，小齿轮调质处理，齿面硬度 217~255HBS，大齿轮正火处理，齿面硬度 169~217HBS。	小齿轮 45 钢调质 大齿轮 45 钢正火
3.按齿面接触疲劳强度设计　$d_1 \geqslant \sqrt[3]{\left(\frac{650}{[\sigma_H]}\right)^2 \frac{KT_1}{\psi_d}\frac{u\pm1}{u}}$ (1)载荷系数 K　按表 6-8 取 $K = 1.3$ (2)转矩　$T_1 = 9.55\times10^6 \times \frac{P_1}{n_1} = 9.55\times10^6 \times \frac{10}{970} = 98\,453.6$ N mm (3)接触疲劳许用应力　$[\sigma_H] = \frac{\sigma_{Hlim}}{S_H} Z_N$ 按齿面硬度中间值查图 6-12 得 $\sigma_{Hlim1} = 600$ MPa，$\sigma_{Hlim2} = 550$ MPa 应力循环次数　$N_1 = 60njL_h = 60\times970\times1\times10\times300\times8 = 1.39\times10^9$ $\quad\quad\quad\quad\quad\quad N_2 = \frac{N_1}{i} = \frac{1.39\times10^9}{4.6} = 3.036\times10^8$ 查图 6-32 得接触疲劳寿命系数 $z_{N1} = 1$，$z_{N2} = 1.08$　（$N_0 = 10^9$，$N_1 > N_0$） 按一般可靠性要求取 $S_H = 1$，则 $[\sigma_{H1}] = \frac{600\times1}{1} = 600$ MPa $\quad\quad\quad\quad\quad\quad\quad\quad\quad\quad\quad [\sigma_{H2}] = \frac{550\times1.08}{1} = 594$ MPa 查表 6-9 取 $\psi_d = 1.1$；查表 6-10 得 $Z_E = 189.8\sqrt{\mathrm{N\cdot mm^2}}$ (4)计算小齿轮分度圆直径　$d_1 \geqslant \sqrt[3]{\left(\frac{650}{[\sigma_H]}\right)^2 \frac{KT_1}{\psi_d}\frac{u\pm1}{u}}$ $\quad\quad = \sqrt[3]{\left(\frac{650}{594}\right)^2 \times \frac{1.3\times98\,453.6}{1.1} \times \frac{4.6+1}{4.6}}$ $\quad\quad = 55.35$ mm	$K = 1.3$ $T_1 = 98\,453.6$ N·mm $[\sigma_H] = 594$ MPa 取 $d_1 = 60$ mm

（续表）

计算与说明	结　果
4.确定主要参数 （1）齿数　取 $z_1=20$，则 $z_2=z_1 i=20\times4.6=92$ （2）初选螺旋角　$\beta_0=15°$ （3）确定模数　$m_n=d_1\cos\beta_0/z_1=55.35\times\cos15°/20=2.67$ mm 查表，取标准值 $m_n=2.75$ mm （4）计算中心距　a　$d_2=d_1 i=55.35\times4.6=254.61$ mm 初定中心距　$a_0=(d_1+d_2)/2=(55.35+254.61)/2=154.98$ mm 圆整取　$a=160$ mm （5）计算螺旋角 β　$\cos\beta=m_n(z_1+z_2)/2a=2.75(20+92)/(2\times160)$ 　　　　　　　　$=0.9625$ 则 $\beta=15°44'26''$，β 在 $8°\sim20°$ 的范围内，故合适。 （6）计算主要尺寸 分度圆直径　$d_1=m_n z_1/\cos\beta=2.75\times20/0.9625=57.14$ mm 　　　　　　$d_2=m_n z_2/\cos\beta=2.75\times92/0.9625=262.86$ mm 齿宽　$b=\phi_d d_1=1.1\times57.14=62.85$ mm 取　$b_2=65$ mm；$b_1=b_2+5$ mm$=70$ mm。	$z_1=20$ $z_2=92$ $m_n=2.75$ mm $a=160$ mm $\beta=15°44'26''$ $d_1=57.14$ mm $d_2=262.86$ mm $b_2=65$ mm $b_1=70$ mm
5.验算圆周速度 v_1 $v_1=\pi n_1 d_1/(60\times1000)$ 　　$=3.14\times970\times57.14/(60\times1000)=2.90$ m/s，$v<6$ m/s，故取 8 级精度 合适	8 级齿轮精度合适
6.校核弯曲疲劳强度　$\sigma_F=\dfrac{1.6KT_1\cos\beta}{bm_n^2 z_1}Y_{FS}$ （1）齿形系数 Y_{FS}　$z_{v1}=z_1/\cos^3\beta=20/0.9625^3=22.4$ 　　　　　　　　　$z_{v2}=z_2/\cos^3\beta=92/0.9625^3=103.2$ 由图 6-28 得 $Y_{FS1}=4.31$，$Y_{FS2}=3.93$。 （2）弯曲疲劳许用应力　按齿面硬度中间值由图 6-9 得： $\sigma_{Flim1}=240$ MPa，$\sigma_{Flim2}=220$ MPa 由图 6-31 得 $Y_{N1}=1$，$Y_{N2}=1$；取 $S_F=1$，则 $[\sigma_{F1}]=240$ MPa $[\sigma_{F2}]=220$ MPa $\sigma_{F1}=\dfrac{1.6KT_1\cos\beta}{bm_n^2 Z_1}Y_{FS}$ 　　$=\dfrac{1.6\times1.3\times98453.6\times0.9625}{65\times2.75^2\times20}\times4.31=86.41$ MPa$\leqslant[\sigma_{F1}]$ $\sigma_{F2}=\sigma_{F1}Y_{FS2}/Y_{FS1}=78.79$ MPa$\leqslant[\sigma_{F2}]$	 $[\sigma_{F1}]=240$ MPa $[\sigma_{F2}]=220$ MPa 强度足够
7.结构设计（略）	

§6-14　标准直齿圆锥齿轮传动的强度计算

一、轮齿受力分析

　　一对直齿圆锥齿轮啮合传动时，如果不考虑摩擦力的影响，轮齿间的作用力可以近似简化为作用于齿宽中点节线的集中载荷 F_N，其方向垂直于工作齿面。如图 6-34 所示主动锥齿轮的受力情况,轮齿间的法向作用力 F_N 可分解为三个互相垂直的分力:圆周力 F_{t1}、径向力 F_{r1} 和轴向力 F_{a1}。各力的大小为:

$$\left.\begin{aligned} F_{t1} &= \frac{2T_1}{d_{m1}} \\ F_{r1} &= F'\cos\delta_1 = F_{t1}\tan\alpha\cos\delta_1 \\ F_{a1} &= F'\sin\delta_1 = F_{t1}\tan\alpha\sin\delta_1 \\ F_N &= \frac{F_{t1}}{\cos\alpha} \end{aligned}\right\} \qquad (6\text{-}36)$$

式中:d_{m1} 为主动锥齿轮分度圆锥上齿宽中点处的直径,也称分度圆锥的平均直径,可根据锥距 R、齿宽 b 和分度圆直径 d_1 确定,即:

$$d_{m1} = (1-0.5\psi_R)d_1 \qquad (6\text{-}37)$$

式中:$\psi_R = b/R$ 称齿宽系数,通常取 $\psi_R = 0.25 \sim 0.35$。

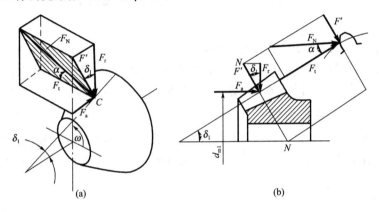

图 6-34 直齿圆锥齿轮的受力分析

圆周力的方向在主动轮上与回转方向相反,在从动轮上与回转方向相同;径向力的方向分别指向各自的轮心;轴向力的方向分别指向大端。根据作用力与反作用力的原理得主、从动轮上三个分力之间的关系:$F_{t1} = -F_{t2}$、$F_{r1} = -F_{a2}$、$F_{a1} = -F_{r2}$,负号表示方向相反。

二、齿面接触疲劳强度计算

直齿圆锥齿轮的失效形式及强度计算的依据与直齿圆柱齿轮基本相同,可近似按齿宽中点的一对当量直齿圆柱齿轮来考虑。将当量齿轮有关参数代入直齿圆柱齿轮齿面接触疲劳强度计算公式,则得圆锥齿轮齿面接触疲劳强度的计算公式分别为

$$\sigma_H = Z_E Z_H \sqrt{\frac{4.7KT_1}{\psi_R(1-0.5\psi_R)^2 d_1^3 u}} \leqslant [\sigma_H] \qquad (6\text{-}38)$$

$$d_1 \geqslant \sqrt[3]{\frac{4.7KT_1}{\psi_R(1-0.5\psi_R)^2 u}\left(\frac{Z_E Z_H}{[\sigma_H]}\right)^2} \qquad (6\text{-}39)$$

式中:Z_E 为齿轮材料弹性系数,见表 6-10;Z_H 为节点区域系数,标准齿轮正确安装时 $Z_H = 2.5$;$[\sigma_H]$ 为许用应力,确定方法与直齿圆柱齿轮相同。

三、齿根弯曲疲劳强度计算

将当量齿轮有关参数代入直齿圆柱齿轮齿根弯曲疲劳强度计算公式,则得圆锥齿轮齿根弯曲疲劳强度的计算公式为

$$\sigma_F = \frac{4.7KT_1}{\psi_R(1-0.5\psi_R)^2 z_1^2 m^3 \sqrt{u^2+1}} Y_{FS} \leqslant [\sigma_F] \tag{6-40}$$

$$m \geqslant \sqrt[3]{\frac{4.7KT_1}{\psi_R(1-0.5\psi_R)^2 z_1^2 [\sigma_F] \sqrt{u^2+1}} Y_{FS}} \tag{6-41}$$

式中:Y_{FS} 为齿形系数,应根据当量齿数 z_v($z_v = z/\cos\delta$)由图 6-28 查得;$[\sigma_F]$ 为许用弯曲应力,确定方法与直齿圆柱齿轮相同。

§6-15 齿轮的结构设计

通过齿轮传动的强度计算,确定齿数、模数、螺旋角、分度圆直径等主要参数和尺寸后,还要通过结构设计确定齿圈、轮辐、轮毂等的结构形式及尺寸大小。齿轮的结构形式主要依据齿轮的尺寸、材料、加工工艺、经济性等因素而定,各部分尺寸由经验公式求得。

一、齿轮轴和盘式齿轮

较小的钢制圆柱齿轮,其齿根圆至键槽底部的距离 $\delta \leqslant 2m$(m 为模数),或圆锥齿轮小端齿根圆至键槽底部的距离 $\delta \leqslant 1.6m$(m 为大端模数)时(图 6-35)齿轮和轴做成一体,称为齿轮轴(图 6-36)。

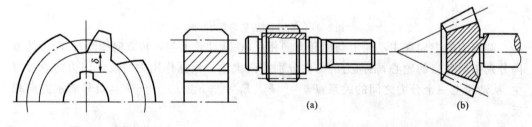

(a)   (b)

图 6-35 齿轮结构尺寸 δ 图 6-36 齿轮轴

齿轮轴的刚度较好,但制造较复杂,齿轮损坏时轴将同时报废。故直径较大的齿轮应把齿轮和轴分开制造。

当齿顶圆直径 $d_a \leqslant 200$ mm,且 δ 超过上述尺寸,可做成盘式或实心结构的齿轮,如图 6-35 和图 6-37 所示。

二、腹板式和轮辐式齿轮

齿顶圆直径 $d_a \leqslant 500$ mm 的较大尺寸的齿轮,为减轻重量、节省材料,可做成腹板式的结构,如图 6-38 所示。

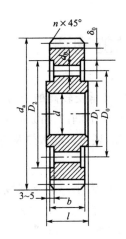

图 6-37　盘式齿轮　　　　图 6-38　腹板式齿轮

齿顶圆直径 $d_a \geqslant 500$ mm 时常用铸铁或铸钢制成轮辐式,如图 6-39 所示。

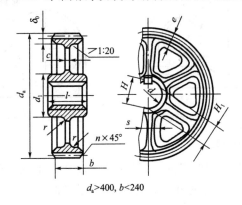

$d_a > 400, b < 240$

图 6-39　轮辐式齿轮

三、组合式的齿轮结构

为了节省贵重钢材,便于制造、安装,直径很大的齿轮($d_a > 600$ mm),常采用组装齿圈式结构的齿轮。如图 6-40 所示为镶圈式齿轮,图 6-41 所示为焊接式齿轮。

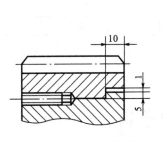

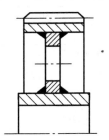

图 6-40　镶圈式齿轮结构　　　　6-41　焊接式齿轮结构

§6-16 齿轮传动的润滑

齿轮啮合传动时,相啮合的齿面间既有相对滑动,又承受较高的压力,会产生摩擦和磨损,造成发热、影响齿轮的使用寿命。因此,必须考虑齿轮的润滑,特别是高速齿轮的润滑更应给予足够的重视。良好的润滑可提高效率,减少磨损,还可以起散热及防锈蚀等作用。

一、齿轮传动的润滑方式

齿轮传动的润滑方式,主要取决于齿轮圆周速度的大小。对于速度较低的齿轮传动或开式齿轮传动,采用定期人工加润滑油或润滑脂。对于闭式齿轮传动,当齿轮圆周速度 $v < 12$ m/s 时,采用大齿轮浸入油池中进行浸油润滑(图 6-42);当 $v > 12$ m/s 时,为了避免搅油损失,常采用喷油润滑(图 6-43)

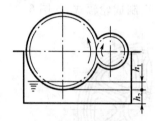
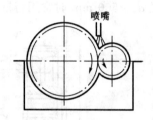

图 6-42　浸油润滑　　　　　图 6-43　喷油润滑

二、齿轮润滑油的选择

齿轮传动的润滑剂多采用润滑油,润滑油的黏度通常根据齿轮的承载情况和圆周速度来选取(表 6-13)。速度不高的开式齿轮也可采用脂润滑。按选定的润滑油黏度即可确定润滑油的牌号。

表 6-13　　　　　　　　　　齿轮润滑油黏度选择　　　　　　　　　　mm²/s

齿轮材料	强度极限 σ_b (N/mm²)	圆周速度 v(m/s)						
		<0.5	0.5~1	1~2.5	2.5~5	5~12.5	12.5~25	>25
铸铁、青铜	—	320	320	150	100	68	46	—
钢	450~1 000	460	460	320	220	150	100	68
	1 000~1 250	460	460	320	220	150	100	68
	1 250~1 600	1000	460	460	320	220	150	100
渗碳或表面淬火钢								

思考题

6-1　齿轮传动的最基本要求是什么？齿廓的形状符合什么条件才能满足上述要求？

6-2　分度圆和节圆,压力角和啮合角有何区别？

6-3　斜齿圆柱齿轮和直齿圆锥齿轮的当量齿数的含义是什么？它们与实际齿数有

何关系？

6-4　齿轮传动常见的失效形式有哪些？产生的原因是什么？如何提高齿轮抗失效能力？

6-5　一般使用的闭式硬齿面、闭式软齿面和开式齿轮传动的设计计算准则是什么？

6-6　在设计软齿面齿轮传动时，为什么常使小齿轮的齿面硬度高于大齿轮齿面硬度 $30 \sim 50 \mathrm{HBS}$？

习　题

6-1　某直齿圆柱齿轮传动的小齿轮已丢失。但已知与之相配的大齿轮为标准齿轮，其齿数 $z_2 = 52$，齿顶圆直径 $d_{a2} = 135\ \mathrm{mm}$，标准安装中心距 $a = 112.5\ \mathrm{mm}$。试求丢失的小齿轮的齿数、模数、分度圆直径、齿顶圆直径、齿根圆直径。

6-2　现有一对标准直齿圆柱外齿轮。已知模数 $m = 2.5\ \mathrm{mm}$，齿数 $z_1 = 23, z_2 = 57$，求传动比、分度圆直径、齿顶圆直径、齿根圆直径、基圆直径、中心距，分度圆上的齿距、齿厚、齿槽宽，渐开线在分度圆处的曲率半径和齿顶圆处的压力角。

6-3　用范成法加工齿数 $z = 12$ 的正常齿制直齿圆柱齿轮时，为了不产生根切，其最小变位系数为多少？若选取的变位系数小于或大于此值，会对齿轮的分度圆齿厚和齿顶齿厚产生什么影响？

6-4　测得一直齿圆锥齿轮（$\Sigma = 90^\circ$）传动的 $z_1 = 18, z_2 = 54, d_{a1} = 58.7\ \mathrm{mm}$，试计算分锥角 $\delta_1 \setminus \delta_2$，大端模数 m，分度圆直径 d_1, d_2，锥距 R 及顶锥角 δ_a。

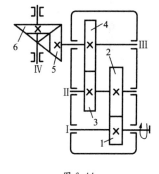

图 6-44

6-5　图 6-44 所示为两级斜齿圆柱齿轮减速器和一对开式锥齿轮所组成的传动系统。已知：动力由 I 轴输入，转动方向如图所示。为使 II 轴和 III 轴上的轴向力尽可能小，试确定减速器中各斜齿轮轮齿的旋向。

6-6　一对标准斜齿圆柱齿轮传动，已知 $z_1 = 25$，$z_2 = 75, m_n = 5\ \mathrm{mm}, \alpha = 20^\circ, \beta = 9^\circ 6' 51''$。（a）试计算该对齿轮传动的中心距 a；（b）若要将中心距改为 $255\ \mathrm{mm}$，而齿数和模数不变，则应将 β 改为多少才可满足要求？

6-7　已知一对直齿圆锥齿轮传动，模数 $m = 4\ \mathrm{mm}$，齿数 $z_1 = 20, z_2 = 40$，齿宽 $b = 25\ \mathrm{mm}$，小锥齿轮上的功率 $P = 2\ \mathrm{kW}$，转速 $n = 250\ \mathrm{r/min}$，试计算作用在轮齿上的各分力大小。

6-8　现有一对由电动机驱动的闭式直齿圆锥齿轮传动（$\Sigma = 90^\circ$），已知小锥齿轮传递功率 $P = 10\ \mathrm{kW}$，转速 $n_1 = 960\ \mathrm{r/min}$，大端模数 $m = 4\ \mathrm{mm}$，齿数 $Z_1 = 24, Z_2 = 96$，齿宽 $b = 60\ \mathrm{mm}$；小锥齿轮悬臂布置，单向运转，载荷中等冲击；小齿轮 45 钢调质，硬度为 $240 \mathrm{HBS}$，大齿轮 45 钢正火，硬度为 $200 \mathrm{HBS}$，试校核齿轮强度。

6-9　实训提高：试设计一用于皮带输送机的减速器中的一对直齿圆柱齿轮。已知传

递的功率 $P=10$ kW,原动机为电动机,其转速 $n_1=960$ r/min,传动比 $i=4$;单向传动,工作平稳;单班制工作,使用寿命10年。

6-10 实训提高:设计一电动机驱动的两级标准斜齿圆柱齿轮减速器的高速级齿轮传动。已知传递功率 $P=4$ kW,主动小齿轮转速 $n_1=960$ r/min,传动比 $i=3$,工作时有中等冲击,单向运转,两班制,使用5年。

第7章 轮 系

导学导读

主要内容:本章介绍了轮系的分类与功用,定轴轮系与周转轮系传动比的计算以及轮系的应用。

学习目的与要求:了解轮系的分类与功用;掌握定轴轮系与动轴轮系传动比的计算;会分辨复合轮系中的定轴轮系和动轴轮系;其他内容一般了解。

重点与难点:本章重点是动轴轮系传动比的计算。本章难点是复合轮系分解为简单的定轴轮系和动轴轮系。

§7-1 轮系的类型

由一对齿轮组成的机构是齿轮传动的最简单形式。但在机械中,为了将主动轴的一种转速变换为从动轴的多种转速,或者为了获得很大的传动比,常采用一系列互相啮合的齿轮将主动轴和从动轴连接起来。这样由一系列齿轮组成的传动系统称为轮系。

轮系可分为两种类型:定轴轮系和周转轮系。

如图 7-1 所示的轮系,传动时每个齿轮的几何轴线都是固定的,这种轮系称为定轴轮系。

图 7-2 所示的机构也是一种轮系,由外齿轮 1、2、内齿轮 3 和构件 H 所组成。其中齿轮 1 与构件 H 均可绕固定几何轴线 O_1 转动 ,但齿轮 2 除能绕自身的几何轴线 O_2 转动

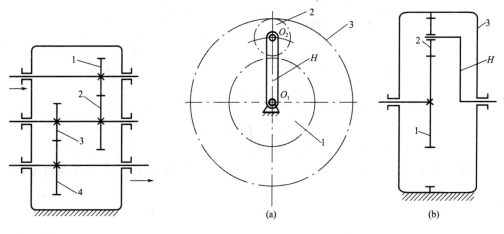

图 7-1　定轴轮系　　　　　　　　　　图 7-2　周转轮系

(自转)外,同时又能随轴线 O_2 绕固定轴线 O_1 转动(公转)。这个轮系与定轴轮系不同之

点是轮系中齿轮 2 的几何轴线 O_2 不固定。这种至少有一个齿轮的几何轴线绕位置固定的另一齿轮的几何轴线转动的轮系,称为周转轮系或动轴轮系。

§7-2　定轴轮系及其传动比

计算轮系的传动比,不仅要确定它的数值大小,而且要确定它的转向,这样才能完全表达从动轮的转速与主动轮的转速之间的关系。

由齿轮相关知识我们知道,一对圆柱齿轮传动,即一对平行轴间齿轮传动的传动比为:

$$i_{12} = \frac{\omega_1}{\omega_2} = \frac{n_1}{n_2} = \pm \frac{z_2}{z_1}$$

外啮合时,从动齿轮 2 与主动齿轮 1 转向相反,规定 i_{12} 取负号,或在图上(图 7-3(a))以反方向的箭头来表示;内啮合时,两轮转向相同,i_{12} 取正号,或在图上以同方的箭头来表示。

在轮系中,首末两轮的角速度比称为该轮系的传动比。若以 1 与 K 分别代表轮系首末两轮的标号,则轮系的传动比

$$i_{1k} = \frac{\omega_1}{\omega_k} = \frac{n_1}{n_k}$$

下面先分析图 7-3(a)所示轮系传动比与各齿轮齿数之间的关系和确定传动比正负的方法,然后从中概括出平行轴间定轴轮系传动比的普通计算公式。

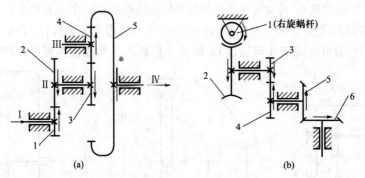

图 7-3　定轴轮系齿轮传动的转动方向

图 7-3(a)所示的定轴轮系中,I 为第一主动轴,IV 为最末从动轴。设 Z_1、Z_2、Z_3、Z_4 及 Z_5 分别为各齿轮的齿数;n_1、n_2、n_3、n_4 及 n_5 分别为各齿轮的转速。轮系中各对齿轮的传动比

$$i = \frac{\omega_1}{\omega_2} = \frac{n_1}{n_2} = -\frac{Z_2}{Z_1}$$

$$i_{34} = \frac{\omega_3}{\omega_4} = \frac{n_3}{n_4} = -\frac{Z_4}{Z_3}$$

$$i_{45} = \frac{\omega_4}{\omega_5} = \frac{n_4}{n_5} = -\frac{Z_5}{Z_4}$$

将以上各式两端分别连乘起来便得

$$i_{15} = i_{12} \cdot i_{34} \cdot i_{45} = \frac{\omega_1}{\omega_2} \cdot \frac{\omega_3}{\omega_4} \cdot \frac{\omega_4}{\omega_5} = \frac{n_1}{n_2} \cdot \frac{n_3}{n_4} \cdot \frac{n_4}{n_5}$$

$$= \left(-\frac{Z_2}{Z_1}\right) \cdot \left(-\frac{Z_4}{Z_3}\right) \cdot \left(\frac{Z_5}{Z_4}\right)$$

$$= (-1)^2 \frac{Z_2 \cdot Z_4 \cdot Z_5}{Z_1 \cdot Z_3 \cdot Z_4} = \frac{Z_2 Z_5}{Z_1 Z_3}$$

由以上分析说明,该定轴轮系的传动比等于组成轮系的各对啮合齿轮传动比的连乘积,也等于各对齿轮传动中的从动齿轮齿数的乘积与主动齿轮齿数的乘积之比。首末两轮转向相同或相反(传动比的正负),取决于齿轮外啮合的次数。

轮系传动比的正负号还可以在图上根据主动轮与从动轮的转向关系,依次画上箭头来确定。如图 7-3(a)所示的轮系中,齿轮 5 与齿轮 1 转向相同,所以传动比 i_{15} 取正号。

图 7-3(a)所示的轮系中,齿轮 4 同时与齿轮 3 和内齿轮 5 啮合,它即是前一级齿轮传动的从动齿轮,又是后一级的主动齿轮。齿轮 4 的齿数 Z_4 在轮系传动比计算式的分子与分母中同时出现而被约去,所以齿轮 4 的齿数不影响该轮系传动比的大小,但改变齿轮外啮合次数,从而改变传动比的正负号。这种齿轮称为惰轮或介轮。

上述结论可以推广到平行轴间定轴轮系的一般情形。设 1 与 k 分别代表定轴轮系第一主动齿轮(首轮)和最末从动齿轮(末轮)的标号,m 为外啮合齿轮对数。则轮系传动比的普通计算公式为

$$i_{1k} = (-1)^m \frac{Z_2 \cdot Z_4 \cdots Z_k}{Z_1 \cdot Z_3 \cdots Z_{(k-1)}} = \frac{n_1}{n_k} = (-1)^m \frac{\text{所有从动齿轮齿数的乘积}}{\text{所有主动齿轮齿数的乘积}} \qquad (7\text{-}1)$$

必须注意,如果定轴轮系中有圆锥齿轮、圆柱螺旋齿轮或蜗杆等空间齿轮机构,其传动比的大小仍可用式(7-1)来计算。但由于一对空间齿轮的轴线不平行,主动齿轮与从动齿轮之间不存在转向相同或相反的问题,所以不能根据齿轮外啮合的对数来确定轮系首轮与末轮的转向关系,即轮系传动比的正负,各轮的转向必须用画箭头的方法确定,如图 7-3(b)所示。

【例 7-1】 在图 7-4 所示的车床溜板箱进给刻度盘轮系中,运动由齿轮 1 传入,由齿轮 5 传出。各齿轮齿数 $Z_1 = 18$、$Z_2 = 87$、$Z_3 = 28$、$Z_4 = 20$ 及 $Z_5 = 84$,试计算轮系的传动比 i_{15}。

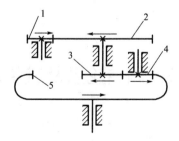

图 7-4 车床溜板箱进给刻度盘轮系

解 由图 7-4 可看出,轮系是定轴轮系,所以按式(7-1)计算传动比

$$i_{15} = \frac{n_1}{n_5} = (-1)^m \frac{Z_2 \cdot Z_4 \cdot Z_5}{Z_1 \cdot Z_3 \cdot Z_4}$$

$$= (-1)^2 \frac{87 \times 84}{18 \times 28} = 14.5$$

因为传动比带正号,所以末轮 5 的转向与首轮 1 的转向相同。首、末两轮的转向关系也可用画箭头的方法确定,如图 7-5 所示。

【**例 7-2**】 在图 7-5 所示的组合机床动力滑台轮系中,运动由电动机传入,由蜗轮 6 传出。电动机转速 $n = 940$ r/min($n = n_1$),各齿轮齿数 $Z_1 = 34$、$Z_2 = 42$、$Z_3 = 21$ 及 $Z_4 = 31$,蜗轮齿数 $Z_6 = 38$,蜗杆头数 $Z_5 = 2$,螺旋线方向为右旋,试确定蜗轮的转速和转向。

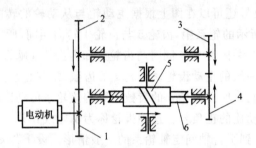

图 7-5 组合机床动力滑台轮系

解 轮系为定轴转系。因轮系中有蜗杆蜗轮空间齿轮机构,所以只能用式(7-1)计算传动比的大小,蜗轮转向须用画箭头的方法确定。

传动比

$$i_{16} = \frac{n_1}{n_6} = \frac{Z_2 Z_4 Z_6}{Z_1 Z_3 Z_5} = \frac{42 \times 31 \times 38}{34 \times 21 \times 2} = 34.64$$

或

$$i_{61} = \frac{n_6}{n_1} = \frac{1}{34.64}$$

于是蜗轮转速 $n_6 = n_1 i_{61}$,代入给定数据,求得蜗轮转速为

$$n_6 = n_1 i_{61} = 940 \times \frac{1}{34.64} = 27.14 \ (\text{r/min})$$

蜗轮的转向如图中箭头所示。

§7-3 周转轮系及其传动比

一、周转轮系的组成

在图 7-2 所示的周转轮系中,外齿轮 1 和内齿轮 3 均可绕固定几何轴线 O_1 转动,在周转轮系中几何轴线固定的齿轮称为中心齿轮或太阳齿轮,齿轮 2 空套在构件 H 上,构件 H 可以绕固定轴线 O_1 转动,这种构件称为转臂或系杆。齿轮 2 既可绕自身几何轴线

O_2 转动,又能绕中心齿轮的固定几何轴线 O_1 转动,就像行星一样,兼作自转和公转,习惯上称这种齿轮为行星齿轮。

在周转轮系中,中心齿轮、行星齿轮和转臂是基本构件。中心齿轮可以全部是外齿轮也可以兼有外齿轮与内齿轮。每个单一的周转轮系,其中心轮的数目不超过二个,行星齿轮至少有一个。为了平衡行星齿轮产生的离心惯性力和减小齿轮作用力,通常采用多个对称分布的行星齿轮,如图 7-6 所示。

根据平面自由度的计算公式(1-1)可求得图 7-7(a)轮系的自由度为:

$$F = 3n - 2P_L - P_H = 3 \times 3 - 2 \times 3 - 2 = 1$$

具有一个自由度的周转轮系,称为行星轮系。图 7-7(b)轮系的自由度为:

$$F = 3n - 2P_L - P_H = 3 \times 4 - 2 \times 4 - 2 = 2$$

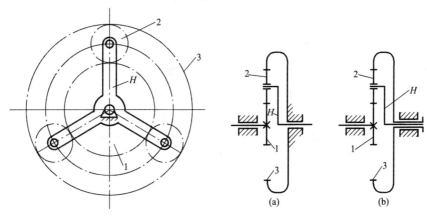

图 7-6 对称分布的行星齿轮   图 7-7 行星轮系

具有两个自由度的周转轮系,称为差动轮系,对于差动轮系必须有两个活动件的运动是确定的,整个差动轮系的运动才能确定。

二、行星轮系传动比的计算

因为行星轮系中行星轮的运动不是绕固定轴线的简单转动,所以其传动比不能直接用求解定轴轮系传动比的方法来计算。但是,如果能使转臂变为固定不动,并保持行星轮系中各个构件之间的相对运动不变,则行星轮系就转化成为一个假想的定轴轮系,便可由式(7-1)得出该假想定轴轮系传动比的计算式,从而求出行星轮系的传动比。

在图 7-8 所示的行星轮系中,设 n_H 为转臂 H 的转速。根据相对运动原理,当给整个轮系加上一个大小为 n_H,而方向与 n_H 相反的公共转速($-n_H$)后,转臂 H 便静止不动,而各构件间的相对运动并不改变,这样,所有齿轮的几何轴线的位置相对转臂全部固定,原来的行星轮系便成了以转臂为参照物的定轴轮系(图 7-9),这一定轴轮系称为原来行星轮系的转化轮系。

现将各构件转化前后的转速列表如下:

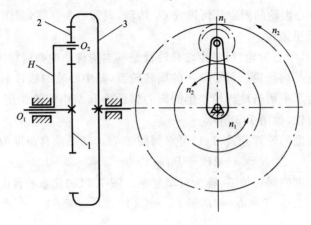

图 7-8　转化前的行星轮系

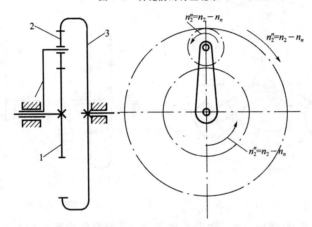

图 7-9　转化后的行星轮系

构　件	原来的转速	转化轮系中的转速
1	n_1	$n_1^H = n_1 - n_H$
2	n_2	$n_2^H = n_2 - n_H$
3	n_3	$n_3^H = n_3 - n_H$
H	n_H	$n_H^H = n_H - n_H$

转化轮系各构件的转速 n_1^H、n_2^H、n_3^H 及 n_H^H 的右上方都带有角标 H，表示这些转速是各构件对转臂 H 的相对转速。

既然行星轮系的转化轮系是一个定轴轮系，就可应用求解定轴轮系传动比的方法，求出其中任意两个齿轮的传动比来。

根据传动比定义，转化轮系中齿轮 1 与齿轮 3 的传动比 i_{13}^H 为

$$i_{13}^H = \frac{n_1^H}{n_3^H} = \frac{n_1 - n_H}{n_3 - n_H}$$

由定轴转系传动比的计算式(7-1)又可得

$$i_{13}^H = (-1)^1 \frac{Z_2 Z_3}{Z_1 Z_2} = -\frac{Z_3}{Z_1}$$

故

$$\frac{n_1 - n_H}{n_3 - n_H} = -\frac{Z_3}{Z_1}$$

等式右边的"-"号表示轮 1 与轮 3 在转化轮系中的转向相反。

上式为该行星轮系三个构件与轮系中有关齿轮齿数及外啮合次数间的关系。在 n_1、n_3 及 n_H 三个转速中必须已知两个才能求出第三个。当各构件的转速确定以后,所需求的传动比便可以完全确定。

现将以上分析推广到一般情形。设 n_G 和 n_K 为行星轮系中任意两个齿轮 G 和 K 的转速,它们与转臂的转速 n_H 之间的关系应为

$$\frac{n_G - n_H}{n_K - n_H} = (-1)^m \frac{\text{从齿轮 } G \text{ 至 } K \text{ 间所有从动轮齿数的乘积}}{\text{从齿轮 } G \text{ 至 } K \text{ 间所有主动轮齿数的乘积}} \tag{7-2}$$

式中 m 为齿轮 G 至 K 间外啮合的次数。

应用上式时,取 G 为主动件,K 为从动件,中间各轮的主从地位应按这一假定去判别。

应当指出,只有两轴平行时,两轴转速才能代数相加,因此式(7-2)只适用于齿轮 G、K 和转臂 H 的轴线互相平行的场合。

还应注意,将已知转速的数值代入上式求解未知转速时,必须注意数值的正负号。在假定某一方向的转动为正以后,其相反方向的转动必须在数值之前冠负号,必须将转速值的大小连同它的符号一同代入式(7-2)进行计算。

【例 7-3】 在图 7-8 所示的行星轮系中,各齿轮的齿数 $Z_1 = 32$,$Z_2 = 16$,$Z_3 = 64$,试计算:

1. 当齿轮 1 逆时针方向转一转、齿轮 3 顺时针方向转一转时,求传动比 i_{1H}、转臂转速和齿轮 2 的转数。

2. 当齿轮顺时针方向转 2 转、转臂 H 逆时针方向转一转时,求齿轮 3 的转数。

3. 当齿轮 1 固定,转臂顺时针方向转 1 转时,求齿轮 3 的转数。

解 当 $n_1 = -1$,$n_3 = 1$,求 n_H、i_{1H} 及 n_2

(1)求 n_H

将式(7-2)$\dfrac{n_1 - n_H}{n_3 - n_H} = -\dfrac{Z_3}{Z_1}$ 改写为

$$n_H = \frac{Z_1 n_1 + Z_3 n_3}{Z_1 + Z_3}$$

代入给定数据得:

$$n_H = \frac{Z_1 n_1 + Z_3 n_3}{Z_1 + Z_3} = \frac{32 \times (-1) + 64 \times 1}{32 + 64} = \frac{1}{3} (\text{转})$$

转臂转向为顺时针方向。

(2)求 i_{1H}

$$i_{1H} = \frac{n_1}{n_H} = \frac{-1}{\dfrac{1}{3}} = -3$$

上面结果说明齿轮 1 与转臂转向相反。

(3) 求 n_3

根据式(7-2)写出方程组：

$$\left.\begin{aligned} \frac{n_1-n_H}{n_2-n_H}&=-\frac{Z_2}{Z_1} \\ \frac{n_2-n_H}{n_3-n_H}&=\frac{Z_3}{Z_2} \end{aligned}\right\}$$

由上述方程中的任一方程式均可求得行星齿轮 2 的转速 n_2。

由第一个方程得

$$n_2=-\frac{Z_1}{Z_2}(n_1-n_H)+n_H$$

$$=-\frac{32}{16}\left(-1-\frac{1}{3}\right)+\frac{1}{3}=3(转)$$

由第二个方程可以得到相同的结果。

2. 当 $n_1=2,n_H=-1$ 时,求 n_3

由式(7-2)得：

$$n_3=n_H-\frac{Z_1}{Z_3}(n_1-n_H)$$

$$=-1-\frac{32}{64}[2-(-1)]=-2\frac{1}{2}(转)$$

3. 当 $n_l=0,n_H=1$ 求 n_3

$$n_3=n_H-\frac{Z_1}{Z_3}(n_1-n_H)$$

$$=1-\frac{32}{64}(0-1)=1\frac{1}{2}(转)$$

【例 7-4】 在图 7-10 所示滚齿机差动轮系中,四个锥齿轮的齿数相等。分齿运动由齿轮 1 传入,附加运动由转臂 H 传入,合成运动由齿轮 3 传出。若已知 $n_1=-1$ 转, $n_H=1$ 转,试求转数 n_3 和传动比 i_{13}^H。

解 由公式(7-2)求得

$$i_{13}^H=\frac{n_1-n_H}{n_3-n_H}=-\frac{Z_3}{Z_1}=-1$$

整理得；

$$n_3=2n_H-n_1$$

代入给定数据,求得

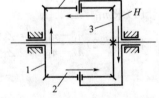

图 7-10 滚齿机差动轮系

$$n_3=2n_H-n_1=2\times1-(-1)=3(转)$$

【例 7-5】 图 7-11 为某车床尾架传动简图。尾架顶尖有两种移动速度,在一般情况下,齿轮 1 与 4 啮合,尾架顶尖可作快速移动。钻孔时脱开齿轮 1 与 4,使齿轮 1 与行星齿轮 2、2′ 啮合(图中所示啮合位置),组成行星轮系。已知轮系中各齿轮齿数 $Z_1=17$, $Z_3=51$,试确定手轮与丝杠的转速关系。

解 齿轮 4 与丝杠转速相同,由式(7-2)得：

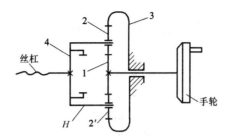

图 7-11　车床尾架传动简图

$$n_H = \frac{Z_1 n_1 + Z_3 n_3}{Z_1 + Z_3}$$

代入给定数据得

$$n_H = \frac{17 \times n_1}{17 + 51} = \frac{1}{4} n_1$$

式中 n_H 等于丝杠转速，n_1 等于手轮转速。丝杠转速为手轮转速的四分之一，于是达到了钻头慢速移动的目的。

§7-4　混合轮系及其传动比

在机械中，除了广泛采用定轴轮系和行星轮系外，还经常采用定轴轮系和行星轮系或由几个单一的行星轮系组成的混合轮系。图 7-12 表示一混合轮系，在该轮系中，齿轮 1 与 2 组成定轴轮系，齿轮 3、4、5 与转臂 H 组成行星轮系。

在计算混合轮系传动比时，既不能将整个轮系作为定轴轮系来处理，也不能采用转化轮系的方法计算整个轮系的方法计算整个轮系的传动比。因为转化后，原来的一个行星轮系虽可以转化为定轴轮系，但同时却将原来的定轴轮系转化成行星轮系，即使是几个单一的行星轮系的组合，也因它们各自的转臂的转速不同，而无法转化成一个定轴轮系。因此，混合轮系传动比的计算，首先必须将其各基本轮系区分开来，然后分别列出各基本轮系计算传动比的方程，最后联立求解出所要求的传动比。

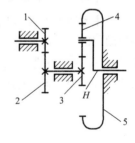

图 7-12　混合轮系

在混合轮系中正确区分各基本轮系的关键是根据基本行星轮系特征，先找出行星齿轮，再找出转臂；而几何轴线与转臂的回转轴线重合的定轴齿轮就必然是中心齿轮。区分出各个行星轮系以后，剩下的就是定轴轮系了。

【例 7-6】　在图 7-12 所示的轮系中各齿轮齿数 $Z_1 = 20$，$Z_2 = 40$，$Z_3 = 20$，$Z_4 = 30$，$Z_5 = 80$，试计算传动比 i_{1H}。

解　首先将轮系划分为两个基本轮系，齿轮 1 和 2 组成定轴轮系，齿轮 3、4、5 和转臂 H 组成行星轮系，然后计算各基本轮系的传动比。

$$i_{12} = \frac{n_1}{n_2} = -\frac{Z_2}{Z_1} = -\frac{40}{20} = -2$$

或

$$n_1 = -2n_2$$

行星轮系的传动比为：

$$i_{35}^{\text{H}} = \frac{n_3 - n_{\text{H}}}{n_5 - n_{\text{H}}} = -\frac{Z_5}{Z_3}$$

代入给定数据后得：

$$\frac{n_3 - n_{\text{H}}}{0 - n_{\text{H}}} = -\frac{80}{20}$$

或

$$n_3 = n_2 = 5n_{\text{H}}$$

联立(a)和(b)两式得

$$n_1 = -10n_{\text{H}}$$

$$i_{1\text{H}} = \frac{n_1}{n_{\text{H}}} = -10$$

§7-5　轮系的应用

轮系广泛应用于各种机械中，它主要用于以下几个方面。

一、实现相距较远的两轴间的运动和动力的传递

当主动轴和从动轴间的中心距离较远，而又必须采用齿轮传动时，如果只用一对齿轮来传动，如图 7-13 中单点划线所示的情况，很明显，齿轮尺寸很大，既增大机器结构尺寸，浪费材料，又给制造、安装等方面带来不便。若改用轮系来传动，如图 7-13 中双点划线所示的情况，便能避免上述缺点。

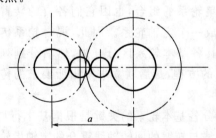

图 7-13　相距较远的两轴传动

二、实现变速传动

在许多机械中，需要从动轴获得若干种工作转速。例如，车床主轴就需要若干种转速以满足不同切削速度的要求；汽车需要变速箱来变换车速等。图 7-14 为汽车变速箱的传动系统图，运动从轴 I 传入，从轴 III 传出。齿轮 1、3、5 和 6 固定在轴上。齿轮 2 与 4 为双联齿轮，可以在轴 I 上滑动，能分别与齿轮 1 与 3 啮合，从而使轴 III 得到不同的转速。

三、获得大的传动比

当两轴之间需要很大的传动比时,固然可以用多级齿轮组成定轴轮系来实现,但由于轴和齿轮的增多,会导致结构复杂。若采用行星轮系,则只需要很少几个齿轮,就可获得很大的传动比。例如图 7-15 所示行星轮系,当 $Z_1=100,Z_2=101,Z_3=99$ 时,其传动比 i_{1H} 可达 10 000。其计算如下:

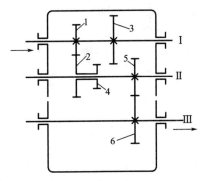

图 7-14 变速箱传动系统图

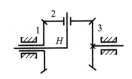

图 7-15 大传动比行星轮系

由式(7-2)得:

$$\frac{n_1-n_H}{n_3-n_H}=(-1)^2\frac{Z_2Z_3}{Z_1Z_2'}$$

代入已知数据得:

$$\frac{n_1-n_H}{0-n_H}=\frac{101\times99}{100\times100}$$

解得

$$i_{1H}=\frac{1}{10\ 000}$$

或

$$i_{1H}=10\ 000$$

四、合成运动和分解运动

最简单的用作合成运动的轮系如图 7-16 所示,其中 $Z_1=Z_3$。由式(7-2)得:

$$\frac{n_1-n_H}{n_3-n_H}=-\frac{Z_3}{Z_1}=-1$$

解得

$$2n_H=n_1+n_3$$

这种轮系可用作加减法机构。当由齿轮 1 及齿轮 3 的轴分别输入被加数和加数的相应转角时,转臂的转角之两倍就是它们的和。这种合成作用在机床、计算机构和补偿装置中得到广泛的应用。

图 7-17 所示汽车后桥差速器可作为差动轮系分解运动的实例。当汽车拐弯时,它能将发动机传动齿轮 5 的运动,以不同转速

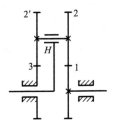

图 7-16 加法机构

分别传递给左右车轮。

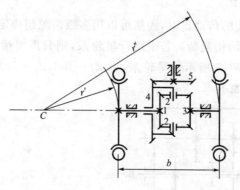

图 7-17　汽车后桥差速器

当汽车在平坦道路上直线行驶时,左右两车轮所滚过的距离相等,所以转速也相同。这时齿轮 1、2、3 和 4 如同一个固联的整体,一起转动。当汽车向左拐弯时,为使车轮和地面间不发生滑动以减少轮胎的磨损,就要求右轮比左轮转得快些。这时齿轮 1 和齿轮 3 之间便发生相对转动,齿轮 2 除随齿轮 4 绕后车轮轴线公转外,还绕自己的轴线自转,由齿轮 1、2、3 和 4(即转臂 H)组成的差动轮系便发挥作用。这个差动轮系和图 7-16 的机构完全相同,故有

$$2n_4 = n_1 + n_3$$

又由图 7-17 可见,当车身绕瞬时回转中心 C 转动时,左右两轮走过的弧长与它们至 C 点的距离成正比,即:

$$\frac{n_1}{n_3} = \frac{r'}{r''} = \frac{r'}{r' + b}$$

当发动机传递的转速 n_4、轮距 b 和 r' 为已知时,即可由以上两式算出左右两轮的转速 n_1 和 n_3。

差动轮系可分解运动这一作用,在汽车、飞机等动力传动中,得到广泛应用。

思考题

7-1　惰轮有什么特点?什么时候采用惰轮?

7-2　如何计算行星轮系的传动比?何谓"转化轮系"i_{GK}^H 是不是行星轮系中 G、K 两轮的传动比?如果 i_{GK}^H 为负值是否说明 G、K 两轮的转向相反?

7-3　怎样把一个混合轮系分解为行星轮系和定轴轮系?

习　题

7-1　在图 7-18 所示的轮系中,设已知各齿轮齿数 $Z_1 = 20$,$Z_2 = 40$,$Z_3 = 15$,$Z_4 =$

$60,Z_5=18,Z_6=18,Z_9=20$，齿轮 9 的模数 $m=3$ mm，蜗杆（左旋）头数 $Z_7=1$，蜗轮齿数 $Z_8=40$，齿轮 1 的转向如箭头所示，转速 $n_1=100$ r/min。试求齿条 10 的速度和移动方向。

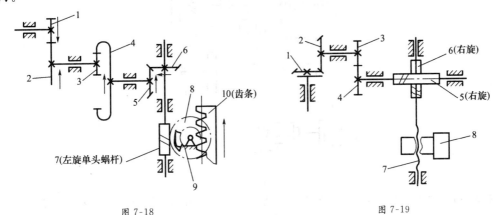

图 7-18   图 7-19

7-2 在图 7-19 所示的轮系中，设已知各齿轮齿数 $Z_1=20,Z_2=30,Z_3=20,Z_4=24$，$Z_5=20,Z_6=40$，丝杆（右旋）的螺距 $t=3$ mm。试求当齿轮 1 转一周时螺母 8 的移动距离和移动方向。

7-3 在图 7-20 所示滚齿机工作台的传动系统中，设已知各齿轮齿数 $Z_1=15,Z_2=28,Z_3=15,Z_4=35$，被切削的齿轮齿数为 64，分度蜗杆（右旋）8 的头数 $Z_8=1$，分度蜗轮 9 的齿数 $Z_9=40$。试求传动比 i_{75}。

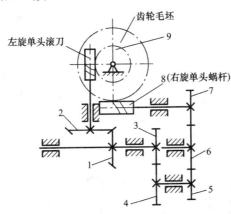

图 7-20

7-4 在图 7-21 所示传动系统中，设已知各齿轮 $Z_1=26,Z_2=51,Z_3=42,Z_4=29$，$Z_5=49,Z_6=43,Z_7=56,Z_8=36,Z_9=30,Z_{10}=90$，电动机转速 $n_1=1450$ r/min，小皮带轮直径 $D_1=100$ mm，大皮带轮直径 $D_2=200$ mm。试求当轴Ⅲ上的三联齿轮分别与轴Ⅰ上的三个齿轮啮合时，轴Ⅳ的三种转速。

7-5 在图 7-22 所示行星减速器中，设已知各齿轮齿数 $Z_1=105,Z_3=130$，齿轮 1 转速 $n_1=2400$ r/min，试求转臂 H 的转速 n_H。

7-6 在图 7-23 所示轮系中，设已知各齿轮齿数 $Z_1=Z_3,Z_2=Z_2'$，$n_H=50$ r/min（顺

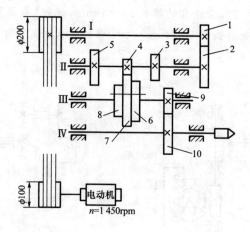

图 7-21

时针转动)。试求:(1)$n_1 = 0$,n_2 为多少? (2)$n_3 = 200$ r/min(逆时针转动),n_3 为多少?

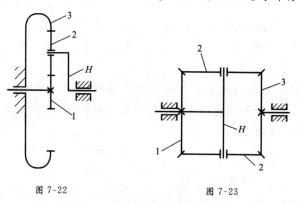

图 7-22   图 7-23

7-7   在图 7-24 所示轮系中,设已知各齿轮齿数 $Z_1 = 15$,$Z_2 = 25$,$Z_3 = 20$,$Z_4 = 60$,$n_1 = 200$ r/min(顺时针转动)。$n_4 = 50$ r/min(顺时针转动)试求转臂转速 n_H。

7-8   在图 7-25 所示的轮系中,设已知 $n_1 = 3549$ r/min(顺时针转动),各齿轮齿数 $Z_1 = 36$,$Z_2 = 60$,$Z_3 = 23$,$Z_4 = 49$,$Z_5 = 69$,$Z_6 = 31$,$Z_7 = 131$,$Z_8 = 94$,$Z_9 = 36$,$Z_{10} = 167$,试求转臂转速 n_H。

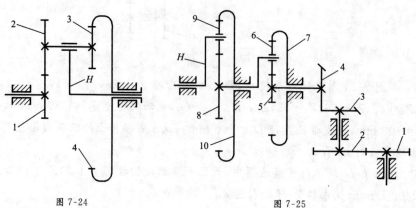

图 7-24   图 7-25

第8章 间歇运动机构

导学导读

主要内容:本章主要介绍棘轮机构、槽轮机构、不完全齿轮机构和凸轮式间歇运动机构的工作原理、类型、结构和应用。

学习目的与要求:了解棘轮机构、槽轮机构、不完全齿轮机构和凸轮式间歇运动机构的组成、工作原理、类型、特点和应用。

重点:棘轮机构、槽轮机构的工作原理。

在机器和仪表中,除了前几章所介绍的机构之外,还有很多其他机构。本章将介绍常用的棘轮机构和槽轮机构。

§8-1 棘轮机构

一、棘轮机构的工作原理、类型和特点

1. 棘轮机构的工作原理

如图8-1所示,棘轮机构主要由棘轮1、棘爪2和机架组成。棘轮通常带有单向棘齿,以键与输出轴相连接。棘爪2铰接于摇杆3上,摇杆可绕棘轮轴自由摆动。当摇杆逆时针方向摆动时,棘爪在棘轮齿顶上滑过,棘轮不动;当摇杆顺时针方向摆动时,棘爪插入棘齿间推动棘轮转过一定角度。随着摆杆的往复摆动,棘轮作单方向的间歇运动。图中的棘爪4,用以防止棘轮反转和起定位作用。为了工作可靠,棘爪2和4上装有扭簧5,使棘爪贴紧在棘轮轮齿上。

2. 棘轮机构的类型和特点

按传动力的方式,常用棘轮机构可分为棘齿式和摩擦式两大类:

(1)棘齿式棘轮机构

①单动式棘轮机构(图8-1) 其特点是摇杆向一个方向摆动时,棘轮沿同方向转过一个角度;而摇杆反向摆动时,棘轮静止不动。

②双动式棘轮机构(图8-2) 其特点是摇杆往复摆动时都能使棘轮沿单一方向转动。

以上两种机构的棘轮均采用锯齿形齿。

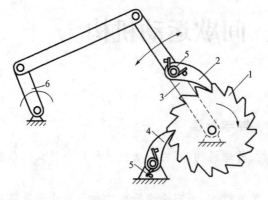

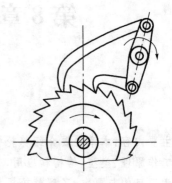

图 8-1　棘轮机构　　　　　　　　　　　　图 8-2　双动式棘轮机构

③可变向棘轮机构　这种机构的棘轮采用矩形齿,如图 8-3 所示,其特点是当棘爪在实线位置时,主动件将使棘轮沿逆时针方向间歇运动;而当棘爪翻转到虚线位置时,主动件将使棘轮沿顺时针方向间歇运动。图 8-4 所示为另一可变向棘轮机构。当棘爪 1 在图示位置时,棘轮 2 将沿逆时针方向做间歇运动。若棘爪提起并绕本身轴线转 180°后再插入棘轮齿中,则可实现顺时针方向的间歇运动。若将棘爪提起并绕本身轴线转 90°后放下。架在壳体顶部的平台上,使轮与爪脱开,则当棘爪往复摆动时,棘轮静止不动。这种棘轮机构常用在牛头刨床工作台的进给装置中。

(2)摩擦式棘轮机构

上述棘齿式棘轮机构棘轮每动一次转角都是不变的,其大小都是相邻两齿所夹中心角的整数倍,也就是说,棘轮的转角是有级性改变的。如果要实现无级性改变,就需要采用无棘齿的棘轮(图 8-5)。这种机构是通过棘爪 1 与棘轮 2 之间的摩擦力来传递运动的(3 为制动棘爪),故又称为摩擦式棘轮机构。这种机构在传动过程中很少发生噪声,但其接触表面端容易发生滑动。为了增加摩擦力,一般将轮做成槽形。

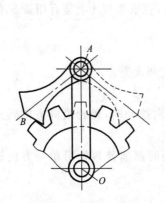

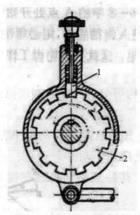

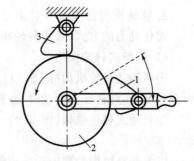

图 8-3　可变向棘轮机构　　　　图 8-4　可变向棘轮机构　　　　图 8-5　摩擦式棘轮机构

棘轮机构除了常用于实现间歇运动外,还能实现超越运动。如图 8-6 所示自行车后轮轴上的棘轮机构。当脚蹬踏板时,经链轮 1 和链条 2 带动内圈具有棘齿的链 3 顺时针方向转动,再通过棘爪 4 的作用,使后轮轴 5 顺时针转动,从而驱动自行车前进。当自行车前进时如果令踏板不动,后轮轴 5 便会超越链轮 3 而转动,让棘爪 4 在棘轮齿背上滑过,从而实现不蹬踏板的自由滑行。

总的来说,棘轮机构的特点是结构简单,转角大小改变较方便。但它传递的动力不大,且传动的平稳性差,因此只适用于转速不高,转角不大的场合。

在棘轮机构中,调节棘轮转角大小的方法有两种:其一是变更摇杆的摆角。如图 8-1 所示,改变曲柄 6 的长度可改变摇杆的摆角。其二是摇杆的摆角大小不变,而在棘轮上加一遮板,如图 8-7 所示。变更遮板的位置即可使棘爪行程的一部分在遮板上滑过,不与棘轮的齿接触,从而改变了棘轮转角的大小。

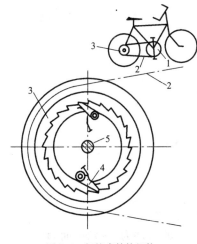
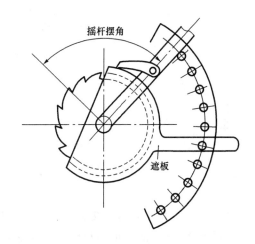

图 8-6　超越式棘轮机构　　　　　　　　图 8-7　加遮板的棘轮

二、棘轮机构的运动设计

1. 棘轮与棘爪轴心位置的确定

棘轮在工作时受到棘爪推力的作用,同时,棘爪也受到棘轮的反作用力的作用。由于棘爪可以看成二力构件,则棘爪给棘轮的推力,其作用线应通过棘爪轴心 O_2,如图 8-8 所示,直线 O_2A 即为其作用线。为了使棘爪在相同的推力作用下,棘轮获得最大的力矩,或使棘轮产生相同的力矩下,棘爪给予的推力为最小,则应使推力的作用线 O_2A 尽量垂直于棘轮轴心 O_1 与 A 点的连线 O_1A,即 $\angle O_2AO_1 = 90°$。

2. 棘轮轮齿的偏斜角 α

设棘爪和棘轮齿面(工作面)在图 8-8 中的 A 点处开始接触,则棘爪上受到法向反力 F_N 和摩擦力 F 的作用。欲使棘爪顺利地进入齿槽底部,则必须使法向反力 N 对棘爪轴心 O_2 的力矩,大于摩擦力 F 对棘爪轴心 O_2 的力矩。这就要求轮齿工作面相对棘轮半径朝齿体内偏斜一个角度 α,α 称为棘齿偏斜角。

α 角的大小可从下列关系中求得:

$$Nl\sin\alpha > Fl\cos\alpha$$

或

$$\tan\alpha > \frac{F}{N}$$

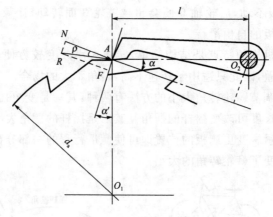

图 8-8　棘爪受力分析

因为

$$F = Nf = N\tan\rho$$

所以

$$\tan\alpha > \frac{F}{N} = \frac{N\tan\rho}{N} = \tan\rho$$

即

$$\alpha > \rho \qquad\qquad\qquad (8\text{-}1)$$

式中 f 和 ρ 分别为棘爪与棘齿接触面间摩擦系数和摩擦角。

由上面分析可知,使棘爪顺利地进入棘轮齿槽底部的条件为:棘轮齿面偏斜角 α 必须大于棘轮接触面处的摩擦角 ρ。当 $f = 0.2$ 时,$\rho = \arctan 0.2 = 11°\ 19'$,故一般取棘轮齿面偏斜角 $\alpha = 15° \sim 20°$。

三、棘轮机构的主要参数及几何尺寸计算

1. 棘轮的齿数 Z

棘轮的齿数 Z 是根据工作要求选定的。对于一般棘轮机构,棘爪每次至少要拨动棘轮转过一个齿,棘爪的转角应大于棘轮的齿距角 $2\pi/Z$。因此可根据所要求的棘轮最小转角来确定棘轮的齿数。

对于载荷较轻的进给机构,其齿数可取 $Z \leqslant 250$,对重载通常取 $Z = 6 \sim 30$。

2. 齿距和模数

棘轮齿顶圆上相邻对应点间的弧长称为齿距,用 p 表示。齿顶圆直径 d_a、齿距 p 和齿数 Z 有如下关系:

$$\pi d_a = zp, \quad d_a = \frac{p}{\pi}Z, \quad \text{令}\ m = \frac{p}{\pi}, \text{称为模数,则}$$

$$d_a = mZ \qquad\qquad\qquad (8\text{-}2)$$

棘轮的模数 m 是反映棘齿尺寸大小的一个重要参数,模数的标准值见表 8-1,其单位为 mm。

3. 尺寸计算

棘轮的齿数 z 和模数 m 确定后,其他几何尺寸(参阅图 8-9),可根据齿数 Z 和模数 m 按表 8-1 中公式计算。

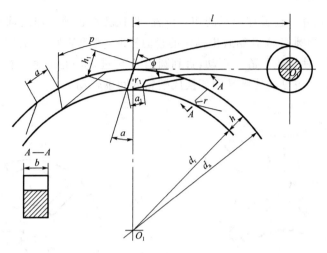

图 8-9　棘轮机构的几何尺寸

表 8-1　　　　　　　　　　　棘轮机构的几何尺寸计算

名　称	符号	计　算
模数	m	主要根据经验确定,常用模数 1　1.25　1.5　2　3　4　5　6　8　10 12　14　16　18　20　22　24　26　30
顶圆直径	d_a	$d_a = mZ$
齿高	h	$h = 0.75$ mm
根圆直径	d_f	$d_f = d_a - 2h$
齿距	p	$p = \pi m$
齿顶厚	a	$a = m$
齿宽	b	$(1 \sim 4)m$
棘轮齿槽圆角半径	r	$r = 1.5$
齿槽夹角	ψ	$\psi = 60°$ 或 $55°$(根据铣刀角度而定)
棘爪高度	h_1	当 $m \leqslant 2.5$ 时,$h_1 = h + (2 \sim 3)$ 当 $m = 3 \sim 5$ 时,$h_1 = (1.2 \sim 1.7)m$ 当 $m = 6 \sim 14$ 时,$h_1 = m$
棘爪长度	l	通常取 $l = 2p$
棘爪尖顶圆角半径	r_1	$r_1 = 2$
棘爪底平面长度	a_1	$a_1 = (0.8 \sim 1)m$

§8-2　槽轮机构

一、槽轮机构的工作原理、类型和特点

1. 槽轮机构的工作原理

槽轮机构又称为马尔他机构,如图 8-10 所示。它是由带圆销的拨盘 1(或曲柄)、具有径向槽的槽轮 2 和机架组成的。当拨盘上的圆销 A 未进入槽轮的径向槽时,槽轮的内凹锁住弧 efg 被拨盘的外凸锁住弧 abc 卡住,所以槽轮静止不动。当圆销 A 开始进入槽

轮的径向槽时内、外锁住弧在图示的相对位置,此时已不起锁住作用,圆销 A 驱使槽轮沿相反方向转动。当圆销 A 开始脱出槽轮的径向槽时,槽轮的另一内凹锁住弧又被拨盘的外凸锁住弧卡住,使槽轮又静止不动,直到圆销 A 再进入槽轮的另一径向槽时,又重复以上循环。这样就将拨盘的连续转动变换成槽轮的间歇转动。

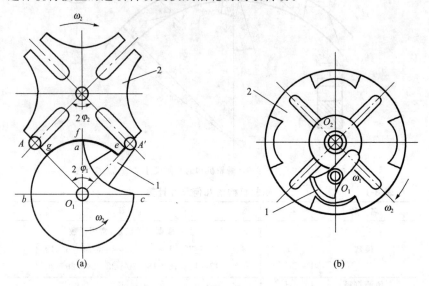

图 8-10　槽轮机构

2.槽轮机构的类型和特点

槽轮机构有两种类型:一种是外啮合槽轮机构,如图 8-10(a)所示,其主动件 1 与槽轮 2 的转向相反;另一种是内啮合槽轮机构,如图 8-10(b)所示,其主动件 1 与槽轮 2 转向相同。一般常用的为外啮合槽轮机构。

槽轮机构结构简单、制造方便,但不能像棘轮机构那样可改变转动角度的大小,所以一般多用在要求间歇地转过一定角度的装置中。

槽轮机构广泛地应用于各种自动机械中。图 8-11 所示为六角车床的刀架转位机构。为了能按照零件加工工艺的要求自动改变需要的刀具,采用了槽轮机构,与槽轮固联的刀架上需装六种刀具,所以槽轮 2 上开有六个径向槽,拨盘 1 上装有一个圆销 A,每当拨盘转动一周,圆销 A 进入槽轮一次,驱使槽轮 2 转过 60°,刀具也随着转过 60°,从而将下一工序的刀具转换到工作位置。

图 8-12 所示为一电影放映机的卷片机构。为了适应人眼的视觉暂留现象,要求影片作间歇运动,它也采用了槽轮机构。

当需要槽轮停歇时间短,机构空间尺寸小和要求主动件、从动件回转方向相同时,可采用内啮合槽轮机构。

二、槽轮机构的主要参数

图 8-10(a)所示的槽轮机构,为了避免槽轮在开始转动和停止转动时发生刚性冲击,就应使圆销在进槽和出槽时的瞬时速度的方向沿着槽轮径向槽中心线,因此,必须使 $O_1A\perp O_2A$,$O_1A'\perp O_2A'$,由此可得圆销从进槽到出槽拨盘所转过的角度 $2\varphi_1$ 与槽轮相应

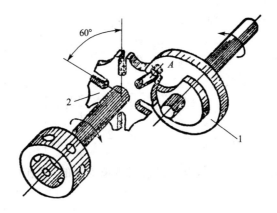

图 8-11　刀架转为机构

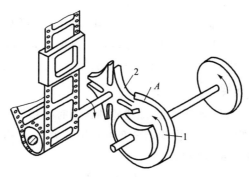

图 8-12　卷片机构

转过的角度 $2\varphi_2$ 的关系为

$$2\varphi_1 + 2\varphi_2 = \pi$$

设均匀分布的径向槽数为 Z,则

$$2\varphi_2 = \frac{2\pi}{Z}$$

由上两式可得

$$2\varphi_1 = \pi - 2\varphi_2 = \pi - \frac{2\pi}{Z} \tag{8-3}$$

在单圆销的槽轮机构中,拨盘转动一周称为一个运动循环。在一个运动循环内,槽轮的运动时间 t 与拨盘的运动时间 T 之比称为运动系数 t。槽轮静止时间 t' 与拨盘运动时间 T 之比称为静止系数 τ。它们分别说明在拨盘转一周的时间内,槽轮的运动时间和静止时间的百分比。

由于拨盘作等速转动,时间与转角成正比,所以运动系数可用转角之比来表示。对于单圆销轮槽机构,t 和 T 分别对应于拨盘转过的角度为 $2pn$ 和 2π,因此

$$\left.\begin{array}{l} \tau = \dfrac{t}{T} = \dfrac{2\varphi_1}{2\pi} = \dfrac{\pi - \dfrac{2\pi}{Z}}{2\pi} = \dfrac{1}{2} - \dfrac{1}{Z} = \dfrac{Z-2}{2Z} \\[4mm] \tau' = \dfrac{t'}{T} = 1 - \tau = 1 - \dfrac{Z-2}{2Z} = \dfrac{Z+2}{2z} \end{array}\right\} \tag{8-4}$$

设拨盘转速为 n_0(r/min),将

$$T = \frac{60}{n_0}(s)$$

代入上式得:

$$\left.\begin{array}{l} t = \dfrac{Z-2}{2Z}T = \dfrac{Z-2}{Z} \cdot \dfrac{30}{n_0}(s) \\[3mm] t' = \dfrac{Z+2}{2Z} \cdot T = \dfrac{Z+2}{Z} \cdot \dfrac{30}{n_0}(s) \end{array}\right\} \tag{8-5}$$

已知 n_0 和 Z 时可求得 t 和 t',也可以根据最长工序的工艺时间(即 t')和不同槽数 Z 来求拨盘的转速 n_0。

$$n_0 = \frac{Z+2}{Z} \cdot \frac{30}{t'} \tag{8-6}$$

为保证槽轮运动,其运动系数 τ 应大于零。由(式 8-4)可知,运动系数大于零时,槽轮齿数必须等于或大于 3。由理论分析可知,当 $z=3$ 时槽轮的角加速度很大,会引起较大的振动和冲击,所以很少应用,一般取 $Z=4 \sim 8$。

三、圆销数 K 的选择

由式(8-4)可看出,r 总是小于 $1/2$,即槽轮的运动时间总是小于静止时间。如果要使 $\tau \geqslant 1/2$,可采用多圆销槽轮机构。设均匀分布的圆销数为 K,则槽轮在一个循环中的运动时间为只有一个圆销时的 K 倍,即

$$\tau = \frac{K(Z-2)}{2Z} \tag{8-7}$$

由于运动系数 τ 应当小于 1,即 $\dfrac{K(Z-2)}{2Z} < 1$,所以可得

$$K < \frac{2Z}{Z-2} \tag{8-8}$$

由上式可知当 $Z=3$ 时,圆销数 K 为 $1 \sim 5$;当 $Z=4$ 或 5 时,K 可为 $1 \sim 3$;当 $Z \geqslant 6$ 时,K 可为 $1 \sim 2$。

图 8-13 所示为 $Z=4$ 及 $K=2$ 的外啮合槽轮机构。由于槽轮的径向槽和拨盘上的圆销均系均匀分布,两圆又位于同一圆周上,所以槽轮的运动时间与停歇时间相等,即 $r = 1/2$。

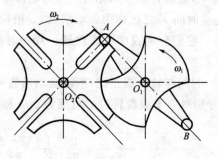

图 8-13 多圆销槽轮机构

四、外啮合槽轮机构的几何尺寸计算

槽轮机构的中心距 a 是根据槽轮机构的应用场合来选定。槽轮的轮槽数 Z 和圆销数 K 是根据具体工作要求，并参考上面分析而确定的。如果已知中心距 a、轮槽数 Z 和圆销数 K，则其他几何尺寸便可相应算出。单圆销外啮合槽轮机构的基本尺寸（图 8-14），可根据表 8-2 中的计算公式求得。

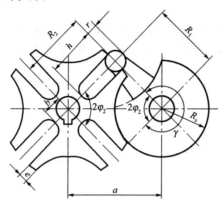

图 8-14　外啮合槽轮机构的基本尺寸

表 8-2　　　　　　　　　　　单圆销外啮合槽轮机构的计算公式

名　称	符　号	计算公式
圆销回转半径	R_1	$R_1 = a\sin\dfrac{\pi}{2}$
圆销半径	r	$r \approx \dfrac{R_1}{6}$
槽轮半径	R_2	$R_2 = a\cos\dfrac{\pi}{2}$
槽底高	b	$b = a - (R_1 + r) - (3\sim5)$
槽深	h	$h = R_z - b$
锁住弧半径	R_x	$R_x = R_1 - r - e$　e 为槽顶一侧壁厚，推荐 $e = (0.6\sim0.8)r$，但 e 必须大于 $3\sim5$ mm，或 $R_x = K_x(2R_2)$，其中 表格如下
锁住弧张开角	γ	$\gamma = 2\pi - 2\varphi_1 = \pi\left(1 + \dfrac{2}{z}\right)$

z	3	4	5	6	8
K_x	0.7	0.35	0.24	0.17	0.10

思考题

8-1　比较棘轮机构和槽轮机构各有什么优缺点？

8-2　内槽轮机构中，$2\varphi_1 = \pi + 2\varphi_2$，试证明：

（1）轮槽数 Z 至少小于 3；

（2）运动系数 t 大于 0.5。

习 题

8-1 已知一棘轮机构,棘轮的模数 $m=12$ mm,齿数 $Z=129$ 试确定机构的几何尺寸。

8-2 已知某六角车床转塔刀架中的外槽轮机构,它的中心距 $a=100$ mm,槽数 $Z=6$,圆销半径 $r=8$ mm,圆销数 $K=1$,试计算该单圆销外槽轮机构的主要几何尺寸。

第9章 连 接

导学导读

主要内容:本章主要讲述轴毂连接的主要类型、结构、工作原理、应用和强度计算。

学习目的与要求:掌握轴毂连接的类型和尺寸的选择方法,并能对平键和花键进行强度校核。

本章重点:平键联结的类型选择和强度计算;花键联结的类型、特点。

在机械制造中,连接是指被连接件与连接件的组合。就机械零件而言,被连接件有轴与轴上零件(如齿轮、飞轮)、轮圈与轮心、箱体与箱盖、焊接零件中的钢板、型钢等。连接件又称紧固件,如螺栓、螺母、销、铆钉等。有些连接则没有专门的紧固件,如靠被连接件本身变形组成的过盈配合连接、利用分子结合力组成的焊接和粘接等。

连接有可拆的和不可拆的。允许多次拆装而无损于使用性能的连接称为可拆连接,如螺纹连接、键连接和销连接。若不损坏零件就不能拆开的连接则称为不可拆连接,如焊接、粘接和铆接,过盈配合连接可以做成可拆的连接也可以做成不可拆的。

为了满足结构、制造、安装及检修等方面的要求,在机器和设备中广泛采用各种连接。因此设计人员必须熟悉各种连接的结构、类型和性能,掌握它们的选用方法和设计计算。

§9-1 螺纹参数

将一倾斜角为 λ 的直线绕在圆柱体上便形成一条螺旋线(图 9-1(a))。取一平面图形(图 9-1(b)),使它沿着螺旋线运动,运动时保持此图形通过圆柱体的轴线,就得到螺纹。

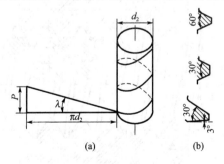

图 9-1 螺旋线的形成

按照平面图形的形状,螺纹分为三角形、梯形和锯齿形等。按照螺旋线的旋向,螺纹分为左旋和右旋。机械制造中一般采用右旋螺纹,有特殊要求时,才采用左旋螺纹。按照端面螺旋线的数目,螺纹还分为单线螺纹和等距排列的多线螺纹(图 9-2)。为了制造方便,螺纹一般不超过四线。螺纹有内螺纹和外螺纹之分,两者旋合组成螺纹副或称螺旋副。按照母体形状,螺纹分为圆柱螺纹和圆锥螺纹。现以圆柱螺纹为例,说明螺纹的主要几何参数(图 9-3)。

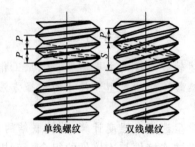

单线螺纹　　双线螺纹

图 9-2　不同线数的右旋螺纹

(1)大径 d　它是与外螺纹牙顶(或内螺纹牙底)相重合的假想圆柱体的直径,是公称直径。

(2)小径 d_1　它是与外螺纹牙底(或内螺纹牙顶)相重合的假想圆柱体的直径。

(3)中径 d_2　它是在螺纹轴向剖面内,螺纹牙厚等于牙间的一个假想圆柱体的直径。

(4)螺距 P　相邻两螺纹牙间对应点之间的轴向距离。

(5)导程 S　螺纹上任一点沿螺旋线旋转一周所移动的轴向距离。单线螺纹 $S=P$,线数为 n 的多线螺纹 $S=nP$。

(6)螺纹升角 λ　在中径 d_2 的圆柱面上螺旋线的切线与垂直于其轴线的平面内的夹角称为螺纹升角。其计算式为

$$\tan\lambda = \frac{nP}{\pi d_2} \qquad (9-1)$$

(7)牙型角 α　轴向剖面内,螺纹牙两侧边的夹角称为牙形角。牙型侧边与螺纹轴线的垂线间的夹角称为牙型斜角 β,对于对称牙型 $\beta = \alpha/2$。

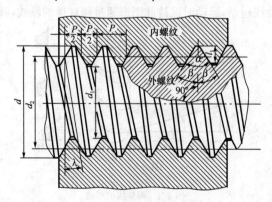

图 9-3　圆柱螺纹的主要几何参数

§9-2 螺旋副的受力分析、效率和自锁

一、矩形螺纹

矩形螺纹的牙型斜角 $\beta=0°$。

在轴向载荷作用下螺旋副相对运动时,可看作推动滑块(重物)沿螺纹运动(图9-4(a))。

将矩形螺纹沿中径 d_2 展开可得一斜面(图9-4(b)),图中 λ 为螺纹升角。设 Q 为轴向载荷,F 为作用于中径处的水平推力,N 为法向反力,fN 为摩擦力,f 为摩擦系数,ρ 为摩擦角。当推动滑块沿斜面等速上升时,摩擦力向下,故总反力 R 与 Q 的夹角为 $\lambda+\rho$。由力的平衡条件可知,R、F 和 Q 三力组成力多边形封闭图(图9-4(b)),由图可得

$$F=Q\tan(\lambda+\rho) \tag{9-2}$$

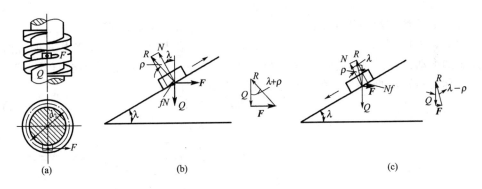

图9-4 矩形螺纹的受力分析

滑块沿斜面等速下滑时,轴向载荷 Q 变为驱动力而 F 变为支持力(图9-4(c))。由力多边形封闭图可得

$$F=Q\tan(\lambda-\rho) \tag{9-3}$$

二、非矩形螺纹

非矩形螺纹是指牙型斜角 $\beta\neq0°$ 的三角形螺纹、梯形螺纹和锯齿形螺纹。

对比图9-5(a)和图9-5(b)可知,若略去升角的影响,在轴向载荷 Q 作用下,非矩形螺纹的法向力比矩形螺纹大。若把法向力的增加看作摩擦系数的增加。则非矩形螺纹的摩擦力可写为

$$\frac{Q}{\cos\beta}f=\frac{f}{\cos\beta}Q=f'Q$$

式中,f' 为当量摩擦系数,即

$$f'=\frac{f}{\cos\beta}=\tan\rho'$$

其中,ρ' 为当量摩擦角;β 为牙型斜角。

因此,将图9-4的 f_N 改为 f_N',ρ 改为 ρ',就可像矩形螺纹那样对非矩形螺纹进行力的分析。

当滑块沿非矩形螺纹等速上升时,可得水平推力

$$F=Q\tan(\lambda+\rho') \tag{9-4}$$

螺纹力矩

$$T=F\frac{d_2}{2}=\frac{Qd_2}{2}\tan(\lambda+\rho') \tag{9-5}$$

螺纹力矩用来克服螺旋副的摩擦阻力和升起重物。

螺纹副的效率是有用功与输入功之比。若按螺旋转动一圈计算,输入功为 $2\pi T$,此时升举滑块(重物)所做的有用功为 QS,故螺旋副效率为

$$\eta=\frac{QS}{2\pi T}=\frac{\tan\lambda}{\tan(\lambda+\rho')} \tag{9-6}$$

由上式可知,当量摩擦角 $\rho'(\rho'=\arctan f')$ 一定时,效率只是升角 λ 的函数。由此可绘出效率曲线(图 9-6)。从图中可看出 λ 增大,效率提高,取 $\mathrm{d}\eta/\mathrm{d}\lambda=0$,可得当 $\lambda=45°-\rho'/2$ 时效率最高,过大的升角使螺纹制造困难,且效率增高也不显著,所以 λ 角一般不大于 $25°$

当滑块沿非矩形螺纹等速下滑时,可得

$$F=Q\tan(\lambda-\rho') \tag{9-7}$$

式中 F 为维持滑块等速下滑的支持力,它的方向如图 9-4(c)所示。

由上式可知,当 $\lambda<\rho'$ 时 F 为负值,这就说明要使滑块下滑必须改变力 F 的方向,即必须施加推动力。否则单凭轴向载荷 Q 的作用,无论它有多大,滑块不会自动下滑。这种现象称为螺旋副的自锁。考虑到极限情况,自锁条件为

$$\lambda\leqslant\rho' \tag{9-8}$$

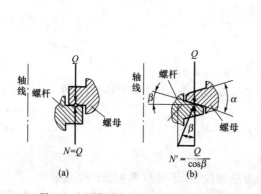

图 9-5 矩形螺纹与非矩形螺纹的法向力

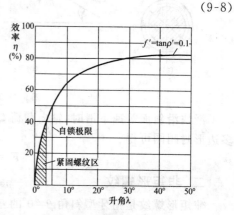

图 9-6 螺旋副的效率曲线

§9-3 机械制造常用螺纹

三角形螺纹主要有普通螺纹和管螺纹。前者多用于紧固连接,后者用于紧密连接。

我国国家标准中,把牙型角 $\alpha=60°$ 的三角形米制螺纹称为普通螺纹,以大径 d 为公称直径。同一公称直径可以有多种螺距的螺纹,其中螺距最大的称为粗牙螺纹,其余都称为细牙螺纹(图 9-7(a))。粗牙螺纹应用最广。细牙螺纹的升角小、小径大,因而自锁性能好、强度高,但不耐磨、易滑扣,适用于薄壁零件、受动载荷的连接、微调机构的调整。普通螺纹的基本尺寸见表 9-1 及表 9-2。

管连接螺纹一般有四种,除了用普通细牙螺纹外,还有三种:55°圆柱管螺纹、55°圆锥管螺纹(图 9-7(b)及图 9-7(c))和 60°圆锥管螺纹(与 55°圆锥管螺纹相似,但牙型角=60°)。管

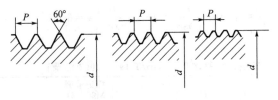

(a)普通螺纹(粗牙与细牙)

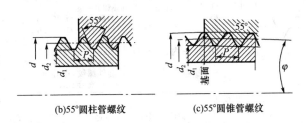

(b)55°圆柱管螺纹　　　(c)55°圆锥管螺纹

图 9-7　三角形螺纹

螺纹的公称直径是管子的内径。圆柱管螺纹广泛用于水、煤气、润滑管路系统中,圆锥管螺纹不用填料即能保证紧密性而且旋合迅速,适用于密封要求较高的管路连接中。

梯形螺纹和锯齿形螺纹用于传动。为了减少摩擦和提高效率,这两种螺纹的牙型斜角都比三角形螺纹的小得多(图 9-8),而且有较大的间隙以便贮存润滑油。梯形螺纹的牙型斜角 $\beta=15°$,比矩形螺纹容易切制。当采用剖分螺母时还可以消除因磨损而产生的间隙,因此应用较广。锯齿形螺纹工作面牙型斜角 $\beta=3°$,效率比梯形螺纹高,但只适用于承受单方向的轴向载荷。

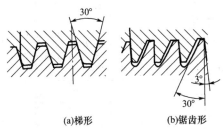

(a)梯形　　　　(b)锯齿形

图 9-8　梯形螺纹和锯齿形螺纹

【**例 9-1**】　试计算粗牙普通螺纹 M10 和 M68 的螺纹升角;并说明在静载荷下这两种螺纹能否自锁(已知摩擦系数 $f=0.1\sim0.15$)。

解　(1)螺纹升角　由表 9-1 查得 M10 的螺距 $P=1.5$ mm,中径 $d_2=9.026$ mm;M68 的 $P=6$ mm, $d_2=64.103$ mm。对于 M10 螺纹

$$\lambda=\arctan\frac{P}{\pi d_2}=\arctan\frac{1.5}{9.026\pi}=3.03°$$

对于 M68 螺纹

$$\lambda=\arctan\frac{P}{\pi d_2}=\arctan\frac{6}{64.103\pi}=1.71°$$

(2)自锁性能　普通螺纹的牙型斜角 $\beta=\frac{\alpha}{3}=30°$,按摩擦系数 $f=0.1$ 计算,相应的当量摩擦角为

$$\rho' = \arctan\frac{f}{\cos\beta} = \arctan\frac{0.1}{\cos30°} = 6.59°$$

$\lambda < \rho'$，能自锁。

表 9-1 　　　　　　　普通螺纹基本尺寸（GB/T 196—2003 摘录） 　　　　　　（mm）

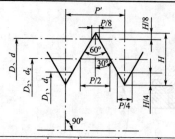

$H = 0.866P$
$d_2 = d - 0.6495P$
$d_1 = d - 1.0825P$
D、d—内、外螺纹大径
D_2、d_2—内、外螺纹中径
D_1、d_1—内、外螺纹小径
P—螺距

标记示例：
M20—6H
公称直径为 20 mm 的粗牙右旋内螺纹，中径和大径公差带均为 6 H
M20—6g
公称直径为 20 mm 粗牙右旋外螺纹，中径和大径公差带为 6 g
M20—6H/6g（上述规格的螺纹副）
M20×2 左—5 g 6 g—S
公称直径为 20 mm、螺距为 2 mm 的细牙左旋外螺纹，中径和大径公差带分别为 5 g、6 g，短旋合长度

公称直径 D、d 第一系列	第二系列	螺距 P	中径 D_2、d_2	小径 D_1、d_1	公称直径 D、d 第一系列	第二系列	螺距 P	中径 D_2、d_2	小径 D_1、d_1	公称直径 D、d 第一系列	第二系列	螺距 P	中径 D_2、d_2	小径 D_1、d_1
3		0.5	2.675	2.459		18	1.5	17.026	16.376		39	2	37.701	36.835
		0.35	2.773	2.621			1	17.350	16.917			1.5	38.026	37.376
	3.5	(0.6)	3.110	2.850	20		2.5	18.376	17.294		42	4.5	39.077	37.129
		0.35	3.273	3.121			2	18.701	17.835			3	40.051	38.752
4		0.7	3.545	3.242			1.5	19.026	18.376			2	40.701	39.835
		0.5	3.675	3.459			1	19.350	18.917			1.5	41.026	40.376
	4.5	(0.75)	4.013	3.688		22	2.5	20.376	19.294	45		4.5	42.077	40.129
		0.5	4.175	3.959			2	20.701	19.835			3	43.051	41.752
5		0.8	4.480	4.134			1.5	21.026	20.376			2	43.701	42.835
		0.5	4.675	4.459			1	21.350.	20.917			1.5	44.026	43.376
6		1	5.350	4.917	24		3	22.051	20.752	48		4	44.752	42.587
		0.75	5.513	5.188			2	22.701	21.835			3	46.051	44.752
8		1.25	7.188	6.647			1.5	23.026	22.376			2	46.701	45.835
		1	7.350	6.917			1	23.350	22.917			1.5	47.026	46.376
		0.75	7.513	7.188	27		3	25.051	23.752	52		5	48.752	46.587
10		1.5	9.026	8.376			2	25.701	24.835			3	50.051	48.752
		1.25	9.188	8.647			1.5	26.026	25.376			2	50.701	49.835
		1	9.350	8.917			1	26.350	25.917			1.5	51.026	50.376
		0.75	9.513	9.188	30		3.5	27.727	26.211	56		5.5	52.428	50.046
12		1.75	10.863	10.106			2	28.701	27.853			4	53.402	51.670
		1.5	11.026	10.376			1.5	29.026	28.376			3	54.051	52.752
		1.25	11.188	10.647			1	29.350	28.917			2	54.701	53.835
		1	11.350	10.917		33	3.5	30.727	29.211			1.5	55.026	54.376
	14	2	12.701	11.835			2	31.701	30.835		60	(5.5)	56.428	54.046
		1.5	13.026	12.376			1.5	32.026	31.376			4	57.402	55.670
		1	13.350	12.917	36		4	33.402	31.670			3	58.051	56.752
16		2	14.701	13.835			3	34.051	32.752			2	58.701	57.835
		1.5	15.026	14.376			2	34.701	33.835			1.5	59.026	58.376
		1	15.350	14.917			1.5	35.026	34.376	64		6	60.103	57.505
	18	2.5	16.376	15.294	39		4	36.402	34.670			4	61.402	59.670
		2	16.701	15.835			3	37.051	35.572			3	62.051	60.752

注：1. "螺距 P"栏中第一个数值为粗牙螺距，其余为细牙螺距。

　　2. 优先选用第一系列，其次第二系列，第三系列（表中未列出）尽可能不用。

　　3. 括号内尺寸尽可能不用。

表 9-2   细牙普通螺纹基本尺寸

螺距 P	中径 D_2, d_2	小径 D_1, d_1	螺距 P	中径 D_2, d_2	小径 D_1, d_1	螺距 P	中径 D_2, d_2	小径 D_1, d_1
0.35	$d-1+0.773$	$d-1+0.621$	1.25	$d-1+0.188$	$d-2+0.647$	4	$d-3+0.402$	$d-5+0.670$
0.5	$d-1+0.675$	$d-1+0.459$	1.5	$d-1+0.026$	$d-2+0.376$	5	$d-4+0.103$	$d-7+0.505$
0.75	$d-1+0.513$	$d-1+0.188$	2	$d-2+0.701$	$d-3+0.835$			
1	$d-1+0.350$	$d-2+0.918$	3	$d-2+0.052$	$d-4+0.752$			

事实上,单线普通螺纹的升角约在 $1.5°\sim3.50°$,远小于当量摩擦角。因此在静载荷下都能保证自锁。

§9-4 螺纹连接的基本类型及螺纹连接件

一、螺纹连接的基本类型

螺纹连接的基本类型有螺栓连接、双头螺柱连接、螺钉连接和紧定螺钉连接四类,它们的结构和主要尺寸关系见表 9-3。

1.螺栓连接

螺栓连接是利用一端有头、另一端有螺纹的螺栓穿过被连接件的孔并旋上螺母,将被连接件联在一起,螺母和被连接件之间通常放置垫圈。这种连接无需在被连接件上加工螺纹,构造简单,装拆方便,成本较低,使用时不受被连接件材料的限制,因此应用较广。主要用于被连接件不太厚并能从连接两边进行装配的场合。

2.双头螺柱连接

双头螺柱的两端均有螺纹。连接时,其一端的螺纹紧固在被连接件之一的螺纹孔中,另一端则穿过另一被连接件的孔并用螺母拧紧,从而将被连接件联在一起。拆卸时只需旋下螺母,螺栓仍留在螺纹孔内,故螺纹孔不易损坏。这种联结主要用于被连件之一太厚而又需经常装拆或结构上受限制不能采用螺栓连接的场合。

3.螺钉连接

螺钉连接不用螺母,而是直接把螺钉的螺纹部分拧进被连接件之一的螺纹孔中实现连接。这种连接主要用于被连接件之一太厚或结构上受限制不能采用螺栓连接,且不需经常拆装的场合。

4.紧定螺钉连接

紧定螺钉连接是把紧定螺钉旋入一被连接件的螺纹孔中,其末端顶住另一被连接件的表面或进入该零件上相应的凹坑中,以固定两零件的相对位置。这种连接多用于轴与轴上零件的连接,可以传递不大的力或力矩。

表 9-3   螺纹连接的基本类型及其应用

类型	图　例	结构特点及应用
六角头螺栓		应用最广。螺杆可制成全螺纹或者部分螺纹,螺距有粗牙和细牙之分。螺栓头部有六角头和小六角头两种。其中小六角头螺栓材料利用率高、机械性能好,但由于头部尺寸较小,不宜用于装拆频繁、被连接件强度低的场合
双头螺栓		螺栓两头都有螺纹,两头的螺纹可以相同也可以不相同,螺栓可带退刀槽或者制成腰杆,也可以制成全螺纹的螺柱,螺柱的一端常用于旋入铸铁或者有色金属的螺纹孔中,旋入后不拆卸,另一端则用于安装螺母以固定其他零件
螺钉		螺钉头部形状有圆头、扁圆头、六角头、圆柱头和沉头等。头部的起子槽有一字槽、十字槽和内六角孔等形式。十字槽螺钉头部强度高、对中性好,便于自动装配。内六角孔螺钉可承受较大的扳手扭矩,连接强度高,可替代六角头螺栓,用于要求结构紧凑的场合
紧定螺钉		紧定螺钉常用的末端形式有锥端、平端和圆柱端。锥端适用于被紧定零件的表面硬度较低或者不经常拆卸的场合;平端接触面积大,不会损伤零件表面,常用于顶紧硬度较大的平面或者经常装拆的场合;圆柱端压入轴上的凹槽中,适用于紧定空心轴上的零件
自攻螺钉		螺钉头部形状有圆头、六角头、圆柱头、沉头等。头部的起子槽有一字槽、十字槽等形式。末端形状有锥端和平端两种。多用于连接金属薄板、轻合金或者塑料零件,螺钉在连接时可以直接攻出螺纹

（续表）

类型	图　　例	结构特点及应用
六角螺母		根据螺母厚度不同,可分为标准型和薄型两种。薄螺母常用于受剪力的螺栓上或者空间尺寸受限制的场合
圆螺母		圆螺母常与止退垫圈配用,装配时将垫圈内舌插入轴上的槽内,将垫圈的外舌嵌入圆螺母的槽内,即可锁紧螺母,起到防松作用。常用于滚动轴承的轴向固定
垫圈		保护被连接件的表面不被擦伤,增大螺母与被连接件间的接触面积。斜垫圈用于倾斜的支承面。

二、螺纹连接件

螺纹连接件的品种很多,大都已标准化,设计时只需按标准选择。现简述常用的一部分连接件的主要特点和结构形式。

1. 螺栓

螺栓的头部形状很多,一般头部为六角形(图 9-9(a)、9-9(b)),供扳手拧紧用,杆部有制成全螺纹的(图 9-9(a))和部分螺纹的(图 9-9(b))两种。杆部螺纹与螺母组成具有自锁性能的螺旋副。末端一般有 45°倒角。

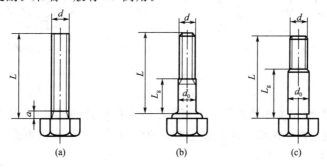

(a)　　　　(b)　　　　(c)

图 9-9　螺栓

另外还有铰制孔用螺栓。其结构如图 9-9(c)所示,光杆部分承受横向载荷,直径较大,精度也较高。

2. 双头螺柱

双头螺柱(图 9-10)两端均制有螺纹,其中旋入被连接件螺纹孔的一端称为座端,螺纹长度为 L_1,另一端为螺母端 L_0,其公称长度为 L。

3. 螺钉、紧定螺钉

螺钉、紧定螺钉的头部有内六角头、十字槽头(图 9-11(a))等多种形式,以适应不同的拧紧程度,紧定螺钉末端要顶住被连接件之一的表面或相应的凹坑,所以末端也具有各种形状(图 9-11(b))。

图 9-10 双头螺柱

4. 螺母

螺母的形状有六角的、圆的(图 9-12)等,六角螺母又有厚薄的不同,扁螺母用于尺寸受到限制的地方,厚螺母用于经常装拆、易于磨损之处。圆螺母常用于轴上零件的轴向固定。

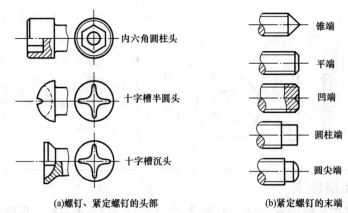

(a)螺钉、紧定螺钉的头部   (b)紧定螺钉的末端

图 9-11 螺钉、紧定螺钉的头部和末端

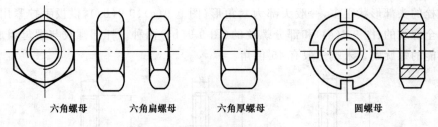

图 9-12 螺母

5. 垫圈

垫圈的作用是增加被连接件的支承面积以减少接触处的压强(尤其当被连接件材料强度较差时)和避免拧紧螺母时擦伤被连接件的表面。垫圈的形状如图 9-13 所示。有防松作用的垫圈见 §9-5。

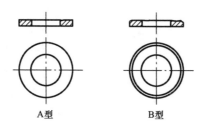

图 9-13 垫圈

§9-5 螺纹连接的预紧和防松

一、螺纹连接的预紧

预紧的目的在于:(1)防止在工作中松动;(2)确保连接在受到工作载荷后,仍能使被连接件的接合面具有足够的紧密性(如气缸、管路凸缘等的连接等)。(3)在被连接件的接合面间产生正压力,以便当被连接件受到横向载荷时,被连接件间不产生相对滑动,所以预紧在螺纹连接中起着重要的作用。

预紧力 Q_0 的大小是由螺纹连接的要求来决定的。为了充分发挥螺栓的工作能力和保证预紧的可靠,螺栓的预紧应力一般可达材料屈服极限的 $50\%\sim70\%$。

为获得一定的预紧力 Q_0,所需的拧紧力矩 T 为用来克服螺旋副相对转动的阻力矩 T_1 和螺母支撑面上的摩擦阻力矩 T_2(图 9-14)。故

$$T=T_1+T_2=\frac{Q_0d_2}{2}\tan(\lambda+\rho')+f_cQ_0r_f \tag{9-9}$$

式中 Q_0 为预紧力;d_2 为螺纹中径;f_c 为螺母与被连接件支撑面之间的摩擦系数,无润滑时可取 $f_c=0.15$;r_f 为支撑摩擦半径,$r_f=\dfrac{D_1+d_0}{4}$,其中 D_1、d_0 为螺母支撑面的外径和内径,如图 9-14 所示。

对于 M10~M68 的粗牙螺纹,若取 $f'=\tan\rho'=0.15$ 及 $f_c=0.15$,则式(9-9)可简化为

$$T\approx0.2Q_0d(\text{N}\cdot\text{mm}) \tag{9-10}$$

式中,d 为螺纹公称直径,mm;Q_0 为预紧力,N。

通常,拧紧力矩由工人操作时的手感决定,不易控制,故一般承载螺栓,不宜小于M12。对于重要连接,按式(9-10)计算拧紧力矩,并由测力矩扳手(图 9-15)控制装配时施加的拧紧力矩。较精确的方法是测量拧紧时螺栓的伸长变形量。

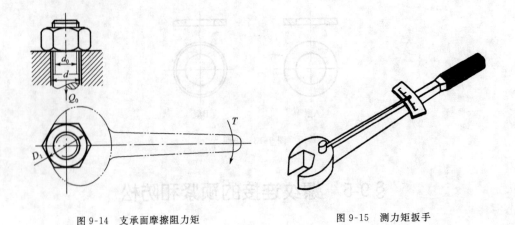

图 9-14 支承面摩擦阻力矩　　　　　　　图 9-15 测力矩扳手

二、螺栓连接的防松

连接所用的螺纹是三角形螺纹,自锁性好,在静载荷和工作温度变化不大时不会自动松脱,但是在冲击、振动和变载的作用下,预紧力可能在某一瞬间消失,连接仍有可能松脱。高温场合的螺纹连接,由于温度变形等原因,也可能发生松脱现象。因此设计时必须考虑防松。

螺纹连接防松的根本问题在于防止螺旋副的相对转动。防松的方法很多,今将常用的几种列于表 9-4 中。

【例 9-2】 螺旋起重器如图 9-16 所示。已知最大起重量 $Q = 30$ kN,采用单线梯形螺纹,公称直径 $d = 40$ mm,螺距 $P = 6$ mm,摩擦系数 $f = 0.08$,螺杆与托杯之间支承面的摩擦系数 $f_c = 0.10$,摩擦半径 $r_f = \dfrac{D_1 + D_0}{4} = 20$ mm。试求:(1)能否自锁;(2)举起重物所需的驱动力矩;(3)此起重器的总效率。

解 (1)自锁性能 梯形螺纹的牙型斜角 $\beta = \dfrac{a}{2} = 15°$,故当量摩擦角为

$$\rho' = \arctan \frac{f}{\cos\beta} = \arctan \frac{0.08}{\cos 15°} = 4.73°$$

由手册中查得该螺纹的中径 $d_2 = 37$ mm,故升角为

$$\lambda = \arctan \frac{P}{\pi d_2} = \arctan \frac{6}{37\pi} = 2.95°$$

$\lambda < \rho'$,此起重器可以自锁。

表 9-4　　　　　　　　　　　　　　　常用的防松方法

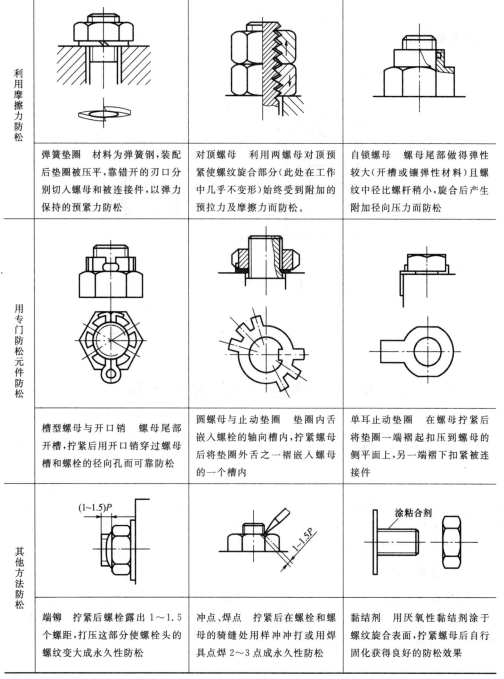

利用摩擦力防松	弹簧垫圈　材料为弹簧钢,装配后垫圈被压平,靠错开的刃口分别切入螺母和被连接件,以弹力保持的预紧力防松	对顶螺母　利用两螺母对顶预紧使螺纹旋合部分(此处在工作中几乎不变形)始终受到附加的预拉力及摩擦力而防松。	自锁螺母　螺母尾部做得弹性较大(开槽或镶弹性材料)且螺纹中径比螺杆稍小,旋合后产生附加径向压力而防松
用专门防松元件防松	槽型螺母与开口销　螺母尾部开槽,拧紧后用开口销穿过螺母槽和螺栓的径向孔而可靠防松	圆螺母与止动垫圈　垫圈内舌嵌入螺栓的轴向槽内,拧紧螺母后将垫圈外舌之一褶嵌入螺母的一个槽内	单耳止动垫圈　在螺母拧紧后将垫圈一端褶起扣压到螺母的侧平面上,另一端褶下扣住被连接件
其他方法防松	端铆　拧紧后螺栓露出 1~1.5 个螺距,打压这部分使螺栓头的螺纹变大成永久性防松	冲点、焊点　拧紧后在螺栓和螺母的骑缝处用样冲冲打或用焊具点焊 2~3 点成永久性防松	黏结剂　用厌氧性黏结剂涂于螺纹旋合表面,拧紧螺母后自行固化获得良好的防松效果

（2）驱动力矩

$$T = T_1 + T_2 = \frac{Qd_2}{2}\tan(\lambda + \rho') + Qf_c r_f$$

$$= 30 \times 10^3 \times \left(\frac{27}{2} \tan 7.68° + 0.1 \times 20 \right)$$

$$= 135 \times 10^3 \text{ N} \cdot \text{mm}$$

(3)起重机的总效率

$$\eta = \frac{QP}{2\pi T} \times 100\% = \frac{30 \times 10^3 \times 6}{2\pi \times 135 \times 10^3} \times 100\% = 21.2\%$$

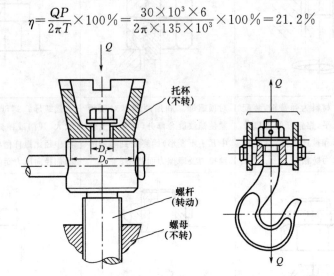

图 9-16　螺旋起重器的上部结构　　　图 9-17　起重吊钩

§9-6　螺栓连接的强度计算

　　螺栓连接各零件是机器中很重要的通用标准件,设计、制造和使用人员必须重视螺栓连接的可靠性,以免造成严重的事故。

　　螺栓的主要失效形式有:(1)螺栓杆拉断;(2)螺纹的压溃和剪断;(3)经常装拆时会因磨损而发生滑扣现象。螺栓与螺母的螺纹牙及其他全部尺寸是根据等强度原则和使用经验规定的。采用标准件时,这些部分都不需要进行强度计算。所以,螺栓连接的计算主要是确定螺纹小径 d_1,然后按照标准选定螺纹公称直径(大径)d 及螺距等。

一、松螺栓连接

　　松螺栓连接装配时不需要把螺母拧紧,在承受工作载荷前,除有关零件的自重(自重一般很小,强度计算时可略去。)外,连接并不受力,图 9-17 所示吊钩尾部的连接是其应用实例。当承受轴向工作载荷 Q(N)时,其强度条件为

$$\sigma = \frac{Q}{\frac{\pi d_1^2}{4}} \leqslant [\sigma] \tag{9-11}$$

式中　d_1——螺纹小径,mm;

　　　　$[\sigma]$——许用拉应力,N/mm²。

　　设计公式为

$$d_1 \geqslant \sqrt{\frac{4Q}{\pi[\sigma]}} \text{ (mm)} \tag{9-12}$$

【例 9-3】　如图 9-17 所示,已知载荷 $Q = 25$ kN,吊钩材料为 35 钢,许用拉应力 $[\sigma] = 60$ N/mm²,试求吊钩尾部螺纹直径。

解　由式(9-12)得

$$d_1 \geqslant \sqrt{\frac{4Q}{\pi[\sigma]}} = \sqrt{\frac{4 \times 25 \times 10^3}{60\pi}} = 20.033 \text{ mm}$$

由表 9-1 查得,$d = 27$ mm 时,$d_1 = 23.752$,比根据强度计算求得的 d_1 值略大,合适。故吊钩尾部螺纹可采用 M27 螺纹。

二、紧螺栓连接

紧螺栓连接装配时需要拧紧,因此在承受工作载荷前,螺栓已受到一定的轴向拉力,这拉力称为预紧力 Q_0,此时螺栓的危险截面(即螺纹小径 d_1 处)除受拉应力 $\sigma = \dfrac{Q_0}{\pi d_1^2/4}$ 外,还受到螺旋副相对转动的阻力矩 T_1 所引起的扭切应力。

$$\tau = \frac{T_1}{\pi d_1^3/16} = \frac{Q_0 \tan(\lambda + \rho') \cdot d_2/2}{\pi d_1^3/16} = \frac{2d_2}{d_1} \tan(\lambda + \rho') \frac{Q_0}{\pi d_1^2/4}$$

对于 M10～M68 的普通螺纹,取 d_2、d_1 和 λ 的平均值,并取 $\tan\rho' = f' = 0.15$,得 $\tau \approx 0.5\sigma$。按照第四强度理论,当量应力 σ_e 为

$$\sigma_e = \sqrt{\sigma^2 + 3\tau^2} = \sqrt{\sigma^2 + 3(0.5\sigma)^2} \approx 1.3\sigma$$

故螺栓螺纹部分的强度条件为

$$\sigma_e = \frac{1.3Q_0}{\pi d_1^2/4} \leqslant [\sigma] \tag{9-13}$$

设计公式为

$$d_1 \geqslant \sqrt{\frac{4 \times 1.3 Q_0}{\pi[\sigma]}} \text{ (mm)} \tag{9-14}$$

式中 $[\sigma]$ 为螺栓的许用应力,N/mm²,其值见表 9-6。

紧螺栓连接中,螺栓强度又按工作载荷方向不同,分为受横向工作载荷和受轴向工作载荷两种。

1. 受横向工作载荷的螺栓强度

如图 9-18 所示的螺栓连接承受垂直于螺栓轴线的横向工作载荷 R,图中螺栓与孔之间留有间隙。工作时,若接合面内的摩擦力足够大,则被连接件之间不会发生相对滑动,因此螺栓所需的预紧力 Q_0 应为

$$Q_0 \geqslant \frac{CR}{mf} \tag{9-15}$$

式中,C 为可靠性系数,通常取 $C = 1.1 \sim 1.3$;m 为接合面数目;f 为接合面摩擦系数,对于钢或铸铁被连接件可取 $f = 0.1 \sim 0.15$。

求出 Q_0 值后,可按式(9-13)计算螺栓强度。

从式(9-15)来看,当 $f = 0.15$,$C = 1.2$,$m = 1$ 时,$Q_0 \geqslant 8R$。即预紧力应为横向工作载

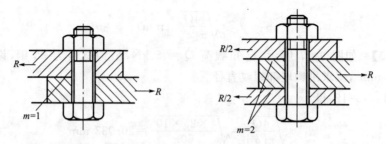

图 9-18 受横向载荷的螺栓连接

荷的 8 倍,所以螺栓连接靠摩擦力来承担横向载荷时,其尺寸是较大的。

为了避免上述缺点,可用键、套筒或销承担横向工作载荷,而螺栓仅起连接作用(图 9-19)。这种具有减载装置的连接,其连接强度是按键、套筒或销的强度条件进行校核,并不计螺栓预紧力的作用。

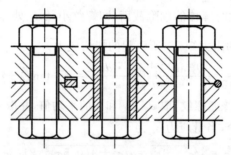

图 9-19 减载装置

此外也可以采用铰制孔用螺栓来承受横向载荷(图 9-20)。其强度条件分别为

$$\tau = \frac{R}{m \frac{\pi d_0^2}{4}} \leqslant [\tau] \qquad (9\text{-}16)$$

$$\sigma_p = \frac{R}{d_0 \delta} \leqslant [\sigma_p] \qquad (9\text{-}17)$$

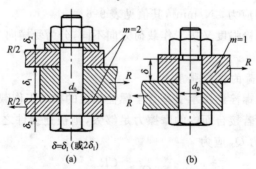

$\delta = \delta_1 (\text{或} 2\delta_1)$
(a)　　　　　(b)

图 9-20 受横向载荷的铰制孔用螺栓

式中,d_0 为螺栓剪切面的直径,mm;δ 为螺栓杆与被连接件孔壁间接触受压的最小轴向长度,mm;m 为螺栓剪切面的数目;$[\tau]$ 为螺栓许用切应力,N/mm^2;$[\sigma_p]$ 为螺栓或孔壁的许用挤压应力,N/mm^2。$[\tau]$ 和 $[\sigma_p]$ 的值见 §9-7。

2.受轴向工作载荷的螺栓强度

螺栓工作时,承受与螺栓轴线方向一致的载荷,称为轴向工作载荷,用 Q_w 表示。这时螺栓所受的总拉力 Q,可由图 9-21 分析而得到。

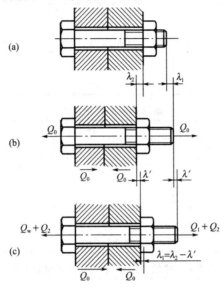

图 9-21　载荷与变形的示意图

未拧紧螺母前,螺栓与被连接件都不受力,没有变形(图 9-21(a))。拧紧螺母后,螺栓受预紧拉力 Q_0,伸长量为 λ_1。被连接件受其反作用力,即预紧压力 Q_0,压缩量为 λ_2(图 9-21(b))。

连接承受工作载荷 Q_w,螺栓承受工作载荷 Q_w 后,继续伸长,其伸长量为 λ'。被连接件随着松开,其压缩量减少 λ',还剩压缩量 $\lambda_r = \lambda_2 - \lambda'$(图 9-21(c))。$\lambda_r$ 称为残余压缩量,相应地,被连接件受残余压力 Q_r。为保证接合面压紧,必须保持一定的残余压力 Q_r,对于有紧密性要求的连接(如压力容器),$Q_r = (1.5 \sim 1.8)Q_w$;对于没有紧密性要求,但载荷有变动的连接,$Q_r = (0.6 \sim 1.0)Q_w$;对于静载荷连接,$Q_r = (0.2 \sim 0.6)Q_w$。这时螺栓所受总拉力 Q,是工作载荷 Q_w 和被连接件给螺栓反作用力(数值上等于 Q_r)之和,即

$$Q = Q_w + Q_r$$

由式(9-13),可得螺栓螺纹部分强度条件为

$$\sigma = \frac{1.3Q}{\pi d^2/4} = \frac{1.3(Q_w + Q_r)}{\pi d^2/4} \leqslant [\sigma] (\text{N/mm}^2) \qquad (9\text{-}18)$$

这里将总拉力 Q 乘以 1.3 是偏于安全的简化计算。

许用应力 $[\sigma]$ 查表 9-6。

§9-7　螺栓的材料和许用应力

螺栓的常用材料为 A2、A3、10、35 和 45 钢,重要和特殊用途的螺连接接件可采用 15Cr、40Cr、30CrMnSi 等机械性能较高的合金钢,螺栓常用的材料及其机械性能见表 9-

5,螺纹连接的许用应力及安全系数见表 9-6 和表 9-7。

表 9-5　　　　　螺栓常用的材料及其机械性能　　　　　N/mm²

钢　号	强度极限 σ_b	屈服极限 σ_s
10	340～420	210
A2	340～420	220
A3	410～470	240
35	540	320
45	650	360
40Cr	750～1000	650～900

表 9-6　　　　　　　　　　螺栓连接的许用应力

连接情况	受载情况	许用应力和安全系数
松连接	静载荷	$[\sigma]=\sigma_s/s$, $s=1.2\sim1.7$
紧连接	静载荷	$[\sigma]=\sigma_s/s$, s 取值:控制预紧力时 $s=1.2\sim1.5$,不严格控制预紧力时 s 查表 9-7
铰制孔用螺栓连接	静载荷	$[\tau]=\sigma_s/2.5$ 连接件为钢时 $[\sigma]_p=\sigma_s/1.25$,连接件为铁时 $[\sigma]_p=\sigma_s/2\sim2.5$
	变载荷	$[\tau]=\sigma_s/3.5\sim5$ $[\sigma]_p$ 按静载荷的$[\sigma]_P$ 值降低 $20\%\sim30\%$

表 9-7　　　　紧螺栓连接的安全系数 s(不控制预紧力时)

材　料	螺　栓		
	M6～M16	M16～M30	M30～M60
碳钢	4～3	3～2	2～1.3
合金钢	5～4	4～2.5	2.5

§9-8　螺栓连接结构设计的要点

　　螺栓连接的结构设计包括螺栓布置和螺栓结构两个方面。我们重点讨论一下螺栓布置问题。

　　螺栓在机器设计上都是成组使用的,因此必须根据其用途和被连接件结构,确定螺栓个数和布置形式。

　　(1)连接接合面形状应和机器的结构形状相适应。通常都将接合面设计成轴对称的简单几何形状(图 9-22),便于加工被连接件和对称布置螺栓,使螺栓组的对称中心和接合面的形心重合,保证接合面受力比较均匀。

　　(2)螺栓的布置应使螺栓受力合理。当螺栓组承受转矩 T 时,应使螺栓组对称中心和接合面形心重合(图 9-23(a))。当螺栓组承受弯矩 M 时,应使螺栓组对称轴与接合面中性轴重合(图 9-23(b)),并要求各螺栓尽可能远离形心和中性轴,以便充分和均衡地利用各个螺栓的承载能力。

　　(3)螺栓排列应有合理的间距。布置螺栓时,各螺栓间以及螺栓和箱体壁间,应留有扳手操作空间。扳手空间的尺寸(图 9-24),可查阅有关手册。对于压力容器上的各螺栓轴线的间距 t_0,应按承受的压强由表 9-8 选取。

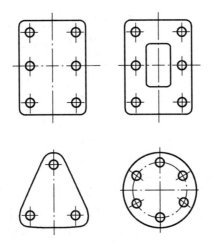

图 9-22 接合面设计成轴对称几何图形

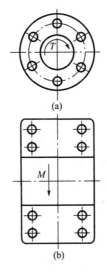

图 9-23 螺栓组对称中心和接合面形心重合

（4）分布在同一圆周的螺栓数目，宜取偶数，以便在圆周上钻孔时，分度和画线。在同一螺栓组中，螺栓材料、直径和长度均应相同。

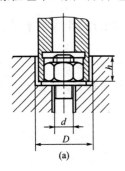
(a)

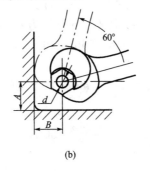
(b)

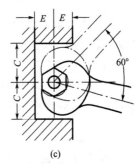
(c)

图 9-24 扳手空间尺寸

表 9-8 　　　　　　　　　　　　　　　　　螺栓间距 t_0

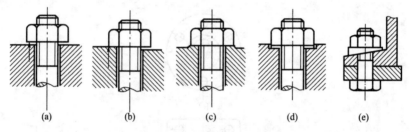

	工作压强 p/MPa					
	$\leqslant 1.6$	$1.6\sim 4$	$4\sim 10$	$10\sim 16$	$16\sim 20$	$20\sim 30$
	t_0/mm					
	$7d$	$4.5d$	$4.5d$	$4d$	$3.5d$	$3d$

（5）避免螺栓承受偏心载荷。当支承面不平整（图 9-25（a））或倾斜（图 9-25（b））时，螺栓承受偏心载荷，引起附加弯应力。故支承面应加工。为减少加工面，常将支承面做成凸台（图 9-25（c））或凹坑（图 9-25（d））。对于有斜坡的型钢，可采用方形斜垫圈（图 9-25（e））。

図 9-25　螺栓受偏心载荷原理及采取的措施

【例 9-4】　如图 9-26 所示，低压容器，顶盖采用螺栓连接，容器的内径 $D=280$ mm，气压 $p=0.5$ MPa，螺栓个数 $Z=12$，螺栓材料为 A3 钢，装配时不控制预紧力，容器凸缘厚度和顶盖的厚度均为 25 mm，试计算螺栓直径和螺栓分布圆直径 D_0。

解　（1）计算螺栓承受的载荷

气体作用于容器顶盖的总压力 P

$$P=\frac{\pi D^2}{4}p$$

螺栓组中每个螺栓承受的轴向工作载荷 Q_w

$$Q_w=\frac{P}{Z}=\frac{\pi D^2 p}{4Z}=\frac{\pi\times 280^2\times 0.5}{4\times 12}=2\ 566\ \text{N}$$

由于压力容器有紧密性要求，故取螺栓残余压力 $Q_r=1.7Q_w$，因此每个螺栓承受的总拉力 $Q=Q_w+Q_r=Q_w+1.7Q_w=2.7\times 2\ 566=6\ 930$ N。

（2）求螺栓直径

由表 9-5 查得 A3 材料的 $\sigma_s=240$ N/mm²，由于装配时不控制预紧力，按表 9-7 暂取安全系数 $s=3$，螺栓许用应力为

$$[\sigma]=\frac{\sigma_s}{s}=\frac{240}{3}=80\ \text{N/mm}^2$$

由式（9-14）得螺纹的小径为

$$d_1\geqslant\sqrt{\frac{4\times 1.3Q}{\pi[\sigma]}}=\sqrt{\frac{4\times 1.3\times 6\ 930}{80\pi}}=11.977\ \text{mm}$$

查表 9-1,取 M16 螺栓(小径 $d_1 = 13.835$ mm)。按表 9-7 可知所取安全系数 $s = 3$ 是正确的。

(3)决定螺栓分布圆直径

设油缸壁厚为 10 mm,从图 9-26 可以决定螺栓分布圆直径 D_0 为

$$D_0 = D + 2e + 2 \times 10 = 280 + 2 \times [14 + (3 \sim 6)] + 2 \times 10$$
$$= 334 \sim 340 \text{ mm}$$

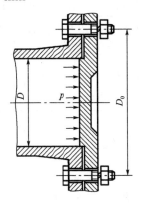

图 9-26 低压容器

取 $D_0 = 340$ mm。

螺栓间距 t_0 为

$$t_0 = \frac{\pi D_0}{Z} = \frac{\pi \times 340}{12} = 88.9 \approx 6.53d$$

符合表 9-8 要求,螺栓布置合适。

§9-9 键连接和花键连接

键连接和花键连接是可拆连接的一种。键和花键主要用来连接轴与带毂零件(如齿轮、蜗轮等),以实现周向固定,从而传递运动和转矩。其中,有些还能实现轴向固定以传递轴向力,有些则构成轴向动连接。

一、键连接的类型

键是标准件,分为平键、半圆键、楔键和切向键等。设计时应根据各类键的结构和应用特点进行选择。

1.平键连接

平键的两个侧面是工作面,上表面与轮毂槽底之间留有间隙(图 9-27)。这种键定心性较好,装拆方便。常用的平键有普通平键和导向平键两种。

普通平键的端部形状可制成圆头(A 型)、方头(B 型)或单圆头(C 型),如表 9-9 所示。圆头平键的轴槽用圆柱形键槽铣刀加工,键在槽中固定较好,但槽对轴的应力集中影响较大。方头平键轴槽用盘铣刀加工,轴的应力集中较小。单圆头平键常用于轴的端部连接。

表 9-9　　　　　　　　　普通平键和键槽的尺寸（摘自 GB1095-2003）　　　　　　　（mm）

公称直径 d	公称尺寸 b×h	公称尺寸 b	轴 H9（较松键联结）	毂 D10（较松键联结）	轴 N8（一般键联结）	毂 JS9（一般键联结）	轴和毂 P9（较紧键联结）	轴 t 公称	轴 t 偏差	毂 t1 公称	毂 t1 偏差	半径 r 最大	半径 r 最小
6～8	2×2	2	0.025 / 0	0.06 / 0.02	−0.004 / −0.029	±0.012 5	−0.006 / −0.031	1.2	+0.1 / 0	1	+0.1 / 0	0.08	0.16
>8～10	3×3	3						1.8		1.4			
>10～12	4×4	4	0.03 / 0	0.078 / 0.03	0 / −0.03	±0.015	−0.012 / −0.042	2.5		1.8		0.16	0.25
>12～17	5×5	5						3		2.3			
>17～22	6×6	6						3.5		2.8			
>22～30	8×7	8	0.036 / 0	0.098 / 0.04	0 / −0.036	±0.018	−0.015 / −0.051	4	+0.2 / 0	3.3	+0.2 / 0	0.25	0.4
>30～38	10×8	10						5		3.3			
>38～44	12×8	12	0.043 / 0	0.12 / 0.05	0 / −0.043	±0.021 5	−0.018 / −0.061	5		3.3			
>44～50	14×9	14						5.5		3.8			
>50～58	16×10	16						6		4.3			
>58～65	18×11	18						7		4.4			
>65～75	20×12	20	0.052 / 0	0.149 / 0.065	0 / −0.052	±0.026	−0.022 / −0.074	7.5		4.9		0.4	0.6
>75～85	22×14	22						9		5.4			
>85～95	25×14	25						9		5.4			
>95～110	28×16	28						10		6.4			
>110～130	32×18	32	0.062 / 0	0.18 / 0.08	0 / −0.062	±0.031	−0.026 / −0.088	11		7.4		0.7	1
>130～150	36×20	36						12		8.4			
>150～170	40×22	40						13		9.4			
>170×200	45×25	45						15		10.4			
>200～230	50×28	50						17		11.4			
>230～260	56×32	56	0.074 / 0	0.22 / 0.1	0 / −0.074	±0.037	0.032 / −0.106	20	+0.3 / 0	12.4	+0.3 / 0	1.2	1.6
>260～290	63×32	63						20		12.4			
>290～330	70×36	70						22		14.4			
>330～380	80×40	80						25		15.4			
>380～440	90×45	90	0.087 / 0	0.26 / 0.12	0 / −0.087	±0.013 5	−0.037 / −0.124	28		17.4		2	2.5
>440～500	100×50	100						31		19.5			

　　当轮毂在轴上需沿轴向移动时，可采用导向平键或滑键连接。导向平键用螺钉固定在轴槽中，为了便于装拆，在键上制有起键螺纹孔（图 9-27（b））。轮毂上的键槽与键是间隙配合，当轮毂移动时，键起导向作用。如变速箱中的滑移齿轮即可采用导向平键。滑键与轮毂相连（图 9-27（c）），轴上的键槽与键是间隙配合，当轮毂移动时，键随轮毂沿键槽滑动。滑键适用于移动距离较大的场合。如车床光轴与溜板箱采用滑键连接。

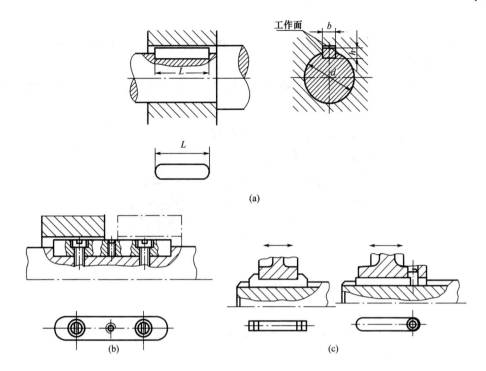

图 9-27 平键连接

2.半圆键连接

半圆键也是以两侧面为工作面(图 9-28),与平键一样有定心较好的优点。半圆键能在轴槽中摆动以适应轮毂键槽底面的斜度,装配方便,特别适合锥形轴端(图 9-28(b))的连接。但由于轴上键槽过深。对轴强度削弱较大,故只适于轻载连接。

图 9-28 半圆键连接

3.楔键连接和切向键连接

楔键的上、下面是工作面(图 9-29),键的上表面有 1:100 的斜度,轮毂键槽的底面也有 1:100 的斜度,把楔键打入轴和毂槽内时,其工作面上产生很大的预紧力 N。工作时,主要靠摩擦力 f_N(f 为接触面间的摩擦系数)传递转矩 T,并能承受单方向的轴向力。

由于楔键打入时,迫使轴和轮毂产生偏心 e(图 9-29(a)),因此楔键仅适用于定心精度要求不高,载荷平稳和低速的连接。

楔键分为普通楔键和钩头楔键两种(图 9-29(b))。钩头楔键的钩头是为了拆键用的。

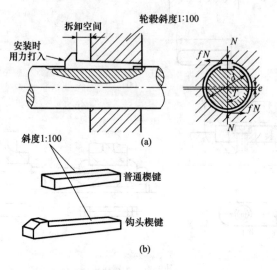

图 9-29 楔键连接

此外,在重型机械中常采用切向键连接(图 9-30)。切向键是由一对楔键组成(图 9-30(a)),装配时将两键楔紧。键的窄面是工作面,工作面上的压力沿轴的切线方向作用,能传递很大的转矩。当双向传递转矩时,需用两对切向键并分布成 $120°\sim135°$(图 9-30(b))。

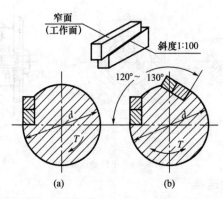

图 9-30 切向键连接

二、平键连接的尺寸选择和强度校核

平键是标准件,一般先根据轴的直径由标准中选取尺寸,必要时再进行强度校核。

1. 尺寸选择

根据轴的直径 d 从标准中选择平键的宽度 b、高度 h,键的长度 L 略小于轮毂长度,并与长度系列相符(见表 9-9)。

轮毂键槽深度为 t_1，轴上键槽深度为 t，它们的宽度与键的宽度相同。

2. 强度校核

平键连接受力情况如图 9-31 所示，工作时键承受挤压和剪切。由于标准平键具有足够的剪切强度，故设计时，键连接只需校核挤压强度，计算方式

$$\sigma_p = \frac{4T}{dhl} \leqslant [\sigma_p] \tag{9-19}$$

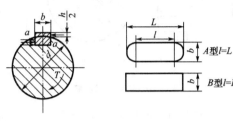

图 9-31　平键连接受力情况

对于导向平键连接（动连接），计算依据是磨损，应限制压强。即

$$p = \frac{4T}{dhl} \leqslant [p] \tag{9-20}$$

图 9-32　两个平键组成的连接

式中 T 为转矩，N·mm；d 为轴径、h 为键的高度、L 为键的工作长度，mm；$[\sigma_p]$ 为许用挤压应力、$[p]$ 为许用压强，N/mm²（见表 9-10）。

键的材料的抗拉强度不得低于 600 N/mm²；常采用 45 钢，如果键连接的强度不够，可采用两个键按 180°布置（图 9-32）。考虑到载荷分布的不均匀性，在强度校核中可按 1.5 个键计算。

表 9-10　　　　　　　　键连接的许用挤压应力和许用压强　　　　　　　（N/mm²）

许用值	轮毂材料	载荷特性		
		静载荷	轻微冲击	冲击
$[\sigma_p]$	钢	125~150	100~200	60~90
	铸铁	70~80	50~60	30~45
$[p]$	钢	50	40	30

注：在键连接的组成零件（轴、键、轮毂）中，轮毂材料较弱。

【例 9-5】 图 9-33 所示为减速器的输出轴，轴与齿轮采用键连接，已知传递的转矩 $T = 600$ N·m，齿轮材料为铸钢，有轻微冲击。试选择键连接类型和尺寸。

解 （1）键的类型与尺寸选择

齿轮传动要求齿轮与轴对中好，以免啮合不良，故连接选用平键连接。

根据轴的直径 $d = 75$ mm，及轮毂长度 80 mm，由表 9-9 选 A 型平键，键的尺寸为 $b = 20$ mm，$h = 12$ mm，$L = 70$ mm，其标记为键 20×70GB1096-79。

（2）校核键连接的挤压强度

A 型键有效工作长度 $l = L - b = 70 - 20 = 50$ mm。由表 9-10 查得许用挤压应力

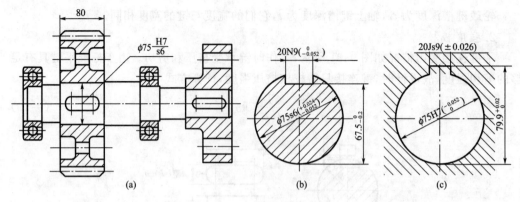

图 9-33 减速器输出轴

$[\sigma_p]=100$ N/mm²，由式(9-19)的键的挤压应力 $\sigma_p=\dfrac{4T}{dhl}=$

$\dfrac{4\times600\times10^3}{75\times12\times50}=53.3$ N/mm²$<[\sigma_p]$，合格。

(3)相配的键槽尺寸

由表 9-9 查得轴槽深 $t=7.5$ mm，毂槽深 $t_1=4.9$ mm。

根据所得尺寸，绘键槽工作图(图 9-33(b))。

三、花键连接

由于平键连接的承载能力低，轴被削弱和应力集中程度都较严重。若发展为多个平键的组合，键与轴形成一体，便是花键轴，同它相配合的孔便是花键孔(图 9-34)。花键轴

图 9-34 花键轴与花键孔

与花键孔组成的连接，称为花键连接，如图 9-35 所示。与平键连接相比，花键连接承载能力强，轴被削弱和应力集中程度有所改善，并且有良好的定心精度和导向性能。适用于定心精度要求高、载荷大或经常滑动的连接，缺点是需要采用专业设备加工，生产成本也高。

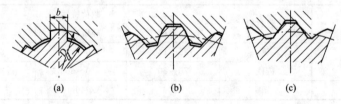

图 9-35 花键连接

花键连接按其齿形不同，可分为一般常用的矩形花键(图 9-35(a))，强度高的渐开线花键(图 9-35(b))和齿细小而多、适用于薄壁零件的三角形花键(图 9-35(c))。

花键连接可以做成静连接，也可以做成动连接。它的选用方法和强度校核与平键连接相类似，详见机械设计手册。

思考题

9-1 什么叫可拆连接和不可拆连接?

9-2 自行车的下述各零、部件采用什么连接；(1)车架各部分；(2)支撑架各部分；(3)车轮和车架；(4)大链轮与曲拐；(5)曲拐与踏脚。

9-3 螺纹的主要参数有哪些？螺纹自锁的条件是什么？

9-4 比较细牙螺纹和粗牙螺纹的强度和自锁性哪一种好？为什么？

9-5 如果连接用螺纹的 $\lambda > \rho'$，则连接时将会发生什么后果？

9-6 为什么梯形和矩形螺纹常用于传动而三角形螺纹常用于连接？

9-7 连接用三角形螺纹已具备自锁条件，为什么还要考虑防松？常用的防松方法有哪几种？弹簧垫圈的防松原理是什么？

9-8 平键连接和楔键连接在结构、工作面、传力方式等各方面有什么区别？

习 题

9-1 试证明具有自锁性能的螺旋传动，其效率恒小于 50%。

9-2 如图 9-36 所示，一升降机构承受载荷 Q 为 100 kN，采用梯形螺纹，$d=70$ mm，$d_2=65$ mm，$P=10$ mm，线数 $n=4$。支承面采用推力轴承，升降台的上下移动处采用导向滚轮，它们的摩擦阻力近似为零。试计算；(1)工作台稳定上升时的效率，已知螺旋副当量摩擦系数为 0.10。(2)稳定上升时加于螺杆上的力矩。(3)若工作台以 800 mm/min 的速度上升，试按稳定运转条件求螺杆所需转速和功率。(4)欲使工作台在载荷作用下等速下降，是否需要制动装置？加于螺杆上的制动力矩应为多少？

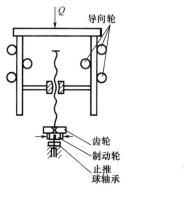

图 9-36

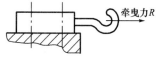

图 9-37

9-3 如图 9-37 所示，用两个 M10 的螺钉固定一牵曳钩，若螺钉材料为 A3 钢，装配时控制预紧力，接合面摩擦系数 $f=0.15$，求其允许牵曳力。

9-4 凸缘联轴器，允许传递的最大转矩 T 为 1 500 N·m(静载荷)，材料为 HT250。联轴器用 4 个 M16 铰制孔用螺栓联成一体，螺栓材料为 45 钢。试选取合适的螺栓长度，并校核其剪切和挤压强度。

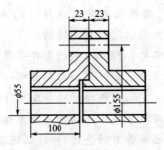

图 9-38

9-5 图 9-38 中凸缘联轴器若采用 M16 螺栓联成一体。以摩擦力来传递转矩,螺栓材料为 45 钢,接合面摩擦系数 $f = 0.15$,安装时不控制预紧力,试决定螺栓数(螺栓数常取偶数)。

9-6 试为题 9-4 中的联轴器选择平键并校核键连接的强度。

第 10 章　蜗杆传动

导学导读

主要内容：本章主要介绍阿基米德蜗杆传动的主要参数、几何尺寸计算、强度计算以及热平衡计算等。

学习目的与要求：了解蜗杆传动的特点、基本参数和尺寸计算；了解蜗杆传动的失效形式、设计准则和材料选择。掌握蜗杆传动的受力分析、运动分析、强度计算和热平衡计算。

重点与难点：本章重点是蜗杆传动的主要参数选择、几何尺寸计算、蜗杆传动的受力分析、强度计算和蜗杆蜗轮的结构。本章难点是蜗杆传动的受力分析和运动分析。

学习指导：蜗杆传动是由斜齿轮传动演化而来的，故蜗杆传动与齿轮传动有许多共同点，其研究方法与齿轮传动基本相同。学习时应注意两种传动的区别，抓住蜗杆传动的特点并应注意到蜗杆传动的设计计算除强度问题外还涉及热平衡的计算。

§10-1　蜗杆传动的组成、类型和特点

一、蜗杆传动的组成及类型

蜗杆传动是由蜗杆和蜗轮组成的（图 10-1），它用于传递交错轴之间的回转运动和动力，通常两轴交错角为 90°。传动功率可达 200 kW，一般在 50 kW 以下。蜗杆传动广泛应用于各种机器和仪器中。

按形状的不同，蜗杆可分为：圆柱蜗杆（图 10-2(a)）和圆弧面蜗杆（图 10-2(b)）。

圆柱蜗杆按其螺旋面的形状又分为阿基米德蜗杆和渐开线蜗杆等。

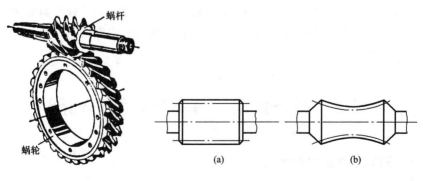

图 10-1　蜗杆与蜗轮　　　　　　图 10-2　圆柱蜗杆与圆弧面蜗杆

阿基米德蜗杆螺旋面的形成与螺纹的形成相同,如图 10-3(a)所示。图形 $ABCD$ 上的 A 点沿圆柱体的螺旋线旋绕时,保持此图形通过圆柱体的轴线,则它在空间所描绘的轨迹就是阿基米德蜗杆的螺旋面。

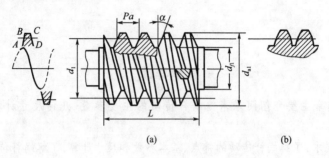

图 10-3 阿基米德蜗杆与渐开线蜗杆

和螺纹一样,蜗杆也有左、右旋之分,常用的是右旋蜗杆。

车削阿基米德蜗杆时,刀具切削刃的平面应通过蜗杆的轴线,与加工普通丝杠类似。切得的轴向齿廓侧边为直线,两侧边间的夹角 $2\alpha=40°$。在垂直于蜗杆轴线的截面上,齿廓为阿基米德螺旋线。

渐开线蜗杆的齿形,在垂直于蜗杆轴线的截面内为渐开线,在通过蜗杆轴线的截面内为凸廓曲线(图 10-3(b))。这种蜗杆可以像圆柱齿轮那样用滚刀铣削,适用于成批生产。

二、蜗杆传动的特点

与齿轮传动相比,蜗杆传动有很多不同点:

(1)传动比大 蜗杆传动能得到很大的传动比,在分度机构中传动比可达 1 000;在动力传动中传动比为 10～80。由于传动比大,故结构紧凑。

(2)传动平稳 蜗杆好像一螺旋,当蜗杆推动蜗轮转动时,相当于螺旋的连续传动,故传动平稳、噪声很小。

(3)可以自锁 蜗杆传动可以设计成具有自锁性能的传动(即只能由蜗杆带动蜗轮,而蜗轮不能带动蜗杆)。

(4)效率低 蜗杆传动的效率较低,一般为 0.7～0.9。在自锁的蜗杆传动中,效率更低,仅为 0.4 左右。因而工作时发热量大,当连续工作时,要求有良好的润滑和散热。

(5)成本较高 在动力传动中,为了减摩和耐磨,蜗轮齿圈常需用青铜制造,故成本较高。

§10-2 蜗杆传动的基本参数和几何尺寸

一、蜗杆传动的基本参数

1.模数 m 和压力角 α

如图 10-4 所示,通过蜗杆轴线并垂直于蜗轮轴线的平面,称为主平面。由于蜗轮是用与蜗杆形状相仿的滚刀(为了保证轮齿啮合时的径向间隙,滚刀外径稍大于蜗杆顶圆直径),按范成原理切制轮齿,所以在主平面内蜗轮与蜗杆的啮合就相当于渐开线齿轮与齿条的啮合。蜗杆传动的设计计算都以主平面的参数和几何关系为准。它们正确啮合条件是:蜗杆轴向模数 m_{a1} 和轴向压力角 α_{a1} 应分别等于蜗轮端面模数 m_{t2} 和端面压力角 α_{t2},即

$$m_{a1} = m_{t2} = m,$$

$$\alpha_{a1} = \alpha_{t2} = \alpha$$

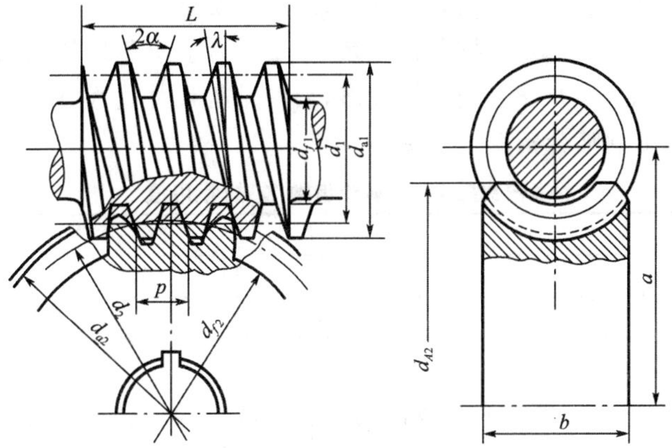

图 10-4　螺杆传动的主要参数

模数 m 的标准值,见表 10-1,压力角 α 规定为 20°。

表 10-1　　　　普通圆柱蜗杆传动的 m 与 d_1 搭配值(摘自 GB10085-88)

m	1	1.25		1.6		2			
d_1	18	20	22.4	20	28	(18)	22.4	(28)	35.5
$m^2 d_1$	18	31.25	35	51.2	71.68	72	89.6	112	142
m	2.5				3.15			4		
d_1	(22.4)	28	(35.5)	45	(28)	353.5	(45)	56	(31.5)	40	(50)	71
$m^2 d_1$	140	175	221.9	281	277.8	352.2	446.5	556	504	640	800	1 136
m	5				6.3			8		
d_1	(40)	50	(63)	90	(50)	63	(80)	112	(63)	80	(100)	140
$m^2 d_1$	1 000	1 250	1 575	2 250	1 985	2 500	3 175	4 445	4 032	5 376	6 400	8 960
m	10				12.5			16		
d_1	(71)	90	(112)	160	(90)	112	(140)	200	(112)	140	(180)	250
$m^2 d_1$	7100	9 000	11 200	16 000	14 062	17 500	21 875	31 250	28 672	35 840	46 080	64 000

如图 10-4 所示,齿厚与齿槽宽相等的圆称为蜗杆分度圆。其直径用 d_1 表示。蜗轮分度圆直径用 d_2 表示。

在两轴交错角为 90°的蜗杆传动中,蜗杆分度圆柱上的螺旋线升角 λ 应等于蜗轮分度圆柱上的螺旋角 β,且两者的旋向必须相同。即

$$\lambda = \beta$$

当用滚刀切制蜗轮时,为了减少蜗轮滚刀的规格数量,d_1 亦标准化,且与 m 有一定的搭配,其搭配值见表 10-1。

2.传动比 i、蜗杆头数 Z_1 和蜗轮齿数 Z_2

设蜗杆头数(即螺旋线数目)为 Z_1,蜗轮齿数为 Z_2,当蜗杆转一周时,蜗轮将转过 Z_1

个齿。因此,其传动比为

$$i=\frac{n_1}{n_2}=\frac{Z_2}{Z_1} \tag{10-1}$$

式 n_1 和 n_2 分别为蜗杆和蜗轮的转速,r/min。

蜗杆头数通常为 $Z_1=1$、2、4。若要得到大传动比时,可取 $Z_1=1$,但传动效率较低。传递功率较大时,为提高效率可采用多头蜗杆,取 $Z_1=2$ 或 4。

蜗轮齿数 $Z_2=iZ_1$。Z_1、Z_2 的推荐值见表 10-2。为了避免蜗轮轮齿发生根切,Z_2 不应少于 26,但也不宜大于 $60\sim80$。若 Z_2 过多,会使结构尺寸过大,蜗杆长度也随之增加,致使蜗杆刚度不够,影响啮合精度。

表 10-2　　　　　　　蜗杆头数 Z_1 与蜗轮齿数 Z_2 的荐用值

传动比 i	$7\sim13$	$14\sim27$	$28\sim40$	>40
蜗杆头数 z_1	4	2	2,1	1
蜗轮齿数 z_2	$28\sim52$	$28\sim54$	$28\sim80$	>40

3.螺旋线升角 λ

如图 10-5 所示,蜗杆螺旋面和分度圆的交线是螺纹线。设 λ 为蜗杆分度圆上的螺旋线升角,p_{a1} 为轴向齿距。由图 10-5 得

$$\tan\lambda=\frac{Z_1 P_{a1}}{\pi d_1}=\frac{Z_1 m}{d_1} \tag{10-2}$$

由上式可知,d_1 越小,升角 λ 越大,传动效率也越高,但蜗杆的刚度和强度越小。所以转速高的蜗杆可取较小的 d_1 值,蜗轮齿数 Z_2 较多时可取较大的 d_1 值。

4.齿面间滑动速度 v_s

蜗杆传动即使在节点 C 处啮合,齿廓之间也有较大的相对滑动,滑动速度 v_s 沿蜗杆螺旋线方向,设蜗杆圆周速度为 v_1、蜗轮圆周速度为 v_2,由图 10-6 可得

$$v_s=\sqrt{v_1^2+v_2^2}=\frac{v_1}{\cos\lambda}\ (\text{m/s}) \tag{10-3}$$

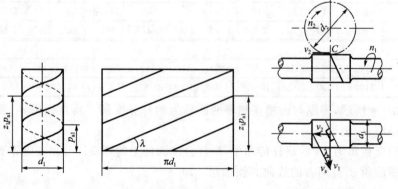

图 10-5　螺旋线升角　　　　　图 10-6　滑动速度

5.中心距

当蜗杆节圆与分度圆重合时称为标准传动。其中心距计算式为

$$a=\frac{1}{2}(d_1+d_2) \tag{10-4}$$

二、蜗杆传动的几何尺寸计算

设计蜗杆传动时,一般是先根据传动的功用和传动比的要求,选择蜗杆头数 Z_1 和蜗轮齿数 Z_2,然后再按强度计算确定模数 m 和分度圆直径 d。当上述基本参数确定后,可根据表 10-3 计算出蜗杆、蜗轮的几何尺寸(两轴交错角 90°、标准传动)。

表 10-3　　　　　　　　　普通圆柱蜗杆传动的几何尺寸计算

名　称	符号	计算公式	
		蜗杆	蜗轮
分度圆直径	d	$d_1 = qm$	$d_2 = z_2 m$
齿顶高	h_a	$h_a = m$	
齿根高	h_f	$h_f = 1.2m$	
齿顶圆直径	d_a	$d_{a1} = (q+2)m$	$d_{a2} = (z_2+2)m$
齿根圆直径	d_f	$d_{f1} = (q-2.4)m$	$d_{f2} = (z_2-2.4)m$
蜗杆导程角	γ	$r = \arctan \dfrac{z_1}{q}$	
蜗轮螺旋角	β	$\beta = \gamma$	
标准中心矩	a	$a = 0.5(d_1+d_2) = 0.5m(z_2+q)$	

注:参看图 10-4。

§10-3　蜗杆和蜗轮的结构

一、蜗杆的结构

蜗杆的有齿部分与轴的直径相差不大,常与轴制成一体,称为蜗杆轴(图 10-7)。为了保证齿根有较大的圆角半径 R,故轴的直径 d_h 应小于蜗杆的齿根圆直径 d_{f1}。

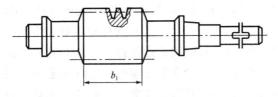

图 10-7　蜗杆轴

蜗杆有齿部分的长度 b:当 $Z_1 = 1$ 或 2 时,$b \geqslant (11+0.06Z_2)m$;当 $Z = 4$ 时 $b \geqslant (12.5+0.09Z_2)m$。

二、蜗轮的结构

蜗轮可以制成整体的(图 10-8)。但为了节约贵重的有色金属,对大尺寸的蜗轮通常采用组合式结构,即齿圈用有色金属制造,而轮芯用钢或铸铁制成(图 10-8(b))。采用组合结构时,齿圈和轮芯间可用过盈连接。为工作可靠起见,沿接合面圆周装上 4～8 个螺钉。为了便于钻孔,应将螺孔中心线向材料较硬的一边偏移 2～3 mm。这种结构用于尺寸不大而工作温度变化又较小的地方。轮圈与轮芯也可用铰制孔用螺栓来连接(图 10-8

(c))。由于装拆方便常用于尺寸较大或磨损后需要更换齿圈的场合。对于成批制造的蜗轮,常在铸铁轮芯上浇铸出青铜齿圈(图 10-8(d))。

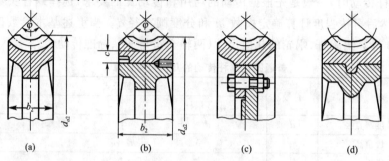

图 10-8　蜗轮的结构

蜗轮齿圈的尺寸见表 10-4。

表 10-4　　　　　　　　　　　蜗轮轮圈的尺寸

蜗杆头数	1	2	4
涡轮外径 $d_{a2} \leqslant$	$d_{a2}+2m$	$d_{a2}+1.5m$	$d_{a2}+m$
轮缘宽度 $b_2 \leqslant$	0.75d_{a1}		0.67d_{a1}
轮齿包角 $\phi=$	90°～130°		
轮圈厚度 $c \approx$	1.6 m+1.5 mm		

§10-4　蜗杆传动的失效形式、设计准则和材料选择

一、蜗杆传动的失效形式和设计准则

蜗杆传动的失效形式和齿轮传动的失效形式基本相同,有轮齿折断、疲劳点蚀、胶合和磨损等。但蜗杆传动齿面间具有较大的滑动速度,传动效率低,当润滑不良时很容易发生胶合和磨损。其中闭式传动容易出现胶合,开式传动主要是齿面磨损。目前对胶合和磨损的计算尚无成熟的方法,通常只按蜗轮齿面接触强度和轮齿弯曲强度进行条件性计算。由于蜗轮齿的根部是圆环面,很少发生轮齿根部折断情况,只有在强烈冲击或采用脆性材料时才有可能折断,故一般不计算齿根弯曲疲劳强度。本章仅讨论蜗轮齿面的接触疲劳强度。

由于蜗杆齿是连续的螺旋,且材料硬度又高,故蜗杆副的失效总出现在蜗轮上。蜗杆如同一根细长的轴,过分的弯曲变形将会造成啮合区域接触不良,因此当蜗杆轴的支承跨距较大时,应验算其刚度。

二、蜗杆、蜗轮的材料选择

基于蜗杆传动的失效特点,选择蜗杆和蜗轮材料组合时,不但要求有足够的强度,而且要有良好的减摩、耐磨和抗胶合的能力。实践证明,较理想的蜗杆副材料是青铜蜗轮齿圈配淬硬磨削的钢制蜗杆。

1. 蜗杆材料

对高速重载的传动,蜗杆常用低碳合金钢(如 20Cr、20CrMnTi),经渗碳淬火后表面硬度达 HRC56～62,并须磨削。对中速中载运动,蜗杆常用 45 钢、40Cr、35SiMn 等,表面经高频淬火后硬度达 HRC45～55,必须磨削。对一般蜗杆可采用 45、40 等碳钢调质处理(硬度为 HB210～230)。

2. 蜗轮材料

常用的蜗轮材料为铸造锡青铜(ZQSn10-1、ZQSn-6-3)、铸造铝铜 ZQA19-4 及灰铸铁 HT150、HT200 等。锡青铜的胶合、减摩及耐磨性能最好,但价格较高,用于 $v_s \geqslant 6$ m/s 的重要传动;铝铁青铜具有足够的强度,并耐冲击、价格便宜,但抗胶合及耐磨性能不如锡青铜,一般用于 $v_s \leqslant 6$ m/s 的传动;灰铸铁用于 $v_s \leqslant 2$ m/s 的不重要场合。

§10-5　蜗杆传动的受力分析

分析蜗杆传动的作用力时,可先根据蜗杆的旋转方向和螺旋线旋向,按照螺旋副的运动规律确定蜗轮的旋转方向,例如:图 10-9 所示为蜗杆下置的传动,当右旋蜗杆顺时针旋转时,蜗轮只能逆时针转动。

蜗杆传动的受力分析和斜齿圆柱齿轮的受力分析相似,在不计摩擦力的情况下,齿面上的法向力可分解为三个相互垂直的分力:圆周力 F_t、轴向力 F_a 和径向力 F_r (图 10-10)。

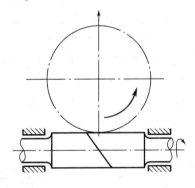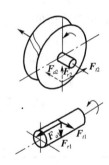

图 10-9　确定蜗轮的旋转方向　　　　图 10-10　蜗杆与蜗轮的作用力

在确定蜗杆和蜗轮受力方向时,须先指明主动件和被动件(一般蜗杆为主动件);螺旋线是左旋还是右旋;蜗杆的转向及蜗杆的位置。图 10-10 表示下置右旋蜗杆、蜗轮上的三个分力方向。

轴向力的方向也可根据左、右手定则来定。图中右旋蜗杆用右手四指所示方向为蜗杆转向,拇指所示方向则为轴向力 F_{a1} 的方向,而蜗轮上的圆周力 F_{t2} 的方向与之大小相等,方向相反。

其他两对力的方向是:蜗杆圆周力 F_{t1} 与主动蜗杆的转向相反,它与蜗轮的轴向力 F_{a2} 是一对作用与反作用力;径向力 F_{r1} 与 F_{r2} 是另一对作用与反作用力,它们的方向分别指向各自轴心。

各力的大小可按下式计算：

$$F_{t1} = F_{a2} = \frac{2T_1}{d_1} \tag{10-5}$$

$$F_{a1} = F_{t2} = \frac{2T_2}{d_2} \tag{10-6}$$

$$F_{r1} = F_{r2} = F_{t2}\tan\alpha \tag{10-7}$$

式中 T_1、T_2 分别为作用在蜗杆和蜗轮上的转矩；$T_2 = T_1 i\eta$，η 为蜗杆传动的效率。

蜗杆轴本身的强度及刚度验算和轴一样，见相关章节。

§10-6 蜗杆传动的强度计算

蜗轮齿面的接触强度计算与斜齿轮相似，仍以赫兹公式为计算基础。如以蜗杆蜗轮在节点处啮合的相应参数代入式(8-9)，便可得到轮齿齿面接触强度的验算公式

$$\sigma_H = 500\sqrt{\frac{KT_2}{d_1 d_2^2}} \leqslant [\sigma_H] \tag{10-8}$$

上式适用于钢制蜗杆对青铜或铸铁蜗轮(指齿圈)。由式(10-8)可得设计公式如下

$$m^2 d_1 \geqslant \left(\frac{5000}{Z_2[\sigma_H]}\right)^2 KT_2 \text{(mm}^3) \tag{10-9}$$

上两式中，σ_H、$[\sigma_H]$ 分别为齿面接触应力和许用接触应力，N/mm^2；d_1、d_2 分别为蜗杆分度圆直径和蜗轮的分度圆直径，mm；m 为模数，mm；Z_2 为蜗轮齿数；K 为载荷系数，用来考虑载荷集中和动载荷的影响，可取 $K=1.1\sim1.4$；T_2 为蜗轮轴的转距，N·mm。

若蜗轮齿圈是锡青铜制造的，蜗轮的损坏形式主要是疲劳点蚀，其许用接触应力列于表 10-5 中。若蜗轮用无锡青铜或铸铁制造时，蜗轮的损坏形式主要是胶合。这时接触强度计算是条件性计算，故许用应力应根据材料组合和滑动速度来确定。表 10-6 的许用接触应力就是根据抗胶合条件拟定的。

表 10-5		锡青铜蜗轮的许用接触应力 $[\sigma_H]$				(N/mm²)
蜗轮材料	铸造方法	滑动速度	$[\sigma_H]$/MPa 蜗杆齿面硬度		$[\sigma_F]$/MPa 受载状况	
			≤350HBS	>45HRC	单侧	双侧
ZCuSn10P1	砂 模	≤12	180	200	51	32
(铸造锡磷青铜)	金属模	≤25	200	220	70	40
ZCuSn5Pb5Zn5	砂 模	≤10	110	125	33	24
(铸造锡铅锌青铜)	金属模	≤12	135	150	40	29

表 10-6	铝铁青铜及铸铁蜗轮的许用接触应力 $[\sigma_H]$								(N/mm²)		
蜗轮材料	蜗杆材料	$[\sigma_H]$/MPa							铸造方法	$[\sigma_F]$/MPa	
		滑动速度 v_s/m·s^{-1}								受载状况	
		0.5	1	2	3	4	6	8		单侧	双侧
ZCuAl10Fe3 (铝铁青铜)	淬火钢	250	230	210	180	160	120	90	砂模	82	64
HT150 HT200	渗碳钢	130	115	90						40~48	25~30
HT150	调质钢	110	90	70						40~48	35

蜗杆未经淬火时,需将表中 $[\sigma_H]$ 值降低 20%。

【例 10-1】 试设计一由电动机驱动的单级蜗杆减速器中的蜗杆传动。电动机功率 $P_1 = 7.5$ kW,转速 $n_1 = 960$ r/min,传动比 $i = 21$,载荷平稳,单向回转。

解 (1)选择材料并确定其许用应力

蜗杆选用 40Cr,HRC45~50,蜗轮选用 ZQAl9-4,估计 $v_s = 4$ m/s,根据表 10-6,$[\sigma_H] = 160$ N/mm²

(2)选择蜗杆头数

由传动比 $i = 21$,查表 10-2,选取 $Z_1 = 2$,
$$Z_2 = iZ_1 = 21 \times 2 = 42$$

(3)确定蜗轮轴的转速和转矩
$$n_2 = \frac{n_1}{i} = \frac{960}{21} = 45.7 \text{ r/min}$$

取 $K = 1.2$,传动效率 $\eta = 0.82$(见 §10-7)
$$KT_2 = \frac{9.55 \times 10^6 KP_1\eta}{n_2} = \frac{9.55 \times 10^6 \times 1.2 \times 7.5 \times 0.82}{45.7} = 1.54 \times 10^6 \text{ N·mm}$$

(4)计算中心距的模数

按齿面接触强度计算,
$$m^2 d_1 \geqslant \left(\frac{500}{Z_2[\sigma_H]}\right)^2 KT_2 = \left(\frac{500}{42 \times 160}\right)^2 \times 1.54 \times 10^6 = 8525.5 \text{ (mm}^3)$$

查表 10-1 取
$$m^2 d_1 = 9000 \text{ mm}^3 \text{ 得 } m = 10 \text{ mm}, d_1 = 90 \text{ mm}$$

(5)确定中心距
$$a = \frac{1}{2}(d_1 + d_2) = \frac{1}{2}(90 + 10 \times 42) = 199.5 \text{ mm}$$

(6)确定几何尺寸(略)

(7)计算滑动速度 v_s
$$v_1 = \frac{\pi d_1 n_1}{60 \times 1000} = \frac{3.14 \times 90 \times 960}{60 \times 1000} = 4.52 \text{ (m/s)}$$

$$\lambda = \arctan\frac{Z_1 m}{d_1} = \arctan\frac{2 \times 10}{90} = 12.5288° \text{(即 } \lambda = 12°31'43'')$$

$$v_s = \frac{v_1}{\cos\lambda} = \frac{4.52}{\cos12.5288°} = 4.63 \ (\text{m/s})$$

与原估计的 λ_s 值相近

§10-7 蜗杆传动的效率、润滑和热平衡计算

一、蜗杆传动的效率

与齿轮传动类似,闭式蜗杆传动的功率损耗包括三部分:轮齿啮合的功率损耗,轴承中摩擦损耗以及搅动箱体内润滑油的油阻损耗。其中最主要的是由齿面相对滑动而引起的啮合损耗,相应的啮合效率可根据螺旋传动的效率公式求得。

蜗杆主动时,蜗杆传动的总效率为

$$\eta = (0.95\sim0.97)\frac{\tan\lambda}{\tan(\lambda+\rho_v)} \tag{10-10}$$

式中 λ 为蜗杆螺旋副升角, ρ_v 为当量摩擦角, $\rho_v = \arctan f_v$。当量摩擦系数 f_v 主要与蜗杆副材料、表面状况以及滑动速度等有关(见表10-7)。

表 10-7 　　　　　　　　　当量摩擦系数 f_v 和当量摩擦角 ρ_v

蜗轮材料	锡青铜				无锡青铜	
蜗轮齿面硬度	HRC≥45		HRC<45		HRC≥45	
滑动速度 $v_s/\text{m·s}^{-1}$	f_v	ρ_v	f_v	ρ_v	f_v	ρ_v
1.00	0.045	2°35′	0.055	3°09′	0.073	4°00′
2.00	0.035	2°00′	0.045	2°35′	0.055	3°09′
3.00	0.028	1°36′	0.035	2°00′	0.045	2°35′
4.00	0.024	1°22′	0.031	1°47′	0.04	2°17′
5.00	0.022	1°16′	0.029	1°40′	0.035	2°00′
8.00	0.018	1°02′	0.026	1°29′	0.03	1°43′

注:1. HRC>45 的蜗杆,其 f_v、ρ_v 值是指经过磨削和跑合并有充分润滑的情况。

2. 蜗轮材料为灰铸铁时,可按无锡青铜查取 f_v、ρ_v。

由式(10-10)可知,增大升角 λ 可提高效率,故常采用多头蜗杆。但升角过大,会引起蜗杆加工困难,而且升角 $\lambda > 28°$ 时,效率提高很少。

$\lambda \leqslant \rho_v$ 时,蜗杆传动具有自锁性,但效率很低($\eta < 50\%$)。必须注意,在振动条件下,ρ_v 值的波动可能很大,因此不宜单靠蜗杆传动的自锁作用来实现制动。在重要场合应另加制动装置。

估计蜗杆传动的总效率时,可取下列数值:

闭式传动 $Z_1 = 1$　　$\eta = 0.70\sim0.75$

　　　　　$Z_1 = 2$　　$\eta = 0.75\sim0.82$

　　　　　$Z_1 = 4$　　$\eta = 0.87\sim0.9$

开式传动　$Z_1 = 1、2$　　$\eta = 0.60\sim0.70$

二、蜗杆传动的润滑

由于蜗杆传动的滑动速度大,效率低,发热量大,若润滑不良,会引起蜗轮齿面的磨损及胶合。对于闭式传动,润滑油的黏度和给油方法可根据滑动速度 v_s 和载荷类型按表10-8进行选择,表中黏度是 40℃ 时的测试值。对于开式传动可采用黏度较高的润滑油或润滑脂。

当采用油池润滑时,对于蜗杆下置或侧置的传动,蜗杆浸入油池中的深度约为一个齿高。当蜗杆的圆周速度 $v_1 > 4$ m/s 时,常将蜗杆上置,这时蜗轮浸入油池中深度可达半径的 1/3。

表 10-8　　　　　　　　　　蜗杆传动的润滑油黏度推荐值和给油方法

滑动速度 v_s/m·s^{-1}	<1	<2.5	<5	5~10	10~15	15~25	>25
工作条件	重载	重载	中载	—	—	—	—
黏度,v_{40}℃/(mm²/s)	1 000	680	320		150	100	68
润滑方法	油浴	油浴	油浴	油浴或喷油	压力喷油润滑及其压力/N·mm²		
					0.07	0.2	0.3

三、蜗杆传动的热平衡计算

由于蜗杆传动效率低、发热量大,若不及时散热,会引起箱体内油温升高、润滑失效。导致轮齿磨损加剧,甚至出现胶合,因此对大功率连续工作的闭式蜗杆传动要进行热平衡计算。

在闭式传动中,热量系通过箱壳散逸,且要求箱体内的油温 t(℃)和周围空气温度 t_0(℃)之差不超过允许值

$$\Delta t = \frac{1\ 000 P_1 (1-\eta)}{k_t A} \leqslant [\Delta t] \tag{10-11}$$

式中　Δt——温度差,$\Delta t = (t - t_0)$;

　　　P_1——蜗杆传递功率,kW;

　　　η　——传动效率;

　　　k_t——散热系数,根据箱体周围通风条件;一般取 $k_t = 10 \sim 17$ J/(m²·s·℃);

　　　A——散热面积,m²,指箱体外壁与空气接触而内壁被油飞溅到的箱壳面积。对于箱体上的散热片,其散热面积按 50% 计算;

　　　$[\Delta t]$——温差允许值,一般为 60℃~70℃,并应使油温 $t = t_0 + \Delta t$ 小于 90℃。

如果超过温差允许值,可采取下述冷却措施:

(1)增加散热面积合理设计箱体结构,铸出或焊上散热片。

(2)提高散热系数　在蜗杆轴上装置风扇(图 10-11(a));箱体油池内装设蛇形冷却水管,用循环水冷却(见图 10-11(b));采用压力喷油循环润滑,油泵将高温的润滑油抽至箱体外,经过滤器、冷却器后,喷射到传动的啮合部位(图 10-11(c))。

【**例 10-2**】　试计算图 10-11 所示蜗杆传动的效率,若已知散热面积 $A = 1.5$ m²,试计算润滑油的温升。

解　(1)传动效率

按 $v_s = 4.63$ m/s,由表 10-7 查得钢螺杆与铝铁青铜蜗轮的当量摩擦角 $\rho_v \approx 2.5°$,故

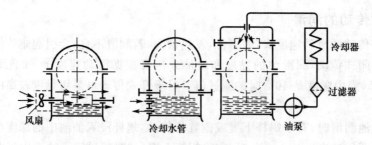

图 10-11 蜗杆传动的散热力法

$$\eta = (0.95 \sim 097)\frac{\tan\lambda}{\tan(\lambda+\rho_v)} = (0.95 \sim 0.97)\frac{\tan 12.5288°}{\tan(12.5288°+2.5°)} = 0.8 \sim 0.82$$

与例 10-1 原估计相近

（2）散热计算

$$A = 1.5 \text{ m}^2，取 k_t = 15 \text{ J/(m}^2 \cdot \text{s} \cdot \text{℃})$$

$$\Delta t = \frac{1\,000P_1(1-\eta)}{k_t \cdot A} = \frac{1\,000 \times 7.5(1-0.82)}{15 \times 1.5} = 60℃ < [\Delta t] = 60℃ \sim 70℃$$

设室温 $t_0 = 20℃$，则 $t = t_0 + \Delta t = 20℃ + 60℃ = 80℃$，小于 90℃，合宜。

思考题

10-1 与齿轮传动相比，蜗杆传动有哪些特点？

10-2 镶配蜗轮齿圈结构有哪几种？加紧定螺钉的目的是什么？

10-3 为什么蜗轮齿圈常用青铜制造？当采用无锡青铜或铸铁制造蜗轮时，失效形式是哪一种？此时 $[\sigma_H]$ 值与什么有关？

10-4 蜗杆传动的总效率包括哪几部分？如何提高啮合效率？

10-5 指出图 10-12 中未注明的蜗杆或蜗轮的转向。并绘出其（a）图中蜗杆和蜗轮力作用点三个分力的方向（蜗杆均为主动）。

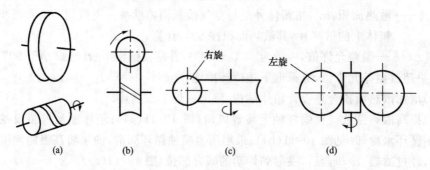

图 10-12

10-6 对连续工作的闭式蜗杆传动为什么要进行热平衡计算？采取哪些措施可改善散热条件？

习　题

10-1　计算例 10-1 的蜗杆和蜗轮的几何尺寸。

10-2　如图 10-13 所示,蜗杆主动,$T_1 = 20$ N·m,$m = 4$ mm,$Z_1 = 2$,$d_1 = 50$ mm,蜗轮齿数 $Z_2 = 50$,传动的啮合效率 $\eta = 0.75$。试确定:(1)蜗轮的转向;(2)蜗杆与蜗轮上作用力的大小和方向。

10-3　如图 10-14 所示蜗杆传动和圆锥齿轮传动的组合。已知输出轴上的锥齿轮 Z_4 的转向。(1)试确定蜗杆传动的螺旋线方向,使中间轴的轴向力抵消一部分;(2)在图中标出各轮轴向力的方向。

10-4　试设计一由电动机驱动的单级圆柱蜗杆减速器。电动机功率为 7 kW,转速为 1 440 r/min,蜗轮轴转速为 30 r/min,载荷平稳,单向传动。

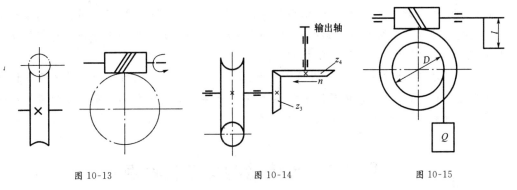

图 10-13　　　　　　　　　图 10-14　　　　　　　　　图 10-15

10-5　蜗杆减速器,蜗杆轴功率 $P_1 = 100$ kW,传动总效率 $\eta = 0.8$,三班制工作。如工业用电为每度 0.12 元,试计算五年中用于功率损耗的费用。

10-6　手动铰车采用蜗杆传动,已知 $m = 8$ mm,$Z_1 = 1$、$d_1 = 80$ mm,$Z_2 = 40$,卷筒直径 $D = 200$ mm。问(1)欲使重物 Q 上升 1 m,蜗杆应转多少转? (2)蜗杆蜗轮间的当量摩擦系数 $f' = 0.18$,该机构能否自锁? (3)若重物 $Q = 5$ kW,手摇时施加的力 $F = 100$ N,手柄转臂的长度 L 应是多少?

第11章 带传动和链传动

导学导读

主要内容:带传动的类型、工作原理、特点及应用;带传动的受力分析、带的应力分析、滑动分析,以及V带的设计准则和设计方法、带轮的结构设计等。链传动的类型、工作原理、特点及应用;链传动的运动分析;套筒滚子链的失效形式和计算准则;套筒滚子链的参数选择和设计计算。

学习目的与要求:了解带传动的类型、特点及应用场合;了解V带的结构及其标准、V带传动的张紧方法和装置;掌握带传动的工作原理、受力分析、带的应力分析、滑动分析、V带传动的失效形式和设计准则,掌握V带传动的设计方法和步骤;了解链传动的多边形效应及其对传动和参数选择的影响;了解功率曲线的组成,掌握按功率曲线设计链传动的方法;了解链传动的布置张紧和维护常识。

重点与难点:重点是带传动的工作原理、受力分析及应力分析;V带传动的设计计算和参数选择;根据工作条件选择链号和参数,按功率曲线设计链传动。难点是对带传动弹性滑动的理解;对链传动多边形效应的理解。

§11-1 带传动的类型和特点

带传动由主动带轮 1、从动带轮 2 和挠性带 3 组成,借助带与带轮之间的摩擦或啮合,将主动轮 1 的运动传给从动轮 2,如图 11-1 所示。

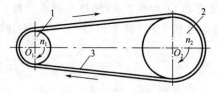

图 11-1 带传动示意图

一、带传动的类型

根据工作原理不同,带传动可分为摩擦带传动和啮合带传动两类。

1. 摩擦带传动

摩擦带传动是依靠带与带轮之间的摩擦力传递运动的。按带的横截面形状不同可分为四种类型,如图 11-2 所示。

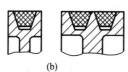

(a)　　　　　　　(b)　　　　　　　(c)　　　　　　(d)

图 11-2　带传动的类型

（1）平带传动　平带的横截面为扁平矩形（图 11-2(a)），内表面与轮缘接触为工作面。常用的平带有普通平带（胶帆布带）、皮革平带和棉布带等，在高速传动中常使用麻织带和丝织带。其中以普通平带应用最广。平带可适用于平行轴交叉传动和交错轴的半交叉传动。

（2）V 带传动　V 带的横截面为梯形，两侧面为工作面（图 11-2(b)），工作时 V 带与带轮槽两侧面接触，在同样压力 F_Q 的作用下，V 带传动的摩擦力约为平带传动的三倍，故能传递较大的载荷。

（3）多楔带传动　多楔带是若干 V 带的组合（图 11-2(c)），可避免多根 V 带长度不等，传力不均的缺点。

（4）圆形带传动　横截面为圆形（图 11-2(d)），常用皮革或棉绳制成，只用于小功率传动。

2.啮合带传动

啮合带传动依靠带轮上的齿与带上的齿或孔啮合传递运动。啮合带传动有两种类型，如图 11-3 所示。

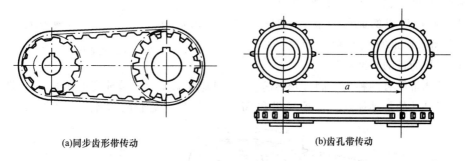

(a)同步齿形带传动　　　　　　　　　　　　(b)齿孔带传动

图 11-3　啮合带传动

（1）同步带传动　利用带的齿与带轮上的齿相啮合传递运动和动力，带与带轮间为啮合传动没有相对滑动，可保持主、从动轮线速度同步（图 11-3(a)）。

（2）齿孔带传动　带上的孔与轮上的齿相啮合，同样可避免带与带轮之间的相对滑动，使主、从动轮保持同步运动（图 11-3(b)）。

二、带传动的特点

摩擦带传动具有以下特点：

(1)结构简单，适宜用于两轴中心距较大的场合。

(2)胶带富有弹性，能缓冲吸振，传动平稳无噪声。

(3)过载时可产生打滑、能防止薄弱零件的损坏，起安全保护作用。但不能保持准确的传动比。

(4)传动带需张紧在带轮上,对轴和轴承的压力较大。

(5)外廓尺寸大,传动效率低(一般 0.94～0.96)。

根据上述特点,带传动多用于:①中、小功率传动(通常不大于 100 kW);②原动机输出轴的第一级传动(工作速度一般为 5～25 m/s);③传动比要求不十分准确的机械。

§11-2　V 带和带轮

一、带的构造和标准

标准 V 带都制成无接头的环形,其横截面由强力层 1、伸张层 2、压缩层 3 和包布层 4 构成,如图 11-4 所示。伸张层和压缩层均由胶料组成,包布层由胶帆布组成,强力层是承受载荷的主体,分为帘布结构(由胶帘布组成)和线绳结构(由胶线绳组成)两种。帘布结构抗拉强度高,一般用途的 V 带多采用这种结构。线绳结构比较柔软,弯曲疲劳强度较好,但拉伸强度低,常用于载荷不大,直径较小的带轮和转速较高的场合。V 带在规定张紧力下弯绕在带轮上时外层受拉伸变长,内层受压缩变短,两层之间存在一长度不变的中性层,沿中性层形成的面称为节面,如图 11-5 所示。节面的宽度称为节宽 b_p。节面的周长为带的基准长度 L_d。

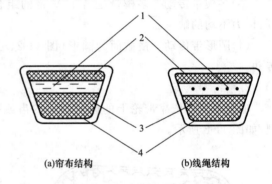

(a)帘布结构　(b)线绳结构

图 11-4　V 带剖面结构

V 带和带轮有两种尺寸制,即有效宽度制和基准宽度制。基准宽度制是以 V 带的节宽为特征参数的传动体系。普通 V 带和 SP 型窄 V 带为基准宽度制传动用带。

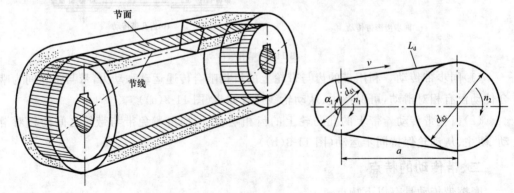

图 11-5　V 带的节面和节线

按 GB/T 11544—97 规定,普通 V 带分为 Y、Z、A、B、C、D、E 七种,截面高度与节宽的比值为 0.7;窄 V 带分为 SPZ、SPA、SPB、SPC 四种,截面高度与节宽的比值为 0.9。带的截面尺寸如表 11-1 所示,基准长度系列如表 11-2 所示。窄 V 带的强力层采用高强度绳芯,能承受较大的预紧力,且可挠曲次数增加,当带高与普通 V 带相同时其带宽较普通 V 带小约 1/3,而承载能力可提高 1.5～2.5 倍。在传递相同功率时,带轮宽度和直径可减小,费用比普通 V 带降低 20%～40%,故应用日趋广泛。V 带的型号和标准长度都压印在胶带的外表面上,以供识别和选用。例:B2240 GB/T 11544—97,表示 B 型 V 带,带的基准长度为 2 240 mm。

表 11-1　　　　　V 带的截面尺寸(摘自 GB/T 11544—97)　　　　　(mm)

带　　型		节宽 b_p	顶宽 b	高宽 h	质量 q（kg/m）	楔角 θ
普通 V 带	窄 V 带					
Y		5.3	6	4	0.03	
Z	SPZ	8.5	10	6　8	0.06　0.07	
A	SPA	11.0	13	8　10	0.11　0.12	
B	SPB	14.0	17	11　14	0.19　0.20	40°
C	SPC	19.0	22	14　18	0.33　0.37	
D		27.0	32	19	0.66	
E		32.0	38	23	1.02	

注:在一列中有两个数据的,左边数据对应普通 V 带,右边数据对应窄 V 带。下同。

二、V 带轮的材料和结构

制造 V 带轮的材料可采用灰铸铁、钢、铝合金或工程塑料,以灰铸铁应用最为广泛。

当带速 v 不大于 25 m/s 时,采用 HT150;$v>25$～30 m/s 时采用 HT200;速度更高的带轮可采用球墨铸铁或铸钢,也可采用钢板冲压后焊接带轮。小功率传动可采用铸铝或工程塑料。

带轮由轮缘、轮辐、轮毂三部分组成。

V 带轮按轮辐结构不同分为四种形式,如图 11-6 所示。

带轮基准直径 $d_d \leqslant (2.5 \sim 3)d_0$($d_0$ 为带轮轴直径)时可采用 S 型(实心带轮,图 11-6(a));$d_d \leqslant 300$ mm 时可采用 P 型(腹板式带轮,图 11-6(b));且当 $d_d - d_1 \geqslant 100$ mm 时,可采用 H 型(孔板式带轮,图 11-6(c));$d_d > 300$ mm 时可采用 E 型(轮辐式带轮,图 11-6(d))。每种形式根据轮毂相对腹板(轮辐)位置不同分为 Ⅰ、Ⅱ、Ⅲ 等几种,带轮的结构尺寸如表 11-3 所示。

带轮的轮缘尺寸如表 11-4 所示。表中 b_d 表示带轮轮槽的基准宽度,通常与 V 带的节面宽度 b_p 相等,即 $b_d = b_p$。基准宽度处带轮的直径称为基准直径 d_d,如表 11-4 中的插图所示。V 带轮的基准直径系列如表 11-5 所示。

表 11-2　　V 带的基准长度系列及长度系数 K_L（摘自 GB/T 13575.1—92）

基准长度 L_d (mm)	K_L										
	普通 V 带							窄 V 带			
	Y	Z	A	B	C	D	E	SPZ	SPA	SPB	SPC
200	0.81										
224	0.82										
250	0.84										
280	0.87										
315	0.89										
355	0.92										
400	0.96										
450	1.00	0.87									
500	1.02	0.89									
560		0.91									
630		0.94	0.81					0.82			
710		0.96	0.83					0.84			
800		0.99	0.85					0.86	0.81		
900		1.00	0.87	0.82				0.88	0.83		
1 000		1.03	0.89	0.84				0.90	0.85		
1 120		1.06	0.91	0.86				0.93	0.87		
1 250		1.08	0.93	0.88				0.94	0.89	0.82	
1 400		1.11	0.96	0.90				0.96	0.91	0.84	
1 600		1.14	0.99	0.92	0.83			1.00	0.93	0.86	
1 800		1.16	1.01	0.95	0.86			1.01	0.95	0.88	
2 000		1.18	1.03	0.98	0.88			1.02	0.96	0.90	0.81
2 240			1.06	1.00	0.91			1.05	0.98	0.92	0.83
2 500			1.09	1.03	0.93			1.07	1.00	0.94	0.86
2 800			1.11	1.05	0.95	0.83		1.09	1.02	0.96	0.88
3 150			1.13	1.07	0.97	0.86		1.11	1.04	0.98	0.90
3 550			1.17	1.09	0.99	0.89		1.13	1.06	1.00	0.92
4 000			1.19	1.13	1.02	0.91			1.08	1.02	0.94
4 500				1.15	1.04	0.93	0.90		1.09	1.04	0.96
5 000				1.18	1.07	0.96	0.92			1.06	0.98
5 600					1.09	0.98	0.95			1.08	1.00
6 300					1.12	1.00	0.97			1.10	1.02

表 11-3　　　　　　　　　　　　V 带轮的结构尺寸

结构尺寸	计算用经验公式
d_1	$d_1=(1.8\sim 2)d_0$，d_0 为轴的直径；
L	$L=(1.5\sim 2)d_0$，当 $B<1.5d_0$ 时，$L=B$
d_K	$d_k=0.5[d_d-2(h_f+\delta)+d_1]$
S	<table><tr><td>型号</td><td>Y</td><td>Z</td><td>A</td><td>B</td><td>C</td><td>D</td><td>E</td></tr><tr><td>S_{min}</td><td>6</td><td>8</td><td>10</td><td>14</td><td>18</td><td>22</td><td>28</td></tr></table>
h_1	$h_1=290\sqrt[3]{P/(nm)}$　P—功率，kW；n—转速，r/min；m—轮辐数
h_2、a_1、a_2、S_2、f_1、f_2	$h_2=0.8\,h_1$、$a_1=0.4\,h_1$、$a_2=0.8\,a_1$、$S_2\geqslant 0.5S$，$f_1=0.2\,h_1$，$f_2=0.2h_2$

表 11-4　　　　　　　　**V 带轮的结构尺寸(摘自 GB/T 13575.1—92)**　　　　　　　　(mm)

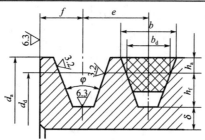

项　目	符　号	槽　型						
		Y	Z　SPZ	A　SPA	B　SPB	C　SPC	D	E
基准宽度	b_d	5.3	8.5	11.0	14.0	19.0	27.0	32.0
基准线上槽深	$h_{a\,min}$	1.6	2.0	2.75	3.5	4.8	8.1	9.6
基准线下槽深	$h_{f\,min}$	4.7	7.0　9.0	8.7　11.0	10.8　14.0	14.3　19.0	19.9	23.4
槽间距	e	8±0.3	12±0.3	15±0.3	19±0.4	25.5±0.5	37±0.6	44.5±0.7
槽边距	f_{min}	6	7	9	11.5	16	23	28
最小轮缘厚	δ_{min}	5	5.5	6	7.5	10	12	15
带轮宽	B	$B=(z-1)e+2f(z-轮槽数)$						
外径	d_a	$d_a=d_d+2h_a$						
轮槽角 φ	32°	相应的基准直径 d_d	≤60	—	—	—	—	—	—
	34°		—	≤80	≤118	≤190	≤315	—	—
	36°		>60	—	—	—	—	≤475	≤600
	38°		—	>80	>118	>190	>315	>475	>600
偏差		±30′						

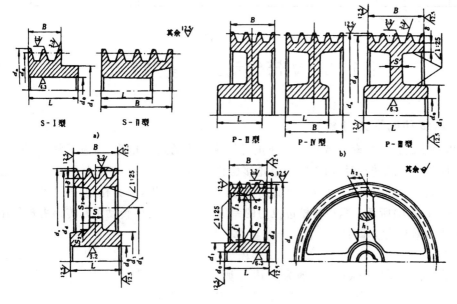

图 11-6　V 带轮的结构

表 11-5　　　　　　V 带轮的基准直径系列(摘自 GB/T 13575.1—92)　　　　　　　(mm)

带型子列的外径 $d_a(h_{11})$

基准直径 d_d (c_{11})	Y	Z SPZ	A SPA	B SPB	C SPC	D	E
20	23.2						
22.4	25.6						
25	28.2						
28	31.2						
31.5	34.7						
35.5	38.7						
40	43.2						
45	48.2						
50	53.2	*54					
56	59.2	*60					
63	66.2	67					
71	74.2	75					
75		79	*80.5				
80	83.2	84	*85.5				
85			*90.5				
90	93.2	94	95.5				
95			100.5				
100	103.2	104	105.5				
106			111.5				
112	115.2	116	117.5				
118			123.5				
125	128.2	129	130.5	*132			
132		136	137.5	*139			
140		144	145.5	147			
150		154	155.5	157			
160		164	165.5	167			
170				177			
180		184	185.5	187			
200		204	205.5	207	*209.6		
212					*221.6		
224		228	229.5	231	233.6		
236					245.6		
250		254	255.5	257	259.6		
265							
280		284	285.5	287	289.6		
300					309.6		
315		319	320.5	322	324.6		
335					344.6		
355		359	360.5	362	364.6	371.2	
375						391.2	
400		404	405.5	407	409.6	416.2	
425						441.2	
450			455.5	457	459.6	466.2	
475						491.2	
500		504	505.5	507	509.6	516.2	519.2
530							549.2
560			565.5	567	569.6	572.2	579.2
600				607	609.6	616.2	619.2
630		634	635.5	637	639.6	646.2	649.2
670							689.2

注：* 只用于普通 V 带

§11-3　V 带传动工作能力分析

一、带传动的受力分析

带以一定的预紧力套在带轮上。静止时带轮两边的拉力相等,均为预紧力 F_0,如图 11-7(a)所示。负载转动时,由于带与带轮接触面摩擦力的作用,带绕上主动轮的一边被拉紧,称为紧边,紧边的拉力由 F_0 增加到 F_1;另一边被放松,称为松边,拉力由 F_0 降至 F_2。如图 11-7(b)所示。紧边与松边拉力的差值(F_1-F_2)为带传动中起传递力矩作用的拉力,称为有效拉力 F 即：

$$F=F_1-F_2 \tag{11-1}$$

若带传递功率为 P(kW)、带速为 v(m/s)则：

$$F=\frac{1\ 000P}{v} \text{ N} \tag{11-2}$$

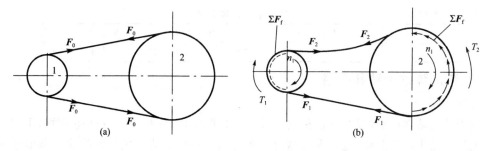

图 11-7　带传动的受力分析

如果近似的认为工作前后胶带总长不变,则带的紧边拉力增量应等于松边拉力的减少量,即 $F_1-F_0=F_0-F_2$,即:

$$F_1+F_2=2F_0 \tag{11-3}$$

由式(11-1)、(11-3)得:

$$\left.\begin{array}{l} F_1=F_0+F/2 \\ F_2=F_0+F/2 \end{array}\right\} \tag{11-4}$$

二、带传动的应力分析

带在工作过程中主要承受拉应力,离心应力和弯曲应力三种应力(图 11-8)。三种应力迭加后,最大应力发生在紧边绕入小带轮处,其值为:

$$\sigma_{max}=\sigma_1+\sigma_{b1}+\sigma_c\leqslant[\sigma] \tag{11-5}$$

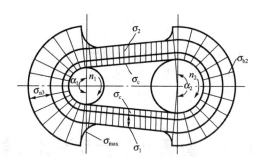

图 11-8　带的应力分布

式中:$\sigma_1=F_1/A$ 为紧边拉应力(MPa),A 为带的横截面积(mm²);$\sigma_{b1}=Eh/d_d$ 为带绕过小带轮时发生弯曲而产生的弯曲应力,E 为带的弹性模量(MPa),h 为带的高度(mm),d_d 为带轮的基准直径(mm);$\sigma_c=qv^2/A$ 为带绕带轮作圆周运动产生的离心应力,q 为每米长带的质量(kg/m),见表(11-1)。

在带的高度 h 一定的情况下,d_d 越小带的弯曲应力就越大,为防止过大的弯曲应力对各种型号的 V 带都规定了最小带轮直径 d_{min} 如表 11-6 所示。

表 11-6 **V 带轮的最小基准直径**

型 号	Y	Z	SPZ	A	SPA	B	SPB	C	SPC	D	E
d_{dmin}(mm)	20	50	63	75	90	125	140	200	224	355	500

三、带的弹性滑动和打滑

1.弹性滑动

由于带传动存在紧边和松边,在紧边时带被弹性拉长,到松边时又产生收缩,引起带在轮上发生微小局部滑动,这种现象称为弹性滑动。弹性滑动造成带的线速度略低于带轮的圆周速度,导致从动轮的圆周速度 v_2 低于主动轮的圆周速度 v_1,其速度降低率用相对滑动率 ε 表示。相对滑动率 $\varepsilon=0.01\sim0.02$,故在一般计算中可不考虑,此时传动比计算公式可简化为:

$$i=\frac{n_1}{n_2}=\frac{d_{d2}}{d_{d1}} \tag{11-6}$$

2.打滑与极限有效拉力

当外载较小时,弹性滑动只发生在带即将由主、从动轮离开的一段弧上。传递外载增大时,有效拉力随之加大,弹性滑动区域也随之扩大,当有效拉力达到或超过某一极限值时,带与小带轮在整个接触弧上的摩擦力达到极限,若外载继续增加,带将沿整个接触弧滑动,这种现象称为打滑。此时主动轮还在转动,但从动轮转速急剧下降,带迅速磨损、发热而损坏,使传动失效。所以必须避免打滑,在设计时应限制带的最大拉力。当带有打滑趋势时,带与带轮间的摩擦力达到极限值,即有效拉力达到最大值,这时可由欧拉公式推导得极限有效拉力为:

$$F_{\text{lim}}=F_1\left(1-\frac{1}{e^{f\alpha}}\right) \tag{11-7}$$

式中:e 为自然对数的底,$e=2.718\cdots$;f 为摩擦系数(V 带用当量摩擦系数 f_v 代替 f,$f_v=f/\sin(\alpha/2)$);α 为包角,即带与带轮接触弧对应的中心角(rad),因大带轮包角总是大于小带轮包角,故这里应取 α 为小带轮包角。

§11-4 普通 V 带传动设计计算

一、设计准则和单根 V 带的额定功率

1.设计准则

根据带传动工作能力分析可知,带传动的主要失效形式有:①带在带轮上打滑,不能传递动力;②带发生疲劳破坏(经历一定应力循环次数后发生拉断、撕裂、脱层)。因此带传动的设计准则为:①带在传递规定功率时不发生打滑,即满足式(11-7)。②具有一定的疲劳强度和寿命,即满足式(11-5)。

2.单根 V 带所能传递的额定功率

经推导可得单根 V 带所能传递的额定功率为:

$$P_0=([\sigma]-\sigma_{b1}-\sigma_c)(1-1/e^{f_v\alpha})Av\times10^{-3} \tag{11-8}$$

式中：v 为带速 m/s。

在特定带长、使用寿命、传动比（$i=1$、$\alpha=180°$）以及在载荷平稳条件下，通过疲劳试验测得带的许用应力 $[\sigma]$ 后，代入式（11-8）便可求出特定条件下的 P_0 值，见表 11-7。

表 11-7　　包角 $\alpha=180°$、特定带长、工作平稳情况下，单根 V 带的额定功率 P_0　　　（kW）

型号	小带轮直径 d_{d1} (mm)	小带轮转速 $n_1(r/min)$												
		200	400	730	800	980	1 200	1 460	1 600	2 000	2 400	2 800	3 200	3 600
Z	56	—	0.06	0.11	0.12	0.14	0.17	0.19	0.20	0.25	0.30	0.33	0.35	0.37
	63	—	0.08	0.13	0.15	0.18	0.22	0.25	0.27	0.32	0.37	0.41	0.45	0.47
	71	—	0.09	0.17	0.20	0.23	0.27	0.31	0.33	0.39	0.46	0.50	0.54	0.58
	80	—	0.14	0.20	0.22	0.26	0.30	0.36	0.39	0.44	0.50	0.56	0.61	0.64
	90	—	0.14	0.22	0.24	0.28	0.33	0.37	0.40	0.48	0.54	0.60	0.64	0.68
A	75	0.16	0.27	0.42	0.45	0.52	0.60	0.68	0.73	0.84	0.92	1.00	1.04	1.08
	90	0.22	0.39	0.63	0.68	0.79	0.93	1.07	1.15	1.34	1.50	1.64	1.75	1.83
	100	0.26	0.47	0.77	0.83	0.97	1.14	1.32	1.42	1.66	1.87	2.05	2.19	2.28
	112	0.31	0.56	0.93	1.00	1.18	1.39	1.62	1.74	2.04	2.30	2.51	2.68	2.78
	125	0.37	0.67	1.11	1.19	1.40	1.66	1.93	2.07	2.44	2.74	2.98	3.16	3.26
	140	0.43	0.78	1.31	1.41	1.66	1.96	2.29	2.45	2.87	3.22	3.48	3.65	3.72
	160	0.51	0.94	1.56	1.69	2.00	2.36	2.74	2.94	3.42	3.80	4.06	4.19	4.17
B	125	0.48	0.84	1.34	1.44	1.67	1.93	2.20	2.33	2.64	2.85	2.96	2.94	2.80
	140	0.59	1.05	1.69	1.82	2.13	2.47	2.83	3.00	3.42	3.70	3.85	3.83	3.63
	160	0.74	1.32	2.16	2.32	2.72	3.17	3.64	3.86	4.40	4.75	4.89	4.80	4.46
	180	0.88	1.59	2.61	2.81	3.30	3.85	4.41	4.68	5.30	5.67	5.76	5.52	4.92
	200	1.02	1.85	3.06	3.30	3.86	4.50	5.15	5.46	6.13	6.47	6.43	5.95	4.98
	224	1.19	2.17	3.59	3.86	4.50	5.26	5.99	6.33	7.02	7.25	6.95	6.05	4.47
SPZ	63	0.20	0.35	0.56	0.60	0.70	0.81	0.93	1.00	1.17	1.32	1.45	1.56	1.66
	71	0.25	0.44	0.72	0.78	0.92	1.08	1.25	1.35	1.59	1.81	2.00	2.18	2.33
	75	0.28	0.49	0.79	0.87	1.02	1.21	1.41	1.52	1.79	2.04	2.27	2.48	2.65
	80	0.31	0.55	0.88	0.99	1.15	1.38	1.60	1.73	2.05	2.34	2.61	2.85	3.06
	90	0.37	0.67	1.12	1.21	1.44	1.70	1.98	2.14	2.55	2.93	3.26	3.57	3.84
	100	0.43	0.79	1.33	1.44	1.70	2.02	2.36	2.55	3.05	3.49	3.90	4.26	4.58
SPA	90	0.43	0.75	1.21	1.30	1.52	1.76	2.02	2.16	2.49	2.77	3.00	3.16	3.26
	100	0.53	0.94	1.54	1.65	1.93	2.27	2.61	2.80	3.27	3.67	3.99	4.25	4.42
	112	0.64	1.16	1.91	2.07	2.44	2.86	3.31	3.57	4.18	4.71	5.15	5.49	5.72
	125	0.77	1.40	2.33	2.52	2.98	3.5	4.06	4.38	5.15	5.80	6.34	6.76	7.03
	140	0.92	1.68	2.81	3.03	3.58	4.23	4.91	5.29	6.22	7.01	7.64	8.11	8.39
	160	1.11	2.04	3.42	3.70	4.38	5.17	6.01	6.47	7.60	8.53	9.24	9.72	9.94
SPB	140	1.08	1.92	3.13	3.35	3.92	4.55	5.21	5.54	6.31	6.86	7.15	7.17	6.89
	160	1.37	2.47	4.06	4.37	5.13	5.98	6.89	7.33	8.38	9.13	9.52	9.53	9.10
	180	1.65	3.01	4.99	5.37	6.31	7.38	8.50	9.05	10.34	11.21	11.62	11.43	10.77
	200	1.94	3.54	5.88	6.35	7.47	8.74	10.07	10.70	12.18	13.11	13.41	13.01	11.83
	224	2.28	4.18	6.97	7.52	8.83	10.33	11.86	12.59	14.21	15.10	15.14	14.22	—
	250	2.64	4.86	8.11	8.75	10.27	11.99	13.72	14.51	16.19	16.89	16.44	—	—
SPC	224	2.90	5.19	8.38	8.99	10.39	11.89	13.26	13.81	14.58	14.01	—	—	—
	250	3.50	6.31	10.27	11.02	12.76	14.61	16.26	16.92	17.70	16.69	—	—	—
	280	4.18	7.59	12.40	13.31	15.40	17.60	19.49	20.20	20.75	18.86	—	—	—
	315	4.97	9.07	14.82	15.90	18.37	20.88	22.92	23.58	23.47	19.98	—	—	—
	355	5.87	10.72	17.50	18.76	21.55	24.34	26.32	26.80	25.37	19.22	—	—	—
	400	6.86	12.56	20.41	21.84	25.15	27.33	29.40	29.53	25.81	—	—	—	—

(续表)

型号	小带轮直径 d_{d1} (mm)	小带轮转速 n_1(r/min)												
		100	200	300	400	500	600	730	980	1 200	1 460	1 600	1 800	2 000
C	200	—	1.39	1.92	2.41	2.87	3.30	3.80	4.66	5.29	5.86	6.07	6.28	6.34
	224	—	1.70	2.37	2.99	3.58	4.12	4.78	5.89	6.71	7.47	7.75	8.00	8.05
	250	—	2.03	2.85	3.62	4.33	5.00	5.82	7.18	8.21	9.06	9.38	9.63	9.62
	280	—	2.42	3.40	4.32	5.19	6.00	6.99	8.65	9.81	10.74	11.06	11.22	11.04
	315	—	2.86	4.04	5.14	6.17	7.14	9.34	10.23	11.53	12.48	12.72	12.67	12.14
	400	—	3.91	5.54	7.06	8.52	9.82	11.52	13.67	15.04	15.51	15.24	14.08	11.95
D	355	3.01	5.31	7.35	9.24	10.90	12.39	14.04	16.30	17.25	16.70	15.63	12.97	—
	400	3.66	6.52	9.13	11.45	13.55	15.42	17.58	20.25	21.20	20.03	18.31	14.28	—
	450	4.37	7.90	11.02	13.85	16.40	18.67	21.12	24.16	24.84	22.42	19.59	13.34	—
	500	5.08	9.21	12.88	16.20	19.17	21.78	24.52	27.60	27.61	23.28	18.88	9.59	—
	560	5.91	10.76	15.07	18.95	22.38	25.32	28.28	31.00	29.67	22.08	15.13	—	—
E	500	6.21	10.86	14.96	18.55	21.65	24.12	26.62	28.52	25.53	16.25	—	—	—
	560	7.32	13.09	18.10	22.49	26.25	29.30	32.02	33.00	28.49	14.52	—	—	—
	630	8.75	15.65	21.69	26.95	31.36	34.83	37.64	37.14	29.17	—	—	—	—
	710	10.31	18.52	25.69	31.83	36.85	40.58	43.07	39.56	25.91	—	—	—	—
	800	12.05	21.70	30.05	37.05	42.53	46.26	47.79	39.08	16.46	—	—	—	—

二、带传动设计步骤和参数选择

设计 V 带传动的原始数据为带传递的功率 P,转速 n_1、n_2(或传动比 i)以及外廓尺寸的要求等。

设计内容有:确定带的型号、长度、根数、传动中心距、带轮直径以及带轮结构尺寸等。设计步骤一般为:

1. 确定设计功率 P_c

$$P_c = K_A P \tag{11-9}$$

式中:P 为带传递的额定功率(kW);K_A 为工况系数,见表(11-8)。

表 11-8　　　　　　　　　　工况系数 K_A

载荷性质	工作机	原动机					
		空、轻载启动			重载启动		
		每天工作小时数 h					
		<10	10~16	>16	<10	10~16	>16
载荷变动微小	液体搅拌机、通风机和鼓风机(≤7.5 kW)、离心式水泵和压缩机、轻型输送机	1.0	1.1	1.2	1.1	1.2	1.3
载荷变动小	带式输送机(不均匀负荷)、通风机(>7.5 kW)旋转式水泵和压缩机(非离心式)、发电机、金属切削机床、旋转筛、锯木机和木工机械	1.1	1.2	1.3	1.2	1.3	1.4
载荷变动较大	制砖机、斗式提升机、往复式水泵和压缩机、起重机、磨粉机、冲剪机床、旋转筛、纺织机械、重载输送机	1.2	1.3	1.4	1.4	1.5	1.6
载荷变动很大	破碎机(旋转式、颚式等)、磨碎机(球磨、棒磨磨、管磨)	1.3	1.4	1.5	1.5	1.6	1.8

注:①空、轻载启动——电动机(交流启动、三角启动、直流并励)、四缸以上的内燃机、装有离心式离合器、液力联轴器的动力机;②重载启动—电动机(联机交流启动、直流复励或串励)、四缸以下的内燃机;③反复启动、正反转频繁、工作条件恶劣等场合,K_A 应乘以 1.2。

2. 选择 V 带的型号

根据设计功率 P_c 和主动轮转速 n_1 由图 11-9、11-10 选择带的型号。

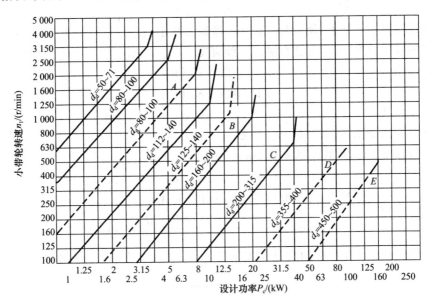

图 11-9　普通 V 带选型图

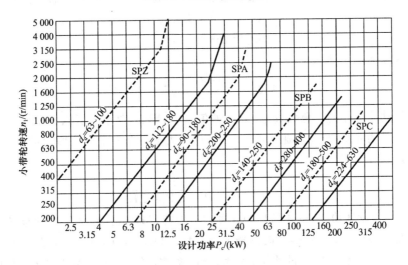

图 11-10　窄 V 带选型图

3. 确定带轮的基准直径 d_{d1} 和 d_{d2}

小带轮直径 d_{d1} 应大于或等于表 11-6 所列的最小直径 d_{min}。d_{d1} 过小则带的弯曲应力较大,反之又使外廓尺寸增大。一般在工作位置允许的情况下,小带轮直径取得大些可减小弯曲应力,提高承载能力和延长带的使用寿命。由式(11-6)得:

$$d_{d2} = \frac{n_1}{n_2} d_{d1}$$

d_{d1}、d_{d2} 均应符合带轮直径系列尺寸,见表 11-5。

4. 验算带速 v

$$v = \frac{\pi d_{d1} n_1}{60 \times 1\,000} \tag{11-10}$$

带速过高离心力增大,使带与带轮间的摩擦力减小,容易打滑;带速过低,传递功率一定时所需的有效拉力过大,也会打滑。一般应使

普通 V 带   5 m/s $< v <$ 25 m/s

窄 V 带   5 m/s $< v <$ 35 m/s

否则重选 d_{d1}。

5. 确定中心距 a 和带的基准长度 L_d

在无特殊要求时,可按下式初选中心距 a_0:

$$0.7(d_{d1} + d_{d2})\ \text{mm} \leqslant a_o \leqslant 2(d_{d1} + d_{d2})\ \text{mm} \tag{11-11}$$

由带传动的几何关系,可得带的基准长度计算公式:

$$L_0 = 2a_0 + \frac{\pi}{2}(d_{d1} + d_{d2}) + \frac{(d_{d2} - d_{d1})^2}{4a_0}\ \text{mm} \tag{11-12}$$

按 L_0 查表 11-2 得相近的 V 带的基准长度 L_d,再按下式近似计算实际中心距:

$$a \approx a_0 + \frac{L_d - L_0}{2} \tag{11-13}$$

当采用改变中心距方法进行安装调整和补偿初拉力时,其中心距的变化范围为

$$\left.\begin{array}{l} a_{\max} = a + 0.030 L_d \\ a_{\min} = a - 0.015 L_d \end{array}\right\} \tag{11-14}$$

6. 验算小带轮包角 α_1

$$\alpha_1 \approx 180° - \frac{d_{d2} - d_{d1}}{a} \times 57.3° \geqslant 120° \tag{11-15}$$

α_1 与传动比 i 有关,i 愈大($d_{d2} - d_{d1}$)差值愈大,则 α_1 愈小。所以 V 带传动的传动比一般小于 7,推荐值为 2~5。速比不变时,可用增大中心距 a 的方法增大 α_1。

7. 确定 V 带根数 z

$$z \geqslant \frac{P_c}{[P_0]} = \frac{P_c}{(P_0 + \Delta P_0) K_a K_L} \tag{11-16}$$

式中:P_c 为设计功率,按式(11-9)计算;P_0 为特定条件下单根 V 带所能传递的功率(kW),查表(11-7);ΔP_0 为 $i > 1$ 时的额定功率增量(kW),查表(11-9);K_α 为包角系数,考虑 $\alpha_1 < 180°$ 时对传动能力的影响,K_L 为长度系数,考虑不是特定长度时,对传动能力的影响,查表(11-10)。

8. 确定单根 V 带初拉力 F_0

$$F_0 = \frac{500 P_c}{zv}\left(\frac{2.5}{K_a} - 1\right) + qv^2 \tag{11-17}$$

9. 计算带对轴的压力 F_Q

$$F_Q = 2z F_0 \sin(\alpha_1 / 2) \tag{11-18}$$

表 11-9　　　　　　　　考虑 $i \neq 1$ 时，单根 V 带的额定功率增量 ΔP_0　　　　　　　　(kW)

型号	传动比 i	小带轮转速 n_1(r/min)												
		200	400	730	800	980	1 200	1 460	1 600	2 000	2 400	2 800	3 200	3 600
Z	1.00~1.01	—												
	1.02~1.04	—												0.02
	1.05~1.08	—												
	1.09~1.12	—		0.00										
	1.13~1.18	—					0.01							
	1.19~1.24	—												
	1.25~1.34	—										0.03		
	1.35~1.51	—						0.02						
	1.52~1.99	—										0.04		0.05
	≥2.0	—												
	带速 v(m/s)					5			10			15		
A	1.00~1.01	0.00												
	1.02~1.04						0.02	0.02	0.02	0.03	0.03	0.04	0.04	0.05
	1.05~1.08		0.01	0.02	0.02	0.03	0.03	0.04	0.04	0.06	0.07	0.08	0.09	0.10
	1.09~1.12		0.02	0.03	0.03	0.04	0.05	0.06	0.06	0.08	0.10	0.11	0.13	0.15
	1.13~1.18		0.02	0.04	0.04	0.05	0.07	0.08	0.09	0.11	0.13	0.15	0.17	0.19
	1.19~1.24		0.03	0.05	0.05	0.06	0.08	0.09	0.11	0.13	0.16	0.19	0.22	0.24
	1.25~1.34	0.02	0.03	0.06	0.06	0.07	0.10	0.11	0.13	0.16	0.19	0.23	0.26	0.29
	1.35~1.51	0.02	0.04	0.07	0.08	0.08	0.11	0.13	0.15	0.19	0.23	0.26	0.30	0.34
	1.52~1.99	0.02	0.04	0.08	0.09	0.10	0.13	0.15	0.17	0.22	0.26	0.30	0.34	0.39
	≥2.0	0.03	0.05	0.09	0.10	0.11	0.15	0.17	0.19	0.24	0.29	0.34	0.39	0.44
	带速 v(m/s)		5			10		15	20		25		30	
B	1.00~1.01	0.00	0.00	0.00	0.00	0.00	0.00	0.00	0.00	0.00	0.00	0.00	0.00	0.00
	1.02~1.04	0.01	0.01	0.02	0.03	0.03	0.04	0.05	0.06	0.07	0.08	0.10	0.11	0.13
	1.05~1.08	0.01	0.03	0.05	0.06	0.07	0.08	0.10	0.11	0.14	0.17	0.20	0.23	0.25
	1.09~1.12	0.02	0.04	0.07	0.08	0.10	0.13	0.15	0.17	0.21	0.25	0.29	0.34	0.38
	1.13~1.18	0.03	0.06	0.10	0.11	0.13	0.17	0.20	0.23	0.28	0.34	0.39	0.45	0.51
	1.19~1.24	0.04	0.07	0.12	0.14	0.17	0.21	0.25	0.28	0.35	0.42	0.49	0.56	0.63
	1.25~1.34	0.04	0.08	0.15	0.17	0.20	0.25	0.31	0.34	0.42	0.51	0.59	0.68	0.76
	1.35~1.51	0.05	0.10	0.17	0.20	0.23	0.30	0.36	0.39	0.49	0.59	0.69	0.79	0.89
	1.52~1.99	0.06	0.11	0.20	0.23	0.26	0.34	0.40	0.45	0.56	0.68	0.79	0.90	1.01
	≥2.0	0.06	0.13	0.22	0.25	0.30	0.38	0.46	0.51	0.63	0.76	0.89	1.01	1.14
	带速 v(m/s)	5	10			15	20		25	30	35	40		

（续表）

型号	传动比 i	小带轮转速 n_1(r/min)												
		100	200	300	400	500	600	730	980	1 200	1 460	1 600	1 800	2 000
SPZ	1.00～1.01	0.00	0.00	0.00	0.00	0.00	0.00	0.00	0.00	0.00	0.00	0.00	0.00	0.00
	1.02～1.05	0.00	0.00	0.01	0.01	0.01	0.01	0.02	0.02	0.02	0.03	0.03	0.04	0.04
	1.06～1.11	0.01	0.01	0.02	0.03	0.03	0.04	0.05	0.05	0.07	0.08	0.09	0.11	0.12
	1.12～1.18	0.01	0.02	0.04	0.05	0.06	0.07	0.08	0.09	0.12	0.14	0.16	0.18	0.20
	1.19～1.26	0.02	0.03	0.06	0.06	0.08	0.09	0.11	0.13	0.16	0.19	0.22	0.25	0.28
	1.27～1.38	0.02	0.04	0.07	0.08	0.09	0.11	0.14	0.15	0.19	0.23	0.27	0.31	0.34
	1.39～1.57	0.02	0.04	0.08	0.09	0.11	0.13	0.16	0.18	0.22	0.27	0.31	0.36	0.40
	1.58～1.94	0.03	0.05	0.09	0.10	0.12	0.15	0.18	0.20	0.25	0.30	0.35	0.40	0.46
	1.95～3.38	0.03	0.06	0.10	0.11	0.13	0.16	0.20	0.22	0.33	0.38	0.44	0.49
	≥3.39	0.03	0.06	0.10	0.12	0.14	0.17	0.21	0.23	0.29	0.35	0.41	0.47	0.52
	带速 v(m/s)	5					10		15		20			
SPA	1.00～1.01	0.00	0.00	0.00	0.00	0.00	0.00	0.00	0.00	0.00	0.00	0.00	0.00	0.00
	1.02～1.05	0.00	0.01	0.02	0.02	0.03	0.03	0.04	0.04	0.05	0.06	0.07	0.08	0.10
	1.06～1.11	0.02	0.03	0.05	0.06	0.07	0.09	0.10	0.12	0.14	0.17	0.20	0.23	0.26
	1.12～1.18	0.03	0.05	0.09	0.10	0.12	0.15	0.18	0.20	0.25	0.30	0.35	0.40	0.45
	1.19～1.26	0.03	0.07	0.12	0.14	0.16	0.21	0.24	0.27	0.34	0.41	0.48	0.54	0.62
	1.27～1.38	0.04	0.08	0.15	0.17	0.20	0.25	0.30	0.33	0.41	0.50	0.58	0.66	0.75
	1.39～1.57	0.05	0.10	0.17	0.20	0.23	0.29	0.35	0.39	0.49	0.59	0.68	0.78	0.88
	1.58～1.94	0.05	0.11	0.19	0.22	0.26	0.33	0.40	0.44	0.55	0.66	0.77	0.88	0.99
	1.95～3.38	0.06	0.12	0.21	0.24	0.28	0.36	0.43	0.48	0.60	0.72	0.84	0.95	1.07
	≥3.39	0.06	0.13	0.22	0.25	0.30	0.38	0.46	0.51	0.63	0.76	0.89	1.01	1.14
	带速 v(m/s)	5			10	15			20	25	30	35		
SPB	1.00～1.01	0.00	0.00	0.00	0.00	0.00	0.00	0.00	0.00	0.00	0.00	0.00	0.00	0.00
	1.02～1.05	0.01	0.02	0.04	0.04	0.05	0.07	0.08	0.09	0.11	0.13	0.15	0.17	0.20
	1.06～1.11	0.03	0.06	0.11	0.12	0.15	0.18	0.22	0.24	0.30	0.36	0.42	0.47	0.53
	1.12～1.18	0.05	0.10	0.19	0.21	0.25	0.31	0.38	0.41	0.52	0.62	0.72	0.83	0.93
	1.19～1.26	0.07	0.14	0.26	0.28	0.34	0.42	0.51	0.56	0.70	0.84	0.98	1.13	1.27
	1.27～1.38	0.09	0.17	0.31	0.34	0.42	0.51	0.62	0.68	0.85	1.02	1.19	1.36	1.53
	1.39～1.57	0.10	0.20	0.36	0.40	0.49	0.60	0.73	0.80	1.00	1.20	1.40	1.60	1.80
	1.58～1.94	0.11	0.22	0.41	0.45	0.55	0.68	0.82	0.90	1.13	1.35	1.58	1.81	2.03
	1.95～3.38	0.12	0.25	0.45	0.49	0.60	0.74	0.89	0.98	1.23	1.47	1.72	1.96	2.21
	≥3.39	0.13	0.26	0.47	0.52	0.64	0.78	0.95	1.04	1.30	1.56	1.82	2.08	2.34
	带速 v(m/s)	5	10		15			20	25	30	35	40		

（续表）

型号	传动比 i	小带轮转速 n_1（r/min）												
		100	200	300	400	500	600	730	980	1 200	1 460	1 600	1 800	2 000
SPC	1.00~1.01	0.00	0.00	0.00	0.00	0.00	0.00	0.00	0.00	0.00	0.00	—	—	—
	1.02~1.05	0.03	0.05	0.10	0.11	0.13	0.16	0.19	0.21	0.26	0.32	—	—	—
	1.06~1.11	0.07	0.14	0.26	0.29	0.35	0.43	0.53	0.58	0.72	0.86	—	—	—
	1.12~1.18	0.13	0.25	0.46	0.50	0.62	0.75	0.92	1.00	1.25	1.51	—	—	—
	1.19~1.26	0.17	0.34	0.62	0.68	0.84	1.02	1.24	1.36	1.71	2.05	—	—	—
	1.27~1.38	0.21	0.41	0.75	0.83	1.01	1.24	1.51	1.65	2.07	2.48	—	—	—
	1.39~1.57	0.24	0.49	0.89	0.97	1.19	1.46	1.77	1.94	2.43	2.92	—	—	—
	1.58~1.94	0.27	0.55	1.00	1.10	1.34	1.64	2.00	2.19	2.74	3.28	—	—	—
	1.95~3.38	0.30	0.59	1.08	1.19	1.46	1.78	2.17	2.38	2.97	3.57	—	—	—
	≥3.39	0.32	0.63	1.15	1.26	1.55	1.89	2.30	2.52	3.15	3.79	—	—	—
	带速 v(m/s)	10		15		20			25	30	35		40	
C	1.00~1.01	—	0.00	0.00	0.00	0.00	0.00	0.00	0.00	0.00	0.00	0.00	0.00	0.00
	1.02~1.04	—	0.02	0.03	0.04	0.05	0.06	0.07	0.09	0.12	0.14	0.16	0.18	0.20
	1.05~1.08	—	0.04	0.06	0.08	0.10	0.12	0.14	0.19	0.24	0.28	0.31	0.35	0.39
	1.09~1.12	—	0.06	0.09	0.12	0.15	0.18	0.21	0.27	0.35	0.42	0.47	0.53	0.59
	1.13~1.18	—	0.08	0.12	0.16	0.20	0.24	0.27	0.37	0.47	0.58	0.63	0.71	0.78
	1.19~1.24	—	0.10	0.15	0.20	0.24	0.29	0.34	0.47	0.59	0.71	0.78	0.88	0.98
	1.25~1.34	—	0.12	0.18	0.23	0.29	0.35	0.41	0.56	0.70	0.85	0.94	1.06	1.17
	1.35~1.51	—	0.14	0.21	0.27	0.34	0.41	0.48	0.65	0.82	0.99	1.10	1.23	1.37
	1.52~1.99	—	0.16	0.24	0.31	0.39	0.47	0.55	0.74	0.94	1.14	1.25	1.41	1.57
	≥2.0	—	0.18	0.26	0.35	0.44	0.53	0.62	0.83	1.06	1.27	1.41	1.59	1.76
	带速 v(m/s)		5		10		15	20			25	30	35	40
D	1.00~1.01	0.00	0.00	0.00	0.00	0.00	0.00	0.00	0.00	0.00	0.00	0.00	0.00	—
	1.02~1.04	0.03	0.07	0.10	0.14	0.17	0.21	0.24	0.33	0.42	0.51	0.56	0.63	—
	1.05~1.08	0.07	0.14	0.21	0.28	0.35	0.42	0.49	0.66	0.84	1.01	1.11	1.24	—
	1.09~1.12	0.10	0.21	0.31	0.42	0.52	0.62	0.73	0.99	1.25	1.51	1.67	1.88	—
	1.13~1.18	0.14	0.28	0.42	0.56	0.70	0.83	0.97	1.32	1.67	2.02	2.23	2.51	—
	1.19~1.24	0.17	0.35	0.52	0.70	0.87	1.04	1.22	1.60	2.09	2.52	2.78	3.13	—
	1.25~1.34	0.21	0.42	0.62	0.83	1.04	1.25	1.46	1.92	2.50	3.02	3.33	3.74	—
	1.35~1.51	0.24	0.49	0.73	0.97	1.22	1.46	1.70	2.31	2.92	3.52	3.89	4.98	—
	1.52~1.99	0.28	0.56	0.83	1.11	1.39	1.67	1.95	2.64	3.34	4.03	4.45	5.01	—
	≥2.0	0.31	0.63	0.94	1.25	1.56	1.88	2.19	2.97	3.75	4.53	5.00	5.62	—
	带速 v(m/s)	5	10	15	20	25	30	35	40					

（续表）

型号	传动比 i	小带轮转速 n_1（r/min）												
		100	200	300	400	500	600	730	980	1 200	1 460	1 600	1 800	2 000
E	1.00~1.01	0.00	0.00	0.00	0.00	0.00	0.00	0.00	0.00	0.00	0.00	—	—	—
	1.02~1.04	0.07	0.14	0.21	0.28	0.34	0.41	0.48	0.65	0.80	0.98	—	—	—
	1.05~1.08	0.14	0.28	0.41	0.55	0.64	0.83	0.97	1.29	1.61	1.95	—	—	—
	1.09~1.12	0.21	0.41	0.62	0.83	1.03	1.24	1.45	1.95	2.40	2.92	—	—	—
	1.13~1.18	0.28	0.55	0.83	1.00	1.38	1.65	1.93	2.62	3.21	3.90	—	—	—
	1.19~1.24	0.34	0.69	1.03	1.38	1.72	2.07	2.41	3.27	4.01	4.88	—	—	—
	1.25~1.34	0.41	0.83	1.24	1.65	2.07	2.48	2.89	3.92	4.81	5.85	—	—	—
	1.35~1.51	0.48	0.96	1.45	1.93	2.41	2.89	3.38	4.58	5.61	6.83	—	—	—
	1.52~1.99	0.55	1.10	1.65	2.20	2.76	3.31	3.86	5.23	6.41	7.80	—	—	—
	≥2.0	0.62	1.24	1.86	2.48	3.10	3.72	4.34	5.89	7.21	8.78	—	—	—
	带速 v（m/s）	5	10	15	20	25	30	35	40					

表 11-10 　　　　　　　　小带轮的包角修正系数 K_α

包角 α_1	180°	175°	170°	165°	160°	155°	150°	145°	140°	135°	130°	125°	120°	110°	100°	90°
K_α	1	0.99	0.98	0.96	0.95	0.93	0.92	0.91	0.89	0.88	0.86	0.84	0.82	0.78	0.74	0.69

【**例 11-1**】 设计某机床上电动机与主轴箱的 V 带传动。已知：电动机额定功率 $P=7.5$ kW，转速 $n_1=1\,440$ r/min，传动比 $i_{12}=2$，中心距 a 为 800 mm 左右，三班制工作，开式传动。

解 过程如表 11-11 所示。

表 11-11 　　　　　　　　　例 11-1 实训过程

计算项目	计算与说明	计算结果
1. 确定设计功率 P_C	由表 11-8 取 $K_A=1.3$ 得：$P_C=1.3\times7.5=9.75$ kW	$P_C=9.75$ kW
2. 选择带型号	根据 $P_C=9.75$ kW，$n_1=1\,440$ r/min，由图 11-8 选 A 型 V 带	选 A 型 V 带
3. 确定小带轮基准直径 d_{d1}	由图 11-8、表 11-5、表 11-6 取 $d_{d1}=140$ mm	$d_{d1}=140$ mm
4. 确定大带轮基准直径 d_{d2}	$d_{d2}=i_{12}d_{d1}=2\times140=280$ mm　　由表 11-4 取 $d_{d2}=280$ mm	$d_{d2}=280$ mm
5. 验算带速 v	$v=\pi d_{d1}n_1/(60\times1\,000)=3.14\times140\times1\,440/(60\times1\,000)$ $=10.55$ m/s　　5 m/s $< v <$ 25 m/s 符合要求	$v=10.55$ m/s 符合要求
6. 初定中心距 a_0	按要求取 $a_0=800$ mm	$a_0=800$ mm
7. 确定带的基准长度 L_d	$L_0=2a_0+\pi(d_{d1}+d_{d2})/2+(d_{d2}-d_{d1})^2/4a_0$ 　　$=2\times800+\pi(140+280)/2+(280-140)^2/(4\times800)$ 　　$=2\,265.53$ mm　　由表 11-2 取 $L_d=2\,240$ mm	$L_d=2\,240$ mm
8. 确定实际中心距 a	$a\approx a_0+(L_d-L_0)/2$ 　　$=800+(2\,240-2\,265.53)/2=787.24$ mm 中心距变动调整范围： $a_{max}=a+0.03L_d=787.24+0.03\times2\,240=854.44$ mm $a_{min}=a-0.015L_d=787.24-0.015\times2\,240=753.64$ mm	$a=787.24$ mm $a_{max}=854.44$ mm $a_{min}=753.64$ mm

（续表）

计算项目	计算与说明	计算结果
9. 验算小带轮包角 α_1	$\alpha_1 = 180° - \dfrac{d_{d2} - d_{d1}}{a} \times 57.3°$ $= 180° - \dfrac{280 - 140}{787.24} \times 57.3°$ $= 169.81°\quad \alpha_1 > 120°$ 合用	$\alpha_1 = 169.81°$ 合用
10. 确定单根 V 带的额定功率 P_0	根据 $d_{d1} = 140$ mm，$n_1 = 1\,440$ r/min　由表 11-7 查得 A 型带 $P_0 = 2.27$kW	$P_0 = 2.27$kW
11. 确定额定功率增量 ΔP_0	由表 11-9 查得：$\Delta P_0 = 0.17$kW	$\Delta P_0 = 0.17$kW
12. 确定 V 带根数 z	$z \geqslant \dfrac{P_c}{[P_0]} = \dfrac{P_c}{(P_0 + \Delta P_0) K_a K_L}$　由表 11-10 查得：$K_a \approx 0.98$ 由表 11-2 查得：$K_L = 1.06$ $z \geqslant \dfrac{9.75}{(2.27 + 0.17) \times 0.98 \times 1.06} = 3.85$	$Z = 4$ 根
13. 确定单根 V 带的初拉力 F_0	$F_0 = 500 \dfrac{P_C}{zv}\left(\dfrac{2.5}{K_a} - 1\right) + qv^2$ $= 500 \dfrac{9.75}{4 \times 10.55}\left(\dfrac{2.5}{0.98} - 1\right) + 0.11 \times 10.55^2$ $\approx 191.42N$	$F_0 = 191.42$ N
14. 计算带对轴的压力 F_Q	$F_Q = 2zF_0 \sin(\alpha_1 / 2)$ $= 2 \times 4 \times 191.42 \sin(169.81/2) \approx 1\,525.31N$	$F_Q = 1\,525.31$ N
15. 确定带轮结构绘工作图	（略）	

§11-5　同步带传动

一、同步带传动的特点和应用

同步带是以细钢丝绳或玻璃纤维为强力层，外覆以聚氨酯或氯丁橡胶的环形带。由于带的强力层承载后变形小，且内周制成齿状使其与齿形的带轮相啮合，故带与带轮间无相对滑动，构成同步传动。如图 11-10 所示。

同步带传动具有传动比恒定、不打滑、效率高、初张力小、对轴及轴承的压力小、速度及功率范围广、不需润滑、耐油、耐磨损以及允许采用较小的带轮直径、较短的轴间距、较大的速比，使传动系统结构紧凑的特点。一般参数为：带速 $v \leqslant 50$ m/s；功率 $P \leqslant 100$ kW；速比 $i \leqslant 10$；效率 $\eta = 0.92 \sim 0.98$；工作温度 $-20℃ \sim 80℃$。

目前同步带传动主要用于中小功率要求速比准确的传动中：如计算机、数控机床、纺织机械、烟草机械等。

二、同步带的参数、类型和规格

1. 同步带的参数

(1)节距 P_b 与基本长度 L_p　在规定张紧力下,同步带相邻两齿对称中心线的距离,称为节距 P_b。同步带工作时保持原长度不变的周线称为节线,节线长度 L_p 为基本长度(公称长度),轮上相应的圆称为节圆。如图 11-11 所示。显然有 $L_p = P_b z$。

(2)模数 m　与齿轮一样,也规定模数 $m = P_b/\pi$。

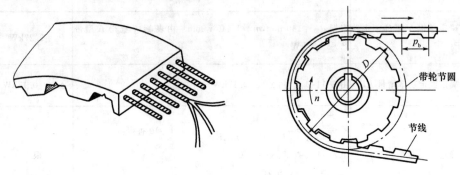

图 11-11　同步带结构与同步带传动

2. 同步带的类型和规格

同步带分为梯形齿和圆弧齿两大类,如图 11-12 所示。目前梯形齿同步带应用较广,圆弧齿同步带因其承载能力和疲劳寿命高于梯形齿而应用日趋广泛。同步带按结构分为单面和双面同步带两种形式。双面同步带按齿的排列不同又分为对称齿双面同步带(DA型)和交错齿双面同步带(DB 型)两种,如图 11-13 所示。此外还有特殊用途和特殊结构的同步带。本节仅讨论单面梯形齿同步带。

较常用的梯形齿同步齿形带有周节制和模数制两种,其中周节制梯形齿同步齿形带已列入国家标准,称为标准同步带。标准同步带按节距大小分为七种类型。带的齿形和带宽如表 11-11 所示,节线长度系列如表 11-13 所示。标准同步带的标记包括:型号、节线长度代号、宽度代号和国标号。对称齿双面同步带在型号前加"DA",交错齿双面同步带在型号前加"DB"。

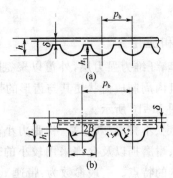

图 11-12　梯形齿和圆弧齿同步齿

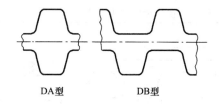

DA型　　　　DB型

图 11-13　对称双面齿和交错双面齿同步齿形带

标记示例：

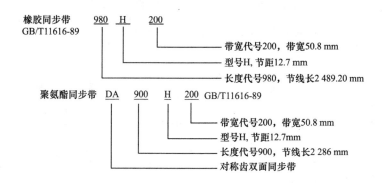

橡胶同步带　　980　H　200
GB/T11616-89
　　　　　　　　　　　　带宽代号200，带宽50.8 mm
　　　　　　　　　　　　型号H，节距12.7 mm
　　　　　　　　　　　　长度代号980，节线长2 489.20 mm

聚氨酯同步带　DA　900　H　200 GB/T11616-89
　　　　　　　　　　　　带宽代号200，带宽50.8 mm
　　　　　　　　　　　　型号H，节距12.7mm
　　　　　　　　　　　　长度代号900，节线长2 286 mm
　　　　　　　　　　　　对称齿双面同步带

模数制梯形齿同步带以模数为基本参数，模数系列为 1.5、2.5、3、4、5、7、10，齿形角 2β 为 $40°$，其标记为：模数×齿数×宽度。例如，聚氨酯同步带 $2×45×25$ 表示：模数 $m=2$，齿数 $z=45$，带宽 $b_s=25$ mm 的聚氨酯同步带。

三、同步带轮

（1）同步带轮的材料及轮辐、轮毂结构同 V 带轮。为防止齿形带工作时从带轮上脱落，一般推荐小带轮两边均有挡圈，而大带轮则无挡圈；或大小带轮均为单面挡圈，但挡圈各在不同侧，如表 11-12 所示。

（2）同步带轮轮齿形状有渐开线齿廓和直边齿廓两种（用于梯形齿同步齿形带），其中渐开线齿廓的同步带轮可借用齿轮刀具展成加工，齿廓具体尺寸请参阅有关手册。

（3）周节制同步齿形带轮的宽度如表 11-12 所示，直径如表 11-14 所示。

（4）周节制同步带轮标记由带轮齿数、带型号、轮宽代号和标准代号组成。

标注示例：

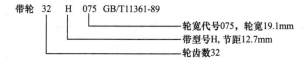

带轮　32　H　075 GB/T11361-89
　　　　　　　　轮宽代号075，轮宽19.1mm
　　　　　　　　带型号H，节距12.7mm
　　　　　　　　轮齿数32

表 11-12   周节制梯形齿同步齿形带的齿形与带宽

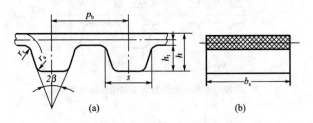

(a)   (b)

型号	节距 p_b (mm)	齿形角 $2\beta(°)$	齿根厚 s (mm)	齿高 h_t (mm)	带高 h (mm)	齿根圆角半径 r_r(mm)	齿顶圆角半径 r_a(mm)	带宽 b_s(mm)及代号			
MXL 最轻型	2.032	40	1.14	0.51	1.14	0.13	0.13	公称尺寸	3.0	4.8	6.4
								代 号	012	019	025
XXL 超轻型	3.175	50	1.73	0.76	1.52	0.20	0.30	公称尺寸	3.0	4.8	6.4
								代 号	012	019	025
XL 特轻型	5.080	50	2.57	1.27	2.3	0.38	0.38	公称尺寸	6.4	7.9	9.5
								代 号	025	031	037
L 轻型	9.525	40	4.65	1.91	3.6	0.51	0.51	公称尺寸	12.7	19.1	25.4
								代 号	050	075	100
H 重型	12.700	40	6.12	2.29	4.3	1.02	1.02	公称尺寸	19.1	25.4	38.1
								代 号	075	100	150
								公称尺寸	50.8	76.2	—
								代 号	200	300	—
XH 特重型	22.225	40	12.57	6.35	11.2	1.57	1.19	公称尺寸	50.8	76.2	101.6
								代 号	200	300	400
XXH 超重型	31.750	40	19.05	9.53	15.7	2.29	1.52	公称尺寸	50.8	76.2	101.6
								代 号	200	300	400
								公称尺寸	127	—	—
								代 号	500	—	—

表 11-13　周节制梯形齿同步齿形带带轮的宽度(GB/T 11361—89)　　　　　(mm)

型号	轮宽代号	轮宽基本尺寸	b_f	b''_f	b'_f	型号	轮宽代号	轮宽基本尺寸	b_f	b''_f	b'_f
MXL	012	3.0	3.8	5.6	4.7		075	19.1	20.3	24.8	22.6
	019	4.8	5.3	7.1	6.2		100	25.4	26.7	31.2	29.0
	025	6.4	7.1	8.9	8.0	H	150	38.1	39.4	43.9	41.7
XXL	012	3.0	3.8	5.6	4.7		200	50.8	52.8	57.3	55.1
	019	4.8	5.3	7.1	6.2		300	76.2	79.0	83.5	81.3
	025	6.4	7.1	8.9	8.0	XH	200	50.8	56.6	62.6	59.6
XL	025	6.4	7.1	8.9	8.0		300	76.2	83.8	89.8	86.9
	031	7.9	8.6	10.4	9.5		400	101.6	110.7	116.7	113.7
	037	9.5	10.7	12.2	11.1	XXH	200	50.8	56.6	64.1	60.4
L	0.50	12.7	14.0	17.0	15.5		300	76.2	83.8	91.3	87.3
	0.75	19.1	20.3	23.3	21.8		400	101.6	110.7	118.2	114.5
	100	25.4	26.7	29.7	28.2		500	127	137.7	145.2	141.5

表 11-14　周节制梯形齿同步齿形带的节线长度、齿数(GB/T 11616—89)

长度代号	节线长 L_p(mm)	MXL	XXL	XL	L	长度代号	节线长 L_p(mm)	XL	L	H	XH	长度代号	节线长 L_p(mm)	H	XH	XXH
36	91.44	45				210	533.40	105	56			630	1 600.20	126	72	
40	101.60	50				220	558.80	110				660	1 676.40	132		56
44	111.76	55				225	571.50		60			700	1 778.00	140	80	
48	121.92	60				230	584.20	115				750	1 905.00	150		
50	128.02	63				240	609.60	120	64	48		770	1 955.80		88	64
56	142.24	70				250	635.00	125				800	2 032.00	160		
60	152.40	75	48	30		255	647.70		68			840	2 133.60		96	
64	162.56	80				260	660.40	130				850	2 159.00	170		72
70	177.80		56	35		270	685.80		72	54		900	2 286.00	180		
72	182.88	90				285	723.90		76			980	2 489.20		112	80
80	203.20	100	64	40		300	762.00		80	60		1 000	2 540.00	200		
88	223.52	110				322	819.15		86			1 050	2 667.00	210		
90	228.60		72	45		328	833.12		87			1 100	2 794.00	220		
100	254.00	125	80	50		330	838.20			66		1 120	2 844.80		128	96
110	279.40		88	55		345	876.30		92			1 200	3 048.00			
112	284.48	140				360	914.40			72		1 250	3 175.00	250		
120	304.80		96	60		367	933.45		98			1 260	3 200.40		144	112
124	314.96	155			33	390	990.60		104	78		1 400	3 556.00	280	160	
130	330.20		104	65		420	1 066.80		112	84		1 540	3 911.60		176	128
140	355.60	175	112	70		450	1 143.00		120	90		1 600	4 064.00			
150	381.00		120	75	40	480	1 219.20		128	96		1 700	4 318.00	340		
160	406.40	200	128	80		507	1 289.05				58	1 750	4 445.00		200	144
170	431.80			85		510	1 295.40		136	102		1 800	4 572.00			
180	457.20	225	144	90		540	1 371.60		144	108						
187	476.25				50	560	1 422.40				64					
190	482.60			95		570	1 447.80			114						
200	508.00	250	160	100		600	1 524.00		160	120						

表 11-15　　　　　周节制梯形齿同步齿形带带轮的直径 (GB/T 11361—89)　　　　　　(mm)

带轮齿数 z_1,z_2	型 号												
	MXL		XXL		XL		L		H		XH		XXH	
	节径 d	外径 d_0	节径 d	外径 d_0	节径 d	外径 d_0	节径 d	外径 d_0	节径 d	外径 d_0	节径 d	外径 d_0	节径 d	外径 d_0
10	6.47	5.96	10.11	9.60	16.17	15.66								
11	7.11	6.61	11.12	10.61	17.79	17.28								
12	7.76	7.25	12.13	11.62	19.40	18.90	36.38	35.62						
13	8.41	7.90	13.14	12.63	21.02	20.51	39.41	38.65						
14	9.06	8.55	14.15	13.64	22.64	22.13	42.45	41.69	56.60	55.23				
15	9.70	9.19	15.16	14.65	24.26	23.75	45.48	44.72	60.64	59.27				
16	10.35	9.84	16.17	15.66	25.87	25.36	48.51	47.75	64.68	63.31				
17	11.00	10.49	17.18	16.67	27.49	26.98	51.54	50.78	68.72	67.35				
18	11.64	11.13	18.19	17.68	29.11	28.60	54.57	53.81	72.77	71.39	127.34	124.55	181.91	178.86
19	12.29	11.78	19.20	18.69	30.72	30.22	57.61	56.84	76.81	75.44	134.41	131.62	192.02	188.97
20	12.94	12.43	20.21	19.70	32.34	31.83	60.64	59.88	80.85	79.48	141.49	138.69	202.13	199.08
(21)	13.58	13.07	21.22	20.72	33.96	33.45	63.67	62.91	84.89	83.52	148.56	145.77	212.23	209.18
22	14.23	13.72	22.23	21.73	35.57	35.07	66.70	65.94	88.94	87.56	155.64	152.84	222.34	219.29
(23)	14.88	14.37	23.24	22.74	37.19	36.68	69.73	68.97	92.98	91.61	162.71	159.92	232.45	229.40
(24)	15.52	15.02	24.26	23.75	38.81	38.30	72.77	72.00	97.02	95.65	169.79	166.99	242.55	239.50
25	16.17	15.66	25.27	24.76	40.43	39.32	75.80	75.04	101.06	99.69	176.86	174.07	252.66	249.61
(26)	16.82	16.31	26.28	25.77	42.04	41.53	78.83	78.07	105.11	103.73	183.94	181.14	262.76	259.72
(27)	17.46	16.96	27.29	26.78	43.66	43.15	81.86	81.10	109.15	107.78	191.01	188.22	272.87	269.82
28	18.11	17.60	28.30	27.79	45.28	44.77	84.89	84.13	113.19	111.82	198.08	195.29	282.98	279.93
(30)	19.40	18.90	30.32	29.81	48.51	48.00	90.96	90.20	121.28	119.90	212.23	209.44	303.19	300.14
32	20.70	20.19	32.34	31.83	51.74	51.24	97.02	96.26	129.36	127.99	226.38	223.59	323.40	320.35
36	23.29	22.78	36.38	35.87	58.21	57.70	109.15	108.39	145.53	144.16	254.68	251.89	363.83	360.78
40	25.37	25.36	40.43	39.92	64.68	64.17	121.28	120.51	161.70	160.33	282.98	280.18	404.25	401.21
48	31.05	30.54	48.51	48.00	77.62	77.11	145.53	144.77	194.04	192.67	339.57	336.78	485.10	482.06
60	38.81	38.30	60.64	60.13	97.02	96.51	181.91	181.15	242.55	241.18	424.27	421.67	606.38	603.33
72	46.57	46.06	72.77	72.26	116.43	115.92	218.30	217.53	291.06	289.69	509.36	506.57	727.66	724.61
84							254.68	253.92	339.57	338.20	594.25	591.46	848.93	845.88
96							291.06	290.30	338.08	386.71	679.15	676.35	970.21	967.16
120							363.83	363.07	485.10	483.73	848.93	846.14	1212.76	1209.71
156									630.64	629.26				

注:括号内尺寸尽量不采用。

§11-6　带传动的安装、张紧和维护

一、带传动的张紧与调整

带传动的张紧程度对其传动能力、寿命和轴压力都有很大的影响。V 带传动初拉力的测定可在带与带轮两切点中心加以垂直于带的载荷 G 使每 100 mm 跨距产生 1.6 mm 的挠度，此时传动带的初拉力 F_0 是合适的（即总挠度 $y=1.6a/100$），如图 11-14 所示。

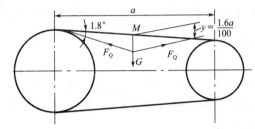

图 11-14　初拉力的测定

对于普通 V 带传动，施加于跨度中心的垂直力 G 按下列公式计算：

新装的带　　$G=(1.5F_0+\Delta F_0)/16$

运转后的带　$G=(1.3F_0+\Delta F_0)/16$

最小极限值　$G=(F_0+\Delta F_0)/16$

带传动工作一段时间后会由于塑性变形而松弛，使初拉力减小、传动能力下降，此时在规定载荷 G 作用下总挠度 y 变大，需要重新张紧。常用张紧方法有以下几种：

1. 调整中心距法

（1）定期张紧。如图 11-15 所示，将装有带轮的电动机 1 装在滑道 2 上，旋转调节螺钉 3 以增大或减小中心距从而达到张紧或松开的目的。图 11-16 为把电机装在一摆动底座 2 上，通过调节螺钉 3 调节中心距达到张紧的目的。

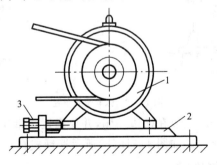

图 11-15　水平传动定期张紧装置

（2）自动张紧。把电动机 1 装在如图 11-17 所示的摇摆架 2 上，利用电机的自重，使电动机轴心绕铰点 A 摆动，拉大中心距达到自动张紧的目的。

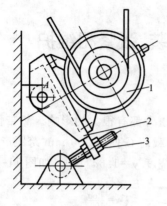 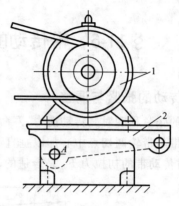

图 11-16　垂直传动定期张紧装置 　　　图 11-17　自动张紧装置

2. 张紧轮法

带传动的中心距不能调整时,可采用张紧轮法。图 11-18(a)所示为定期张紧装置,定期调整张紧轮的位置可达到张紧的目的。图 11-18(b)所示为摆锤式自动张紧装置,依靠摆锤重力可使张紧轮自动张紧。

V 带和同步带张紧时,张紧轮一般放在带的松边内侧并应尽量靠近大带轮一边,这样可使带只受单向弯曲,且小带轮的包角不致过分减小。如图 11-18(a)所示定期张紧装置。

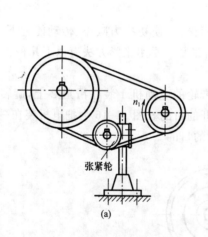 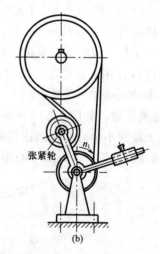

图 11-18　张紧轮的布置

平带传动时,张紧轮一般应放在松边外侧,并要靠近小带轮处。这样小带轮包角可以增大,提高了平带的传动能力。如图 11-18(b)所示摆锤式自动张紧装置。

二、带传动的安装与维护

正确的安装和维护是保证带传动正常工作、延长胶带使用寿命的有效措施,一般应注意以下几点:

1. 平行轴传动时各带轮的轴线必须保持规定的平行度。V 带传动主、从动轮轮槽必须调整在同一平面内,误差不得超过 20′,否则会引起 V 带的扭曲使两侧面过早磨损。如

图 11-19 所示。

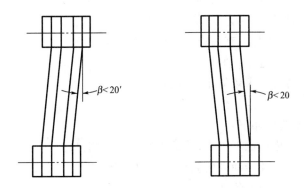

图 11-19　带轮的安装位置

2. 套装带时不得强行撬入。应先将中心距缩小,将带套在带轮上,再逐渐调大中心距拉紧带,直至所加测试力 G 满足规定的挠度 $y=1.6a/100$ 为止。

3. 多根 V 带传动时,为避免各根 V 带载荷分布不均,带的配组公差(请参阅有关手册)应在规定的范围内。

4. 对带传动应定期检查及时调整,发现损坏的 V 带应及时更换,新旧带、普通 V 带和窄 V 带、不同规格的 V 带均不能混合使用。

5. 带传动装置必须安装安全防护罩。这样既可防止绞伤人,又可以防止灰尘、油及其他杂物飞溅到带上影响传动。

§11-7　链传动的类型、特点和应用

链传动是一种具有中间挠性件(链)的啮合传动装置,它由链条和主、从动链轮组成,如图 11-20 所示。工作时,依靠链条与链轮轮齿的啮合来传递运动和动力。

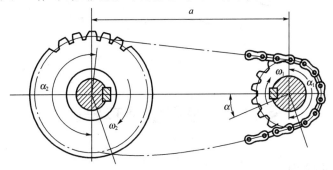

图 11-20　链传动

一、链传动的特点

1. 与摩擦型带传动相比,链传动有如下特点:

(1)无弹性滑动和打滑现象,平均传动比准确,工作可靠。

(2)效率较高,可达 98%。

（3）传递功率大，过载能力强，相同工况下的传动尺寸小。

（4）张紧力小，轴与轴承受力小。

（5）能在高温、多尘、潮湿、有污染等恶劣环境中工作。

2.与齿轮传动相比，链传动的优点如下：

（1）制造和安装精度要求较低，制造成本低。

（2）易于实现较大中心距的传动或多轴传动。

3.链传动的主要缺点如下：

（1）瞬时的链速和传动比不恒定，传动平稳性较差，有噪声。

（2）不适合于高速以及转动方向频繁改变的场合。

（3）只能用于平行轴间的传动。

二、链传动的应用

链传动主要用于中心距较大、平均传动比准确、对传动平稳性要求不高的场合。通常，链传动传递的功率 $P \leqslant 100$ kW，链速 $v \leqslant 15$ m/s，传动比 $i < 8$，传动中心距 $a \leqslant 6$ m。目前，链传动最大的传递功率可达 5 000 kW，链速可达 40 m/s，传动比可达 15，中心距可达 8 m。

三、链传动的类型

按用途不同，链可分为：传动链、起重链和输送链。起重链用于起重机械中起吊重物；输送链主要用于运输机械中的输送物料。

在一般机械传递运动和动力的链传动装置中，常用的是传动链，其形式主要有短节距滚子链（见图 11-20）和齿形链（见图 11-21）两种，其中，滚子链应用最广，故本书主要讨论滚子链传动。

图 11-21　齿形链

§11-8　滚子链及其链轮

一、滚子链的结构

滚子链的结构如图 11-22 所示，它是由滚子 1、套筒 2、销轴 3、内链板 4 和外链板 5 组成。滚子与套筒之间、套筒与销轴之间均为间隙配合。内链板与套筒之间、外链板与销轴之间均用过盈配合连接，分别称为内、外链节，这样内、外链节就构成铰链。当链条屈伸时，内、外链节可自由转动。当链条与链轮轮齿啮合时，滚子与轮齿间为滚动摩擦，这样可以减轻齿廓的磨损。内、外链板一般均制成"∞"字形，以减轻重量并保持链板各截面接近于等强度。

二、滚子链的主要参数

链条上两相邻销轴中心之间的距离称为节距,以 P 表示,它是链传动的最主要的参数,此外还有滚子外径 d_1 和内链节内宽 b_1,如图 11-22 所示。滚子链的主要参数见表 11-19。对于多排链则排距为 P_t(相邻两排链滚子中线间的距离),如图 11-23 所示。节距大时,链条中各零件的尺寸相应增大,可传递的功率也随之增大。当传递大功率时,可采用双排链或多排链。多排链的承载能力与排数成正比,但由于制造精度不易保证,容易受载不均,因此排数不宜过多,一般不超过 4 排。

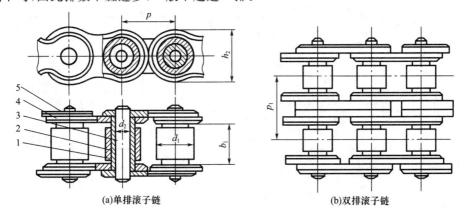

(a)单排滚子链　　　　　　　　　　(b)双排滚子链

图 11-22　滚子链的结构
1—滚子;2—套筒;3—销轴;4—内链板;5—外链板

三、滚子链的长度

链条长度用链节数 L_p 表示。链节数最好为偶数,以使链条两头连接时,正好是外链板与内链板相接,接头处可用开口销(见图 11-23(a))或弹簧卡(见图 11-23(b))来固定。若链节数为奇数,则接头处需采用过渡链节,其结构如图 11-23(c)所示。过渡链节受拉时将承受附加弯矩,使连接的强度降低约 20%,应尽量避免采用。

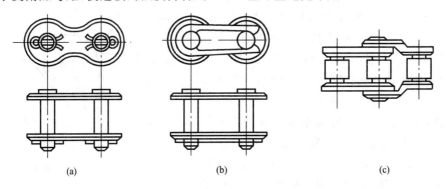

(a)　　　　　　　　　(b)　　　　　　　　　(c)

图 11-23　滚子链接头形式

四、滚子链的标准

滚子链已标准化,表 11-16 列出了 GB/T 1243—2006 规定的几种规格滚子链的主要参数、尺寸和极限拉伸载荷,表中链号与相应的国际标准链号一致,链号数乘以(25.4/16)mm即为节距值。滚子链分为A、B两个系列,我国以A系列为主体,供设计和出口用,B系列供维修和出口用,故仅介绍最常用的A系列。

滚子链的标记为:链号－排数×链节数　标准编号。

例如,节距$p=12.7$ mm的A系列、单排、86节的滚子链,标记为

$$08A-1×86 \quad GB/T\ 1243—2006$$

表 11-16　　　　　滚子链规格和主要参数(摘自 GB/T 1243—2006)

链号	节距 p/mm	排距 p_t/mm	滚子外径 d_1/mm	内链节内宽 b_1/mm	销轴直径 d_2/mm	内链节外宽 b_2/mm	销轴长度 单排 b_4/mm	销轴长度 双排 b_t/mm	内链板高度 h_2/mm	极限拉伸载荷 F_{Qmin}/N 单排	极限拉伸载荷 F_{Qmin}/N 双排	单排质量 q/kg·m⁻¹ (概略值)
05B	8.00	5.64	5.00	3.00	2.31	4.77	8.6	14.3	7.11	4 400	7 800	0.18
06B	9.252	10.24	6.35	5.72	3.28	8.53	13.5	23.8	8.26	8 900	16 900	0.40
08B	12.7	13.92	8.51	7.75	4.45	11.30	17.01	31.0	11.81	17 800	31 100	0.70
08A	12.7	14.38	7.95	7.85	3.96	11.18	17.8	32.3	12.07	13 800	27 600	0.6
10A	15.875	18.11	10.16	9.40	5.08	13.84	21.8	39.9	15.09	21 800	43 600	1.0
12A	19.05	22.78	11.91	12.57	5.94	17.75	26.9	49.8	18.08	31 100	62 300	1.5
16A	25.4	29.29	15.88	15.75	7.92	22.61	33.5	62.7	24.13	55 600	112 100	2.6
20A	31.75	35.76	19.05	18.90	9.53	27.46	41.1	77	30.18	86 700	173 500	3.8
24A	38.10	45.44	22.23	25.22	11.10	35.46	50.8	96.3	36.20	124 600	249 100	5.6
28A	44.45	48.87	25.4	25.22	12.70	3 719	54.9	103.6	42.24	169 000	338 100	7.5
32A	50.8	58.55	28.58	31.55	14.27	45.21	65.5	124.2	48.26	222 400	444 800	10.1
40A	63.5	71.55	39.68	37.85	19.54	54.89	80.3	151.9	60.33	347 000	693 900	16.1
48A	76.2	87.83	47.63	47.35	23.80	67.82	95.5	183.4	72.39	500 400	1 000 800	22.6

注:采用过渡链节时,相应链条的 F_{Qmin} 值,取表中值的80%。

五、链轮的结构和材料

1.链轮的齿形

GB/T 1243—2006 中没有规定具体的齿形,仅规定了最大和最小齿槽形状。各种链轮的实际端面齿形均应在最大和最小齿槽形状之间。这样,链轮齿形的设计就有较大的灵活性,但齿形应保证链条平稳顺利地进入和退出啮合,受力良好,不易脱链,易于加工。实际齿槽形状取决于刀具和加工方法,常用齿廓形状为三圆弧(弧$\overset{\frown}{aa}$、$\overset{\frown}{ab}$、$\overset{\frown}{cd}$)一直线($\overset{\frown}{cd}$)齿形,如图 11-25 所示。选用这种齿形并用标准刀具加工时,设计时在零件工作图中不必画出端面齿形,但应绘出链轮的轴向齿廓。

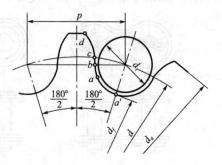

图 11-24　链轮端面齿形

链轮的主要尺寸及计算公式见表 11-17;链轮的轴向齿廓和尺寸见表 11-18。

表 11-17		滚子链链轮主要尺寸及计算公式		（mm）

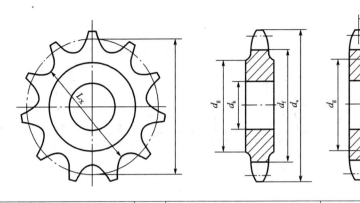

	名称		符号	计算公式	说明
基本参数	链轮齿数		z		查表"滚子链传动的设计计算"
	配用链条的	节距 滚子外径 排距	p d_r p_t		查表"链条主要尺寸、测量力和抗拉载荷"
主要尺寸	分度圆直径		d	$d = \dfrac{p}{\sin\dfrac{180°}{z}}$	
	齿顶圆直径		d_a	$d_{amax} = d + 1.25p - d_r$ $d_{amin} = d + \left(1 - \dfrac{1.6}{z}\right)p - d_r$ 若为三圆弧一直线齿形，则 $d_a = p\left(0.54 + \cot\dfrac{180°}{z}\right)$	可在 d_{amax} 与 d_{amin} 范围内选取，但当选用 d_{amax} 时，应注意用展成法加工时有可能发生顶切
	齿根圆直径		d_f	$d_f = d - d_r$	
	分度圆弦齿高		h_a	$h_{amax} = \left(0.625 + \dfrac{0.8}{z}\right) - 0.5d_r$ $h_{amin} = 0.5(p - d_r)$ 若为三圆弧一直线齿形，则 $h_a = 0.27p$	h_a 查表"三圆弧一直线齿槽形状"插图 h_a 是为了简化放大齿形图的绘制而引入的辅助尺寸，h_{amax} 相应于 d_{amax}，h_{amin} 相应于 d_{amin}
	最大齿根距离		L_x	奇数齿 $L_x = d\cos\dfrac{90°}{z} - d_r$ 偶数齿 $L_x = d_f = d - d_r$	
	齿侧凸缘（或排间槽）直径		d_g	$d_g < p\cot\dfrac{180°}{z} - 1.04h - 0.76$	h——内链板高度，查表"链条主要尺寸、测量力和抗拉载荷"

注：d_k 为链轮的轴孔直径，根据轴的强度计算确定。

表 11-18   链轮的轴向齿廓和尺寸

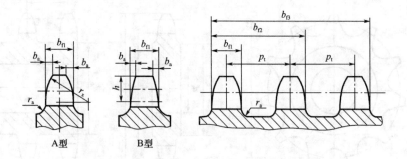

A型   B型

名　称		计算公式	
		$p \leqslant 12.7$	$p > 12.7$
齿宽	单排	$0.93b_1$	$0.95b_1$
	双排、三排	$0.91b_1$	$0.93b_1$
	四排以上	$0.88b$	$0.93b_1$
倒角宽 b_a		$b_a = (0.1-0.15)p$	
倒角半径 r_a		$r_t \geqslant p$	
倒角深 h		$h = 0.5p$	
齿侧缘(或排间槽)圆角半径 r_a		$r_a = 0.04p$	
链轮齿总宽 b_{fm}		$b_{fm} = (m-1)p_t + b_{f1}$($m$ 为排数)	

2.链轮的结构和材料

链轮的结构尺寸与其直径有关。小尺寸的链轮一般做成整体结构,如图 11-25(a)所示;中等尺寸的链轮则制成孔板式结构,如图 11-25(b)所示;大尺寸的链轮常采用齿圈式的焊接结构或装配结构,如图 11-25(c)、(d)所示。具体的结构尺寸详见有关机械设计手册。

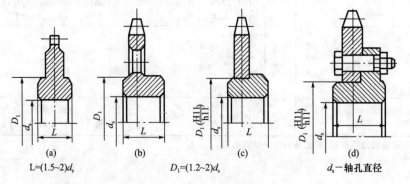

(a)   (b)   (c)   (d)

L=(1.5~2)d_s D_1=(1.2~2)d_s d_s—轴孔直径

图 11-25 链轮的结构

链轮的主要尺寸及计算公式见表 11-17。链传动的主要失效形式是链条元件的疲劳破坏与磨损,链轮所使用的材料应保证轮齿具有足够的强度和耐磨性。链轮及其齿面一般都要进行热处理。由于小链轮轮齿的啮合次数高于大链轮轮齿的啮合次数,所以小链轮轮齿的磨损和冲击也较严重,因此,小链轮的材料不得低于大链轮的材料,其齿面硬度应高于大链轮的齿面硬度。链轮的常用材料有优质碳素钢、灰铸铁和铸钢等,重要的传动可采用合金钢。链轮常用材料、热处理方式及应用范围见表 11-19。

表 11-19　　　　　　　　　　　　　**链轮材料及热处理**

链轮材料	热处理	齿面硬度	应用范围
15 钢、20 钢	渗碳、淬火、回火	(50～60)HRC	$z \leqslant 25$,有冲击载荷的主、从动链轮
35 钢	正火	(160～200)HBW	$z > 25$,在正常工作条件下主、从动链轮
40 钢、45 钢、45Mn 50 钢、ZG310－570	淬火、回火	(40～45)HRC	无剧烈冲击振动和要求的主、从动链轮
15Cr、20Cr	渗碳、淬火、回火	(50～60)HRC	$z < 30$,有动载荷及传递较大功率的重要链轮
40Cr、35SiMn、35CrMo	淬火、回火	(40～50)HRC	使用优质链条,要求强度较高及耐磨损的重要链轮
Q235-A、Q275	焊接后退火	≈140HBW	中低速、功率不大的较大链轮
不低于 HT200 的灰铸铁	淬火、回火	(260～280)HBW	$z > 50$ 的从动链轮以及外形复杂或强度要求一般的链轮
夹布胶木			$P < 6$ kW、速度较高,要求传动平稳、噪声小的链轮

§11-9　链传动的运动特性

一、平均链速和平均传动比

滚子链是由刚性链节通过销轴铰接而成,当其绕在链轮上与链轮啮合时将形成折线,相当于链绕在边长为节距 P、边数为链轮齿数 z 的多边形轮上,如图 11-21 所示。设 n_1、n_2 和 z_1、z_2 分别为主、从动链轮转速和链轮齿数。链轮每转一周,链条转过的链长为 zp,故链的平均速度为

$$v = \frac{z_1 p n_1}{60 \times 1\,000} = \frac{z_2 p n_2}{60 \times 1\,000} \tag{11-19}$$

链传动的平均传动比为

$$i = \frac{n_1}{n_2} = \frac{z_2}{z_1} \tag{11-20}$$

二、瞬时链速和瞬时传动比

由以上两式求得的 v 与 i 都是以链轮转动的周数来计算的,因此都是平均值。实际上,链的节线在链轮上呈多边形,即使主动链轮的角速度 ω_1 为常数时,链条的瞬时速度 v、从动链轮的瞬时角速度 ω_2 和瞬时传动比 i 等也都将是变化的。

为了便于分析,设链传动的主动边始终处于水平位置,如图 11-26 所示,当链条绕上链轮时,其销轴中心的位置随链轮的转动而不断变化。当销轴中心位于主动轮分度圆上 A 点这一瞬时,销轴中心 A 的线速度 $v_A = \omega r_1$,则链条的速度为

$$v_{x1} = v_A \cos\beta = \omega_1 r_1 \cos\beta, \quad v_{y1} = \omega_1 r_1 \sin\beta$$

式中，β 是 A 点的圆周速度与水平线的夹角，设一个链节所对的中心角为 $\varphi_1 = 360°/z1$，则 β 角在 $-\varphi_1/2 \sim +\varphi_1/2$ 之间变化。

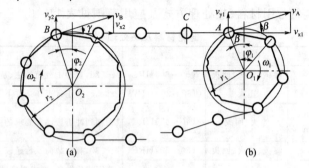

图 11-26　链传动的运动分析

可见，链条在传动过程中，每转过一个链节，链速就周期性地由小变大，再由大到小地变化一次，造成链传动速度的不均匀性。这种由于链条绕在链轮上形成多边形啮合传动而引起传动速度不均匀的现象，称为多边形效应。链轮的节距越大，链轮齿数越少，链速的不均匀性越明显。

设从动轮的角速度为 ω_2，销轴 B 的圆周速度为 v_B，由图 11-25 可知

$$v_B = \frac{v_{x2}}{\cos\gamma} = \frac{v_{x1}}{\cos\gamma} = \frac{\omega_1 r_1 \cos\beta}{\cos\gamma} = \omega_2 r_2$$

从动轮瞬时速度

$$\omega_2 = \frac{r_1 \cos\beta}{r_2 \cos\gamma}\omega_{12}$$

瞬时传动比

$$i = \frac{\omega_1}{\omega_2} = \frac{d_2 \cos\gamma}{d_1 \cos\beta}$$

由于 β 与 γ 都随时间而变化，所以虽然主动轮角速度 ω_1 是常数，从动轮的角速度 ω_2 和瞬时传动比 i 也都是变化的。

三、链传动的动载荷

由上述分析可知，链传动工作时，链速、从动轮的角速度、链条垂直方向的速度都作周期变化，因此，必然产生加速度，并引起动载荷；此外，链条链节与链轮啮合的瞬间，由于具有相对速度，也会造成啮合冲击和动载荷，因此，链传动不适用于高速传动。

§11-10　链传动的使用和维护

一、链传动的布置

链传动要做到合理布置，应考虑如下原则：

(1)两链轮的回转平面，必须布置在同一垂直平面内，即两链轮的轴线必须平行。

(2)两链轮最好布置成轴心连线在水平面内，需要时也可布置成两轮轴心连线与水平

面夹角小于 45°的位置。必须采用两链轮上下布置时,上下两轮中心应不在同一条垂线上。

(3)常使链条的紧边在上,松边在下。

链传动的布置见表 11-20。

表 11-20 　　　　　　　　　　链传动的布置

传动条件	正确布置	不正确布置	说　明
i 与 a 较佳场合: $i=2\sim3$ $a=(30\sim50)p$			两链轮中心连线最好成水平,或与水平面成 60°以下的倾角。紧边在上面较好
i 大 a 小场合: $i>2$ $a<30p$			两轮轴线不在同一水平面上,此时松边应布置在下面,否则松边下垂量增大后,链条易与小链轮钩住
i 小 a 大场合: $i<1.5$ $a>60p$			两轮轴线在同一水平面上,松边应布置在下面,否则松边下垂量增大后,松边会与紧边相碰。此外,需经常调整中心距
垂直传动场合: i、a 为任意值			两轮轴线在同一铅垂面内,此时下垂集中在下端,所以要尽量避免这种垂直或接近垂直的布置,否则会减少下面链轮的有效啮合齿数,降低传动能力。应采用:①中心距可调;②张紧装置;③上下两轮错开,使其轴线不在同一铅垂面内;④尽可能将小链轮布置在上方等措施
反向传动:$\mid i\mid<8$	 从动轮 主动轮		为使两轮转向相反,应加装 3和 4 两个导向轮,且其中至少有一个是可以调整张紧的。紧边应布置在轮 1 和轮 2 之间,角 δ 的大小应使轮 2 的啮合包角满足传动要求

二、链传动的张紧

链传动中,不需要给链条以初拉力,但应适当张紧。链条张紧的目的主要是为了避免由于铰链磨损使链长度增大时松边过于松弛,垂直布置时避免下链轮的啮合不良和振动过大。

一般情况下,链传动设计成中心距可调整的形式,通过调整中心距来张紧链轮。也可采用张紧轮(见图 11-27)张紧,张紧轮应设在松边。

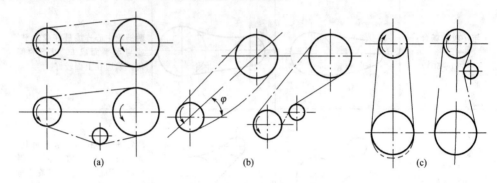

(a)	(b)	(c)

图 11-27 链传动的张紧

思考题

11-1 摩擦带传动按胶带截面形状有哪几种?各有什么特点?为什么传递动力多采用 V 带传动?

11-2 按国标规定,普通 V 带横截面尺寸有哪几种?

11-3 什么是 V 带的基准长度和 V 带轮的基准直径?

11-4 小带轮的包角 α_1 对 V 带传动有何影响?为什么要求 $\alpha_1 \geqslant 120°$?

11-5 带传动的主要失效形式有哪些?设计计算准则是什么?

11-6 什么叫有效拉力?什么叫极限有效拉力?带传动不打滑的条件是什么?

11-7 V 带传动选择小带轮直径较好的方法是什么?

11-8 单根 V 带所能传递的功率与哪些因素有关?

11-9 带传动中为什么要张紧?V 带传动和平带传动张紧轮的布置位置有什么不同,为什么?

11-10 链传动与带传动相比有哪些优缺点?

11-11 影响链传动速度不均匀性的主要参数是什么?为什么?

11-12 链传动的主要失效形式有哪几种?设计准则是什么?

11-13 链传动的功率曲线是在什么条件下得到的?在实际使用中要进行哪些项目的修正?

11-14 链传动为何要适当张紧?常用的张紧方式有哪些?

11-15 如何确定链传动的润滑方式?常用的润滑装置和润滑油有哪些?

习　题

11-1　某 V 带传动传递的功率 $P=5.5$ kW,带速 $v=10$ m/s,紧边拉力 F_1 是松边拉力 F_2 的 2 倍,求该带传动的有效拉力及紧边拉力 F_1。

11-2　某普通 V 带传动由电动机直接驱动,已知电动机转速 $n_1=1\,450$ r/min,主动带轮基准直径 $d_{d1}=160$ mm,从动带轮直径 $d_{d2}=400$ mm,中心距 $a=1\,120$ mm,用两根 B 型 V 带传动,载荷平稳,两班制工作。试求该传动可传递的最大功率。

11-3　一带传动的中心距 $a=370$ mm,小带轮节圆直径 $d_1=140$ mm,大带轮节圆直径 $d_2=400$ mm,求传动带的节线长度和小带轮上的包角。

11-4　实训提高:已知:某带式运输机其异步电动机与齿轮减速器之间用普通 V 带传动,电动机额定功率 $P=5.5$ kW,转速 $n_1=960$ r/min,V 带传动速比 $i_{12}=2.5$,运输机单向运转,载荷平稳,单班制工作,试设计此 V 带传动。(允许传动比误差 $\Delta i \leqslant \pm 5\%$)。

11-5　实训提高:选择 3～5 种实际带传动装置,观察确定带传动的形式、带的材料和接头形式、带轮的结构类型、张紧及布置方式;通过尺寸测量确定 V 带的类型;具体拆装、检测和调整带传动。

第 12 章 轴

导学导读

主要内容:轴的功用与分类、轴的材料及其选择、轴的直径的初步估算方法、不同类型的轴的强度计算和轴的结构设计。

目的与要求:通过本章的学习,应能了解轴的一般知识,并能进行轴的结构设计和强度计算。

重点与难点:轴的结构设计和按弯扭组合变形进行轴的强度计算,其中轴的结构设计是难点。

学习指导:在平时的学习过程中要注意观察和分析实物及部件装配图,以不断增强感性认识;要在掌握结构设计基本要求的基础上,从实例分析中学习分析问题和解决问题的方法,并通过思考题和习题的反复训练来掌握轴的结构设计方法。

§12-1　轴的功用和类型

轴是机器中的重要零件之一,用来支持旋转的机械零件,例如齿轮、带轮、链轮等,并通过轴来传递运动和转矩。根据承受载荷的不同,轴可分为转轴、传动轴和心轴三种。转轴既传递转矩又承受弯矩,如齿轮减速器中的轴(图 12-1);传动轴只传递转矩而不承受弯矩,如汽车变速箱与后桥之间的传动轴(图 12-2);心轴则只承受弯矩而不传递转矩,如铁路车辆的轴(图 12-3)、自行车的前轴(图 12-4)。

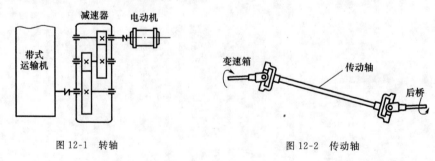

图 12-1　转轴　　　　　　　　　　　　　　图 12-2　传动轴

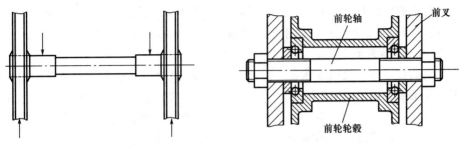

图 12-3 转动心轴   图 12-4 固定心轴

按轴线的几何形状,轴还分为直轴(图 12-1~图 12-4)、曲轴(图 12-5)和挠性钢丝轴(图 12-6)。曲轴常用于往复机械中。挠性钢丝轴是由几层紧贴在一起左右反绕的钢丝层构成,可以把转矩和旋转运动灵活地传到任何位置,常用于振捣器等设备中。本章只研究直轴。

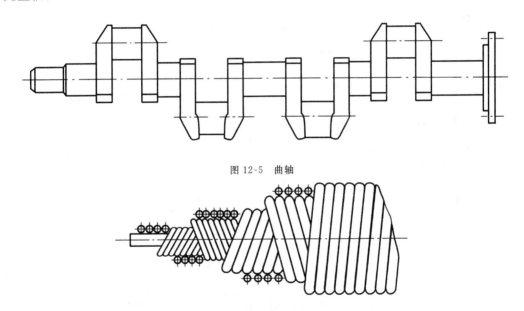

图 12-5 曲轴

图 12-6 挠性钢丝轴

轴的设计主要是根据工作要求并考虑制造工艺等因素,选用合适的材料,经过强度和刚度计算,定出轴的结构形状和尺寸,必要时还要考虑振动稳定性。

§12-2 轴的材料

转轴工作时的应力多为周期性的变应力,所以轴的失效形式多是疲劳破坏,因此轴的材料要求有一定的疲劳强度,且对应力集中的敏感性低。轴与滑动轴承发生相对运动的表面应具有足够的耐磨性,同时还应按经济性和工艺性等因素合理地选择轴的材料。轴的材料主要是碳钢和合金钢。

碳钢比合金钢价廉,对应力集中的敏感性低,经热处理可改善其综合机械性能,故应用广泛。常用的碳钢有 35、40、45 等优质碳素钢,其中 45 钢应用最普遍。为保证其机械性能,应进行调质或正火处理。对于不重要或受力较小的轴以及一般的传动轴,可直接采用 A3、A4 或 A5 等普通碳钢。

合金钢具有更高的机械性能和更好的淬火性能,但对应力集中比较敏感,且价格高,故多用于要求减轻质量、提高轴颈耐磨性以及在高温或低温条件下工作的轴。由于在常温下合金钢与碳钢的弹性模量相差很小,因此,用合金钢代替碳钢并不能提高轴的刚度。

轴的毛坯一般采用轧制的圆钢或锻件。锻件的内部组织较均匀,强度较好,故重要的轴以及大尺寸的阶梯轴应采用锻制毛坯。

球墨铸铁适用于形状复杂的短轴,可用来代替合金钢作内燃机中的曲轴、凸轮轴,它具有成本低廉、吸振性好、对应力集中敏感性低、强度也可满足要求等优点。但铸铁品质不易控制,可靠性较差。

轴的常用材料及其机械性能见表 12-1。

表 12-1　　　　　　　　　　　轴的常用材料及其机械性能

材料	热处理	毛坯直径 mm	硬度 (HBW)	力学性能			应用说明
				抗拉强度 σ_b/MPa	屈服强度 σ_s/MPa	疲劳极限 σ_{-1}/MPa	
Q235A				440	240	200	用于不重要或载荷不大的
Q275A				580	280	230	轴
35	正火	≤100	143～187	520	270	250	用于一般的轴
45	正火	≤100	170～217	600	300	275	用于较重要的轴,应用最广泛
	调质	≤200	217～255	650	360	300	
35SiMn	调质	≤100	229～286	750	550	350	用于比较重要的轴
40Cr	调质	≤100	241～286	750	550	350	用于载荷较大、无很大冲击的重要轴
40MnB	调质	25		1 000	800	485	用于重要的轴,性能近于40Cr
		≤200	241～286	750	550	335	
20Cr	渗碳淬火,回火	15	表面 56～62HRC	850	550	375	用于要求强度、韧性及耐磨性均较高的轴
		≤60		650	400	280	
QT600-3			197～269	600	370	215	用于外形复杂的轴

§12-3　轴的结构设计

图 12-7(a)所示为一齿轮减速器中的高速轴。轴上与轴承配合的部分称为轴颈,与传动零件(带轮、齿轮、联轴器)配合的部分称为轴头,连接轴颈与轴头的非配合部分称为轴身。

轴的结构设计就是使轴的各部分具有合理的形状和尺寸,其主要要求是:轴和轴上的零件要有准确的工作位置(定位要求);各零件要牢固、可靠地相对固定(固定要求);轴应便于加工,轴上零件要易于装拆(制造安装要求);尽量减小应力集中(疲劳强度要求);轴

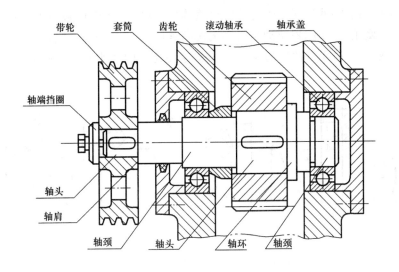

带轮 套筒 齿轮 滚动轴承 轴承盖

轴端挡圈

轴头

轴肩

轴颈 轴头 轴环 轴颈

(a)

开口销

(b)

图 12-7 轴的结构

各部分的直径和长度要合理(尺寸要求)等。

一、制造安装要求

为便于轴上零件的装拆,常将轴做成阶梯形。对于一般剖分式箱体中的轴,它的直径从轴端逐渐向中间增大。如图 12-7(b)所示,可依次将齿轮、套筒、左端滚动轴承、轴承盖、带轮和轴端挡圈从轴的左端装入,这样当零件往轴上装配时,既不擦伤配合表面,又使装配方便;右端滚动轴承从轴的右端装入。为使轴上零件易于安装,轴端及各轴段的端部应有倒角。

轴上磨削的轴段应有砂轮越程槽,车制螺纹的轴段应有退刀槽。

在满足使用要求的情况下,轴的形状和尺寸应力求简单,以便于加工。

二、轴上零件的定位

阶梯轴上截面变化的部位称为轴肩,它对轴上的零件起轴向定位作用。在图12-7(a)中,带轮、齿轮和右端轴承都是依靠轴肩做轴向定位的,左端轴承依靠套筒定位,两端轴承盖使轴在箱体内定位。

为了使轴上零件的端面能与轴肩紧贴,轴肩的圆角半径 R 必须小于零件孔端的圆角半径 R_1 或倒角 C_1(图 12-8(a)),否则无法贴紧(图 12-8(b))。轴肩或轴环的高度 h 必须大于 R_1 或 C_1。轴环与轴肩的尺寸 b、h 及零件孔端圆角半径 R_1 和倒角 C_1 的数值见表 12-2。

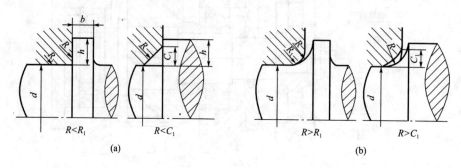

图 12-8　轴肩倒角与相配零件的倒角(圆角)

表 12-2　　**轴环与轴肩尺寸 b、h 及零件孔端圆角半径 R_1 和倒角 C_1**　　（mm）

轴颈 d	10～18	18～30	30～50	50～80	80～100
R	0.9	1.0	1.6	2.0	2.5
R_1 或 C_1	1.6	2.0	3.0	4.0	5.0
h	$h \approx (0.07 \sim 0.1)d$,$d+2h$ 最好圆整为整数值				
b	$b \approx 1.4h$				

三、轴上零件的固定

1.轴上零件的轴向固定

轴上零件的轴向固定是为了防止在轴向力作用下零件沿轴向窜动。常用的固定方式有轴肩、套筒、圆螺母及轴端挡圈等。

在图 12-7(a)中,齿轮沿轴向双向固定,向右是通过轴肩,向左则通过套筒顶在滚动轴承内圈上。当无法采用套筒或套筒太长时,可采用圆螺母加以固定(图 12-9)。带轮靠轴肩及轴端挡圈实现双向固定。图 12-10 是轴端挡圈的两种形式。

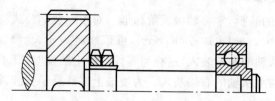

图 12-9　双圆螺母

采用套筒、圆螺母及轴端挡圈做轴向固定时,应把装零件的轴头长度做得比零件轮毂短 1～2 mm,以保证套筒、圆螺母及轴端挡圈能靠紧零件的端面。

轴向力较小时,零件在轴上的固定可采用弹性挡圈(图 12-11)、紧定螺钉(图 12-12)或销钉(图 12-13)。

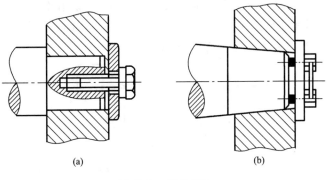

(a)　　　　　　　　　　　　(b)

图 12-10　轴端挡圈

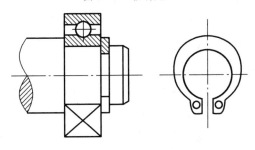

图 12-11　弹性挡圈

2. 轴上零件的周向固定

　　轴上零件的周向固定是为了防止零件与轴产生相对转动。常用的固定方式有键连接、花键连接和轴与零件的过盈配合等。在减速器中齿轮与轴常同时采用普通平键连接和过盈配合做周向固定,这样可传递更大的转矩。

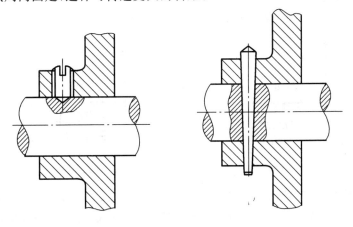

图 12-12　紧定螺钉　　　　　　　　　　图 12-13　销钉

　　当传递的转矩较小时,也可采用紧定螺钉或销钉同时做轴向固定和周向固定(图 12-12、图 12-13)。

四、减小应力集中,提高轴的疲劳强度

　　进行结构设计时,应尽量减小应力集中。由于合金钢对应力集中比较敏感,故结构设计时更应注意。

轴截面突然变化的地方都会造成应力集中,因此,阶梯轴在截面尺寸变化处应采用圆角过渡,圆角半径不宜过小。在重要的结构中,可采用凹切圆角(图 12-14(a))或中间环(图 12-14(b)),以增大轴肩圆角半径,缓和应力集中。

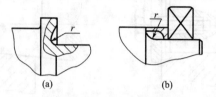

图 12-14 减小应力集中的措施

此外,轴的表面质量对疲劳强度也有很大的影响。实践证明,疲劳裂纹常发生在表面粗糙的地方,因此应降低轴的表面粗糙参数值,即使非配合表面也不应忽视。采用碾压、喷丸等强化处理也可提高轴的疲劳强度。

五、轴的直径和长度

零件在轴上的定位和装拆方案确定后,轴的形状便大体确定。按轴承受的扭矩公式初步估算轴段的最小直径 d_{min},然后再按轴上零件的装配方案和定位要求,从 d_{min} 处起逐一确定各段轴的直径。在实际设计中,轴的直径也可凭设计者的经验取定,或参考同类机器,用类比的方法确定。

有配合要求的轴段应尽量采用标准直径。安装标准件(如滚动轴承、联轴器、密封圈等)部位的轴径应取为相应的标准值及所选配合的公差。

为了使齿轮、轴承等有配合要求的零件装拆方便并减少配合表面的擦伤,在配合轴段前应采用较小的直径。为了使与轴做过盈配合的零件易于装配,相配轴段的压入端应制出锥度(图 12-15);或在同一轴段的两个部位采用不同的尺寸公差(图 12-16)。

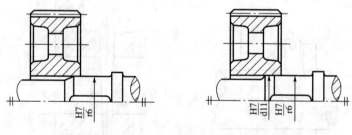

图 12-15 轴的装配锥度　　　　图 12-16 采用不同的尺寸公差

轴的各段长度主要根据各零件与轴配合部分的轴向尺寸和相邻零件间必要的空隙来确定。为了保证轴向定位可靠,与齿轮和联轴器等零件相配合部分的轴段长度一般应比轮毂长度短 2~3 mm。

§12-4　轴的强度计算

轴的强度计算应根据轴的承载情况,采用相应的计算方法。常见的轴的强度计算有以下两种：

一、按扭转强度计算

对于只传递转矩的圆截面轴,其强度条件为

$$\tau=\frac{T}{W_p}=\frac{9.55\times10^6 P}{0.2d^3 n}\leqslant[\tau] \tag{12-1}$$

式中　τ——轴的扭切应力,$N\cdot mm$;

T——转矩,N/mm^2;

W_p——抗扭截面系数,mm^3,对圆截面轴 $W_p\approx0.2d^3$;

P——轴传递的功率,kW;

d——轴的直径,mm;

n——轴的转速,r/min;

$[\tau]$——许用扭切应力,N/mm^2。

对于既传递转矩又承受弯矩的轴,也可用上式初步估算轴的最小直径,但必须把轴的许用扭切应力 $[\tau]$ 适当降低(见表 12-3);以补偿弯矩对轴强度的影响。将降低后的许用应力代入上式,并改写为设计公式

$$d\geqslant\sqrt[3]{\frac{9.55\times10^6}{0.2[\tau]}\frac{P}{n}}\geqslant C\sqrt[3]{\frac{P}{n}} \tag{12-2}$$

式中,C 是由轴的材料和承载情况确定的常数,见表 12-3。

表 12-3　　　　　　　　　　　轴常用材料的 $[\tau]$ 值和 C 值

轴的材料	A3,20	35	45	40Cr　354SiMn
$[\tau]/(N\cdot mm^{-2})$	12~20	20~30	30~40	40~52
C	160~135	35~118	118~107	107~98

注:作用在轴上的弯矩比传递的转矩小或只传递转矩时,C 取较小值,否则取较大值。

此外,也可采用经验公式估算轴的直径。例如在一般减速器中,高速输入轴中直径可按与其相连的电动机轴的直径 D 估算,$d=(0.8\sim1.2)D$;各级低速轴的轴径可按同级齿轮中心距 a 估算,$d=(0.3\sim0.4)a$。

二、按弯扭合成强度计算

转轴的强度计算是在按估算直径进行轴系结构设计后,再按弯扭合成强度校核。

轴的结构拟定后,外载荷和支座反力的作用位置便可确定。由此可做轴的受力分析,求出支反力,画出弯矩图、扭矩图和当量弯矩图,最后按弯扭合成强度核算轴的危险截面。

对于一般钢制的轴,可用第三强度理论求出危险截面的当量应力,其强度条件为

$$\sigma_e=\sqrt{\sigma_b^2+4\tau^2}\leqslant[\sigma_b] \tag{12-3}$$

式中　σ_b——危险截面上弯矩产生的弯曲应力,N/mm^2;

τ——转矩产生的扭切应力,N/mm^2;

$[\sigma_b]$——许用弯曲应力,N/mm^2。

对于直径为 d 的圆轴,$\sigma_b=\dfrac{M}{W_z}=\dfrac{M}{\pi d^3/32}\approx\dfrac{M}{0.1d^3}$,$\tau=\dfrac{T}{W_p}=\dfrac{T}{2W_z}$。

其中，W_z、W_p 分别为轴的抗弯截面系数和抗扭截面系数。将 σ_b 和 τ 值代入式(12-3)得

$$\sigma_e = \sqrt{\left(\frac{M}{W_z}\right)^2 + 4\left(\frac{T}{2W_z}\right)^2} = \frac{1}{W_z}\sqrt{M^2 + T^2} \leqslant [\sigma_b] \tag{12-4}$$

由于一般转轴的 σ_b 为对称循环变应力，而 τ 的循环特性往往与 σ_b 不同，故为了考虑两者循环特性不同的影响，对上式中的转矩 T 乘以折合系数 α，即

$$\sigma_e = \frac{M_e}{W_z} = \frac{1}{0.1d^3}\sqrt{M^2 + (\alpha T)^2} \leqslant [\sigma_{-1b}] \tag{12-5}$$

式中　M_e——当量弯矩，$M_e = \sqrt{M^2 + (\alpha T)^2}$；

　　　α——根据转矩性质而定的折合系数。对不变的转矩，$\alpha = \dfrac{[\sigma_{-1b}]}{[\sigma_{+1b}]} \approx 0.3$；当转矩脉

　　　　动变化时，$\alpha = \dfrac{[\sigma_{-1b}]}{[\sigma_{0b}]} \approx 0.6$；对于频繁正反转的轴，$\tau$ 可看作对称循环变应力，

　　　　$\alpha = 1$。若转矩的变化规律不清楚，则一般也按脉动循环处理。

其中，$[\sigma_{-1b}]$、$[\sigma_{0b}]$、$[\sigma_{+1b}]$ 分别为对称循环、脉动循环及静应力状态下的许用弯曲应力，见表 12-4。

表 12-4	轴的许用弯曲应力			(N/mm²)
材料	σ_b	$[\sigma_{+1b}]$	$[\sigma_{0b}]$	$[\sigma_{-1b}]$
碳素钢	400	130	70	40
	500	170	75	45
	600	200	95	55
	700	230	110	65
合金钢	800	270	130	75
	900	300	140	80
	1 000	330	150	90
铸钢	400	100	50	30
	500	120	70	40

注：$[\sigma_{+1b}]$、$[\sigma_{0b}]$、$[\sigma_{-1b}]$ 分别为材料在静应力、脉动循环应力和对称循环应力作用下的许用弯曲应力。

通常外载荷不是作用在同一平面内，这时应先将这些力分解到水平面和垂直面内，并求出各支点的反力，再绘出水平面弯矩 M_H 图、垂直面弯矩 M_V 图和合成弯矩 M 图，$M = \sqrt{M_H^2 + M_V^2}$；绘出转矩 T 图；最后由公式 $M_e = \sqrt{M^2 + (\alpha T)^2}$ 绘出当量弯矩图。

计算轴的直径时，式(14-15)可写成

$$d \geqslant \sqrt[3]{\frac{M_e}{0.1[\sigma_{-1b}]}} \tag{12-6}$$

式中，M_e 的单位为 N·mm，$[\sigma_{-1b}]$ 的单位为 N/mm²。

若该截面有键槽，则可将计算出的轴径加大 3%～7%；双键时轴径加大 7%～15%。计算出的轴径还应与结构设计中初步确定的轴径进行比较，若大于初步确定的轴径，则说明强度不够，轴的结构要进行修改；若小于初步确定的轴径，除非相差很大，一般就以结构设计的轴径为准。

对于一般用途的轴，按上述方法设计计算即可。对于重要的轴，尚须作进一步的强度

校核(如安全系数法),其计算方法可查阅有关参考书。

【**例 12-1**】　试设计图 12-17 所示的斜齿圆柱齿轮减速器中的从动轴。已知传递的功率 $P=10$ kW,从动齿轮的转速 $n_2=202$ r/min,分度圆直径 $d_2=356$ mm,所受的圆周力 $F_{t2}=2\,656$ N,径向力 $F_{r2}=985$ N,轴向力 $F_{a2}=522$ N,轮毂宽度为 80 mm,工作时为单向转动,轴采用轻窄系列向心球轴承支承。

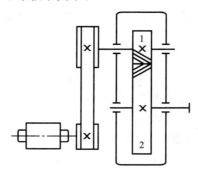

图 12-17　减速器

解　1.选择轴的材料,确定许用应力

选用 45 钢并经正火处理。由表 12-1 查得硬度为 HB170~217,抗拉强度 $\sigma_b=600$ MPa;由表 12-5 查得其许用弯曲应力 $[\sigma_{-1b}]=55$ MPa。

2.按扭转强度估算轴最细处的直径

根据式(12-2),由表 12-3 查得 $C=114$,可得

$$d \geqslant C\sqrt[3]{\frac{P}{n_2}} = 115 \times \sqrt[3]{\frac{10}{202}} = 42.2 \text{ mm}$$

由表 12-4 取 $d=45$ mm。

3.轴的结构设计

设计轴的结构时,必须一方面按比例绘制轴系结构草图(图 12-18),一方面考虑轴上零件的固定方式,逐步定出轴各部分的尺寸。

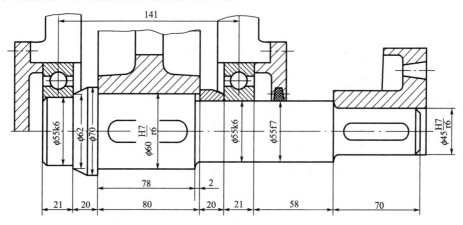

图 12-18　轴系结构草图

(1)确定轴上零件的位置及固定方式

因为是单级齿轮减速器,故将齿轮布置在箱体内壁的中央,轴承对称地布置在齿轮的两边,轴的外伸端安装联轴器。

齿轮靠轴环和套筒实现轴向定位和轴向固定,靠平键和过盈配合实现周向固定。两端轴承分别靠轴肩、套筒实现轴向定位,靠过盈配合实现周向固定。轴通过两端轴承盖实现轴向定位。联轴器靠轴肩、平键和过盈配合分别实现轴向定位和周向固定。

(2)确定轴的各段直径

外伸端直径为 45 mm。为了使联轴器能轴向定位,在轴的外伸端做一肩,所以通过轴承盖、右端轴承和套筒的轴段直径取 55 mm。考虑到便于轴承的装拆,与轴承盖毡圈接触的轴段公差带取 f7,即比安装轴承处的直径公差(该处公差带为 k6)略小点。按题意选用两个 211 型滚动轴承,故左端轴承处的轴径也是 55 mm。为便于齿轮的装配,齿轮处的轴头直径为 60 mm。轴环直径为 70 mm,其左端呈锥形。按轴承安装尺寸的要求,即根据 211 型滚动轴承查有关手册,左端轴承处的轴肩直径取 62 mm,轴肩圆角半径取 1 mm。齿轮与联轴器处的轴环、轴肩的圆角半径参照表 12-2 均取 2 mm。

(3)确定轴的各段长度

齿轮轮毂宽度是 80 mm,故取齿轮处轴头长度为 78 mm,由轴承标准查得 211 型滚动轴承的宽度是 21 mm,因此左端轴颈长度为 21 mm。齿轮两端面、轴承端面应与箱体内壁保持一定的距离,故取轴环、套筒宽度均为 20 mm。根据箱体结构要求和联轴器距箱体外壁要有一定距离的要求,穿过端盖的轴段长度取为 58 mm。联轴器处的轴头长度取 70 mm。由图 12-18 知,轴的轴承跨距 $l=141$ mm。

4. 核算轴的强度(图 12-19)

(1)绘出轴的受力图(图 12-19(a))

(2)作水平面内的弯矩图(图 12-19(b))

支座反力为

$$R_{HA}=R_{HB}=\frac{F_{t2}}{2}=\frac{2\ 656}{2}=1\ 328\ N$$

截面 C 处的弯矩为

$$M_{HC}=R_{HA}\cdot\frac{l}{2}=1\ 328\times\frac{0.141}{2}=93.62\ N\cdot m$$

(3)作垂直平面内的弯矩图(图 12-19(c))

支座反力为

$$R_{VA}=\frac{F_{r2}\cdot\frac{l}{2}-F_{a2}\cdot\frac{d_2}{2}}{l}=\frac{985\times\frac{141}{2}-522\times\frac{356}{2}}{141}=-166.48\ N$$

$$R_{VB}=\frac{F_{r2}}{2}+\frac{F_{a2}d_2}{2l}=\frac{985}{2}+\frac{522\times356}{2\times141}=1\ 151.48\ N$$

截面 C 左侧的弯矩为

$$M_{VC1}=R_{VA}\cdot\frac{l}{2}=-166.48\times\frac{0.141}{2}=-11.74\ N\cdot m$$

截面 C 右侧的弯矩为

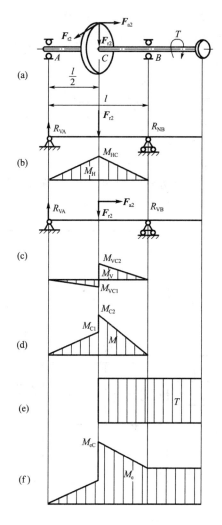

图 12-19　轴的受力分析

$$M_{VC2} = R_{VB} \cdot \frac{l}{2} = 1\ 151.48 \times \frac{0.141}{2} = 81.18\ \text{N} \cdot \text{m}$$

（4）作合成弯矩图（图 12-19(d)）

截面 C 左侧的合成弯矩为

$$M_{C1} = \sqrt{M_{HC}^2 + M_{VC1}^2} = \sqrt{93.62^2 + (-11.74)^2} = 94.35\ \text{N} \cdot \text{m}$$

截面 C 右侧的合成弯矩为

$$M_{C2} = \sqrt{M_{HC}^2 + M_{VC2}^2} = \sqrt{93.62^2 + 81.18^2} = 123.91\ \text{N} \cdot \text{m}$$

（5）作扭矩图 12-19(e)

$$T = 9\ 550\ \frac{P}{n_2} = 9\ 550 \times \frac{10}{202} = 472.77\ \text{N} \cdot \text{m}$$

（6）作当量弯矩图（图 12-19f）

因单向转动，可认为扭矩为脉动循环变化，故折合系数 $\alpha \approx 0.6$，则

$$\alpha T = 0.6 \times 472.77 = 283.66\ \text{N} \cdot \text{m}$$

危险截面 C 处的当量弯矩为

$$M_{eC} = \sqrt{M_{C2}^2 + (\alpha T)^2} = \sqrt{123.91^2 + 283.66^2} = 309.54 \text{ N} \cdot \text{m}$$

(7)计算危险截面 C 处的轴径

由式(12-6)得

$$d \geqslant \sqrt[3]{\frac{M_{eC}}{0.1[\sigma_{-1b}]}} = \sqrt[3]{\frac{309.54 \times 10^3}{0.1 \times 55}} = 38.32 \text{ mm}$$

因 C 处有键槽,故将轴径加大 5%,即

$$38.32 \times 1.05 = 40.24 \text{ mm}$$

而结构设计草图(图 12-18)中,此处轴径为 60 mm,故强度足够。

绘制轴的工作图,如图 12-20 所示。

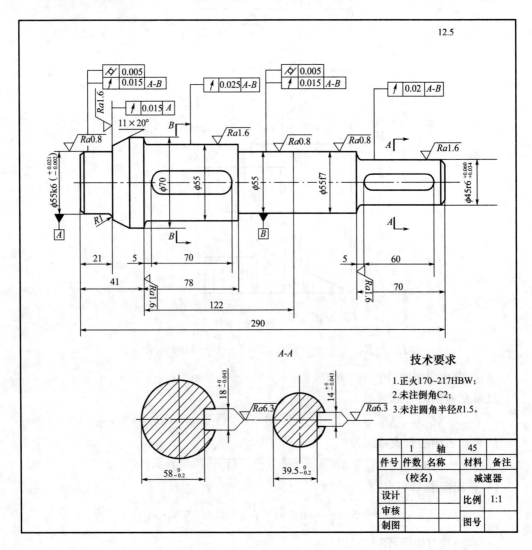

图 12-20　轴的工作图

§12-5　轴的刚度计算

轴受弯矩作用会产生弯曲变形(图 12-21),受扭矩作用会产生扭转变形(图 12-22)。如果轴的刚度不够,就会影响轴的正常工作。例如电动机转子轴的挠度大,会改变转子与定子的间隙而影响电动机的性能。又如机床主轴的刚度不够,将影响加工精度。因此为了使轴不致因刚度不够而失效,设计时必须根据轴的工作条件限制其变形量,即

挠度	$y \leqslant [y]$	
偏转角	$\theta \leqslant [\theta]$	(12-7)
扭转角	$\varphi \leqslant [\varphi]$	

式中,$[y]$、$[\theta]$、$[\varphi]$分别为许用挠度、许用偏转角和许用扭转角,其值见表 12-5。

图 12-21　轴的挠度和偏转角　　　　　　图 12-22　轴的扭转角

表 12-5　　　　　　　　　　　　　　轴的许用变形量

变　形		名　称	许用变形量
弯曲变形	挠度	一般用途的转轴	$[y]=(0.000\,3\sim0.000\,5)L$　(L 为轴的跨距)
		需要较高刚度的转轴	$[y]=0.000\,2L$
		安装齿轮的轴	$[y]=(0.01\sim0.03)m$　(m 为模数)
		安装蜗轮的轴	$[y]=(0.02\sim0.05)m$
	转角	安装齿轮处	$[\theta]=0.001\sim0.002$ rad
		滑动轴承处	$[\theta]=0.001$ rad
		深沟球轴承处	$[\theta]=0.005$ rad
		圆锥滚子轴承处	$[\theta]=0.001\,6$ rad
扭转变形	扭转角	一般传动	$[\varphi]=0.5°\sim1°/m$
		精密传动	$[\varphi]=0.25°\sim0.5°/m$

一、弯曲变形计算

计算轴在弯矩作用下所产生的挠度 y 和偏转角 θ 的方法很多。在材料力学课程中已研究过两种:按挠曲线的近似微分方程式积分求解;变形能法。对于等直径轴,用前一种方法较简便;对于阶梯轴,用后一种方法较适宜。

二、扭转变形的计算

等直径的轴受转矩 T 作用时,其扭转角 φ 可按材料力学中的扭转变形公式求出,即

$$\varphi = \frac{Tl}{GI_{\mathrm{p}}}\ \text{rad} \tag{12-8}$$

式中　T——转矩,N·mm;

l——轴受转矩作用的长度，mm；

G——材料的切变模量，N/mm²；

I_p——轴截面的极惯性矩

$$I_p = \frac{\pi d^4}{32}, \text{mm}^4 \tag{12-9}$$

对阶梯轴，其扭转角 φ 的计算式为

$$\varphi = \frac{1}{G} \sum_{i=l}^{n} \frac{T_i l_i}{I_{pi}} \text{ rad} \tag{12-10}$$

式中，T_i、l_i、I_{pi} 分别代表阶梯轴第 i 段上所传递的转矩和长度、极惯性矩，单位同式 (12-8)。

【例 12-2】 一钢制等直径轴，传递的转矩 $T = 4\,000$ N·m。已知轴的许用切应力 $[\tau] = 40$ N/mm²，轴的长度 $l = 1\,700$ mm，轴在全长上的扭转角不得超过 1°，钢的切变模量 $G = 8 \times 10^4$ N/mm²，试求该轴的直径。

解 （1）按强度要求，应使

$$\tau = \frac{T}{W_p} = \frac{T}{0.2 d^3} \leqslant [\tau]$$

故轴的直径为

$$d \geqslant \sqrt[3]{\frac{T}{0.2[\tau]}} = \sqrt[3]{\frac{4\,000 \times 10^3}{0.2 \times 40}} = 79.4 \text{ mm}$$

（2）按扭转刚度要求，应使

$$\varphi = \frac{Tl}{GI_p} = \frac{32Tl}{G\pi d^4} \leqslant [\varphi]$$

按题意 $l = 1\,700$ mm，在轴的全长上，$[\varphi] = 1° = \frac{\pi}{180}$ rad，故

$$d \geqslant \sqrt[4]{\frac{32Tl}{\pi G[\varphi]}} = \sqrt[4]{\frac{32 \times 4\,000 \times 10^3 \times 1\,700}{3.14 \times 8 \times 10^4 \times \frac{3.14}{180}}} = 83.9 \text{ mm}$$

故该轴的直径取决于刚度要求，圆整后可取 $d = 85$ mm。

§12-6 轴的临界转速的概念

由于轴和轴上旋转件的结构不对称、材质不均匀、加工有误差及安装对中不好等原因，要使旋转件的重心精确地位于轴的几何轴线上，几乎是不可能的。实际上，重心与几何轴线间总有一微小的偏心距，因而转动时会产生离心力，使轴受到周期性载荷的干扰。

当轴的转速达到某一数值，使轴所受的干扰力的振动频率和轴的自振频率相同时，就会出现反复弯曲变形的共振现象。此时振幅很大，产生很大的动载荷和噪声，以致可能使轴和机器破坏，轴发生共振时的转速称为临界转速。如果转速继续提高，振动就会减弱而

趋于平稳。因此,对于重要的,尤其是高转速的轴,必须计算其临界转速 n_c,并使轴的工作转速 n 避开临界转速 n_c,以免发生共振。

思考题

12-1　自行车的前轴、后轴、中轴分别属于什么类型的轴?

12-2　轴的结构设计应满足哪些基本要求?

12-3　轴在什么条件下会发生疲劳破坏?如何提高轴的疲劳强度?

习　题

12-1　已知一传动轴传递的功率为 37 kW,转速 $n=900$ r/min,如果轴上的扭切应力不许超过 40 N/mm²,求该轴的直径。

12-2　已知一传动轴直径 $d=32$ mm,转速 $n=1\ 725$ r/min,如果轴上的扭切应力不许超过 50 N/mm²,问该轴能传递多少功率。

12-3　如图 12-23 所示的转轴,直径 $d=60$ mm,传递不变的转矩 $T=2\ 300$ N·m, $F=9\ 000$ N, $a=300$ mm。若轴的许用弯曲应力 $[\sigma_{-1b}]=80$ N/mm²,求 x。

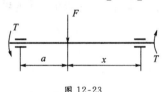

图 12-23

12-4　已知一单级直齿圆柱齿轮减速器,用电动机直接拖动,电动机功率 $P=22$ kW,转速 $n_1=1\ 470$ r/min,齿轮的模数 $m=4$ mm,齿数 $z_1=18$, $z_2=82$,若支承间跨距 $l=180$ mm(齿轮位于跨距中央),轴的材料用 45 钢调质,试计算输出轴危险截面处的直径 d。

12-5　实训提高:设轴的材料为 45 钢调质,轴上装有三个齿轮。主动轮 A 的输入功率 $P_A=6$ kW,两个从动轮输出功率分别为 $P_B=4$ kW, $P_C=2$ kW,轴的转速 $n=950$ r/min。要求作出轴的扭矩图,并校核轴的扭转强度。若轴的扭转强度不够,则改变主动轮与从动轮的位置,重新作轴的扭矩图并校核轴的扭转强度。

第13章 滑动轴承

导学导读

主要内容:滑动轴承的类型、特点、失效形式、选择原则及方法。

目的与要求:了解滑动轴承的结构形式和工作原理;掌握轴瓦及轴承衬材料;了解润滑剂和润滑装置;掌握非液体润滑滑动轴承的结构与设计计算。

重点与难点:重点是非液体润滑滑动轴承的结构与设计计算;难点是非液体润滑滑动轴承的结构与设计计算。

轴承的功用有二:一为支承轴及轴上零件,并保持轴的旋转精度;二为减少转轴与支承之间的摩擦和磨损。

轴承分为滚动轴承和滑动轴承两大类。虽然滚动轴承具有一系列优点,在一般机器中获得了广泛应用,但是在高速、高精度、重载、结构上要求剖分等场合下,滑动轴承就显示出它的优异性能,因而在汽轮机、离心式压缩机、内燃机、大型电动机中多采用滑动轴承。此外,在低速而带有冲击的机器中,如水泥搅拌机、滚筒清砂机、破碎机等,也常采用滑动轴承。

§13-1 摩擦状态

按表面润滑情况,将摩擦分为以下几种状态:

一、干摩擦

当两摩擦表面间无任何润滑剂或保护膜时,即出现固体表面间直接接触的摩擦(图13-1(a)),工程上称为干摩擦。此时,必有大量的摩擦功损耗和严重的磨损。在滑动轴承中则表现为强烈的升温,使轴与轴瓦产生胶合。所以,在滑动轴承中不允许出现干摩擦。

二、边界摩擦

两摩擦表面间有润滑油存在,由于润滑油中的极性分子与金属表面的吸附作用,因而在金属表面上形成极薄的边界油膜(图13-1(b))。边界油膜不足以将两金属表面分隔开,所以相互运动时,两金属表面微观的高峰部分仍将互相搓削,这种状态称为边界摩擦。一般而言,金属表层覆盖一层边界油膜后,虽不能绝对消除表面的磨损,却可以起着减轻磨损的作用。这种摩擦状态的摩擦系数 $f \approx 0.1 \sim 0.3$。

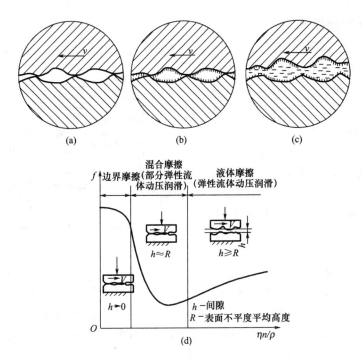

图 13-1 摩擦状态

三、液体摩擦

若两摩擦表面间有充足的润滑油,而且能满足一定的条件(见 13-6 节),则在两摩擦面间可形成厚度达几十微米的压力油膜,它能将相对运动着的两金属表面分隔开,如图 13-1(c)所示。此时,只有液体之间的摩擦,称为液体摩擦,又称为液体润滑。换言之,形成的压力油膜可以将重物托起,使其浮在油膜之上。由于两摩擦表面被油隔开而不直接接触,摩擦系数很小($f \approx 0.001 \sim 0.01$),所以显著地减少了摩擦和磨损。

综合上述,液体摩擦是最理想的情况。前述汽轮机等长期且高速旋转的机器,应该确保其轴承在液体润滑条件下工作。在一般机器中,摩擦表面多处于边界摩擦和液体摩擦的混合状态,称为混合摩擦(或称为非液体摩擦)。

图 13-1(d)为摩擦副的摩擦特性曲线,这条曲线是由实验得到的。图中纵坐标为轴承的摩擦系数 f;无量纲参数 $\dfrac{\eta n}{p}$ 称为轴承特性数,其中 η 为润滑油的动力黏度(见13-4节),n 为轴每秒转数,p 为轴承的压强。随着 $\dfrac{\eta n}{p}$ 的不同,摩擦副分别处于边界摩擦、混合摩擦、液体摩擦状态。

§13-2 滑动轴承的结构型式

滑动轴承按照承受载荷的方向主要分为:向心滑动轴承,又称径向滑动轴承,主要承受径向载荷;推力滑动轴承,承受轴向载荷。

一、向心滑动轴承

图 13-2 所示是一种普通的剖分式向心滑动轴承,它是由轴承盖1、轴承座2、剖分轴瓦3和连接螺栓4等所组成。轴承中直接支承轴颈的零件是轴瓦。为了安装时容易对心,在轴承盖与轴承座的中分面上做出阶梯形的榫口。轴承盖应当适度压紧轴瓦,使轴瓦不能在轴承孔中转动。轴承盖上制有螺纹孔,以便安装油杯或油管。

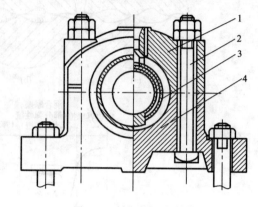

向心滑动轴承的类型很多,例如还有轴承间隙可调节的滑动轴承、轴瓦外表面为球面的自位轴承和整体式轴承等,可参阅有关手册。

轴瓦是滑动轴承中的重要零件。

图 13-2 剖分式向心滑动轴承

1—轴承盖;2—轴承座;3—部分轴瓦;4—连接螺栓

如图 13-3 所示,向心滑动轴承的轴瓦内孔为圆柱形。若载荷 F 方向向下,则下轴瓦为承载区,上轴瓦为非承载区。润滑油应由非承载区引入,所以在顶部开进油孔。在轴瓦内表面,以进油口为中心沿纵向、斜向或横向开有油沟,以利于润滑油均匀分布在整个轴颈上。油沟的形式很多,如图 13-4 所示。一般油沟与轴瓦端面保持一定距离,以防止漏油。

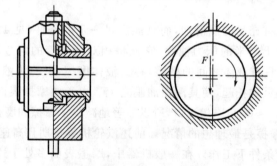

图 13-3 进油口开在非承载区

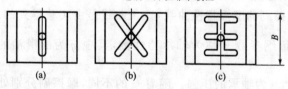

图 13-4 油沟形式

轴瓦宽度与轴颈直径之比 B/d 称为宽径比,它是向心滑动轴承中的重要参数之一。对于液体摩擦的滑动轴承,常取 $B/d=0.5\sim1$;对于非液体摩擦的滑动轴承,常取 $B/d=0.8\sim1.5$,有时可以更大些。

二、推力滑动轴承

轴所受的轴向力 F 应采用推力轴承来承受。止推面可以利用轴的端面,也可在轴的中段做出凸肩或装上推力圆盘。后面将论述两平行平面之间是不能形成动压油膜的,因此须沿轴承止推面按若干块扇形面积开出楔形。图 13-5(a)所示为固定式推力轴承,其楔形的倾斜角固定不变,在楔形顶部留出平台,用来承受停车后的轴向载荷。图 13-5(b)为可倾式推力轴承,其扇形块的倾斜角能随载荷、转速的改变而自行调整,因此性能更为优越。

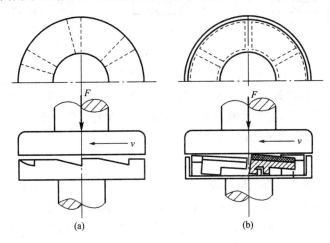

图 13-5 推力轴

§13-3 轴瓦及轴

根据轴承的工作情况,要求轴瓦材料具备下述性能:摩擦系数小;导热性好,热膨胀系数小;耐磨、耐蚀、抗胶合能力强;要有足够的机械强度和可塑性。

能同时满足上述要求的材料是很难找的,但应根据具体情况满足主要使用要求。较常见的是用两层不同金属做成的轴瓦,两种金属在性能上取长补短。在工艺上可以用浇铸或压合的方法,将薄层材料黏附在轴瓦基体上。黏附上去的薄层材料通常称为轴承衬。

常用的轴瓦和轴承衬材料有下列几种:

一、轴承合金

轴承合金(又称白合金、巴氏合金)有锡锑轴承合金和铅锑轴承合金两大类。

锡锑轴承合金的摩擦系数小,抗胶合性能良好,对油的吸附性强,耐蚀性好,易跑合,是优良的轴承材料,常用于高速、重载的轴承。但它的价格较贵且机械强度较差,因此只能作为轴承衬材料而浇铸在钢、铸铁(图 13-6(a)及图 13-6(b))或青铜轴瓦(图 13-6(c))上。用青铜作为轴瓦基体是取其导热性良好。这种轴承合金在 110 ℃ 开始软化,为了安全,在设计、运行中常将温度控制在 110 ℃以下。

铅锑轴承合金的各方面性能与锡锑轴承合金相近,但这种材料较脆,不宜承受较大的冲击载荷。它一般用于中速、中载的轴承。

二、青铜

青铜的强度高,承载能力大,耐磨性与导热性都优于轴承合金。它可以在较高的温度(250 ℃)下工作。但它的可塑性差,不易跑合,与之相配的轴颈必须淬硬。

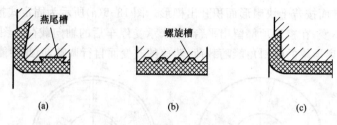

图 13-6 浇铸轴承合金的轴瓦

　　青铜可以单独做成轴瓦。为了节省有色金属,也可将青铜浇铸在钢或铸铁轴瓦内壁上。用作轴瓦材料的青铜,主要有锡青铜、铅青铜和铝青铜。在一般情况下,它们分别用于中速重载、中速中载和低速重载的轴承上。

三、具有特殊性能的轴承材料

　　用粉末冶金法(经制粉、成型、烧结等工艺)做成的轴承,具有多孔性组织,孔隙内可以贮存润滑油,常称为含油轴承。运转时,轴瓦温度升高,由于油的膨胀系数比金属大,因而自动进入摩擦表面起到润滑作用。含油轴承加一次油可以使用较长时间,常用于加油不方便的场合。

　　在不重要的或低速轻载的轴承中,也常采用灰铸铁或耐磨铸铁作为轴瓦材料。

　　橡胶轴承具有较大的弹性,能减轻振动使运转平稳,可以用水润滑,常用于潜水泵、砂石清洗机、钻机等有泥沙的场合。

　　塑料轴承具有摩擦系数低,可塑性、跑合性良好,耐磨、耐蚀,可以用水、油及化学溶液润滑等优点。但它的导热性差,膨胀系数较大,容易变形。为改善此缺陷,可将薄层塑料作为轴承衬材料黏附在金属轴瓦上使用。

　　表 13-1 中给出常用轴瓦及轴承衬材料的$[P]$、$[Pv]$、$[v]$等数据。

表 13-1　　　　　常用轴瓦及轴承衬材料的性能

轴瓦材料		最大许用值			最高工作温度/℃	性能比较	备注
		$[P]$/MPa	$[v]$/(m/s)	$[Pv]$/(MPa·m/s)			
铸造锡锑轴承合金	ZSnSb11Cu6	平稳载荷			150	摩擦系数小,抗胶合性良好,耐腐蚀,易磨合,变载荷下易疲劳	用于高速、重载下工作的重要轴承,如石油钻机
		25	80	20			
	ZSnSb8Cu4	冲击载荷					
		20	60	15			
铸造铅锑轴承合金	ZPbSb16Sn16Cu2	15	12	10	150	各方面性能与锡锑轴承合金相近,但材料较脆,可作为锡锑轴承合金的代用品	用于中速、中载轴承,不宜受较大的冲击载荷,如机床、内燃机等
	ZPbSb15Sn4Cu3Cd2	5	6	5			
铸造锡青铜	ZCuSn10P1	15	10	15	280	熔点高,硬度高,承载能力、耐磨性、导热性均高于轴承合金,但可塑性差,不易磨合	用于中速重载及受变载荷的轴承,如破碎机
	ZCuSn5Pb5Zn5	8	3	15			用于中速、中载的轴承
铸造铝青铜	ZCuAl10Fe3	15	4	12	280	硬度较高,抗胶合性能较差	用于润滑充分的低速、重载轴承,如重型机床

§13-4　润滑剂和润滑装置

一、润滑剂

轴承润滑的目的在于降低摩擦功耗,减少磨损,同时还起到冷却、吸振、防锈等作用。轴承能否正常工作,和选用润滑剂正确与否有很大关系。

润滑剂分为:液体润滑剂——润滑油;半固体润滑剂——润滑脂;固体润滑剂等。

在润滑性能上润滑油一般比润滑脂好,应用最广。润滑脂具有不易流失等优点,也常用。固体润滑剂除在特殊场合下使用外,目前正在逐步扩大使用范围。下面分别作一简单介绍。

1. 润滑油

目前使用的润滑油大部分为石油系润滑油(矿物油)。在轴承润滑中,润滑油最重要的物理性能是黏度,它也是选择润滑油的主要依据。黏度表征液体流动的内摩擦性能。如图 13-7 所示,有两块平板 A 及 B,两板之间充满着液体。设板 B 静止不动,板 A 以速度 v 沿 x 轴运动。由于液体与金属表面的吸附作用(称为润滑油的油性),因此板 B 表层的液体与板 B 一致而静止不动,板 A 表层的液体随板 A 以同样的速度 v 一起运动。两板之间液体的速度分布如图 13-7(a)所示。也可以看作两板间的液体逐层发生了错动,如图 13-7(b)所示。因此层与层间存在着液体内部的摩擦切应力 τ,根据实验结果得到以下关系式:

$$\tau = -\eta \frac{\mathrm{d}u}{\mathrm{d}y} \tag{13-1}$$

此式称为牛顿液体流动定律。式中:u 是油层中任一点的速度,$\dfrac{\mathrm{d}u}{\mathrm{d}y}$ 是该点的速度梯度;式中的"一"号表示 u 随 y 的增大而减小;η 是比例系数,即液体的动力黏度,常简称为黏度。

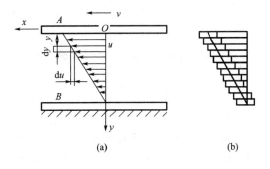

图 13-7　平行平板间油的流动

根据式(13-1)可知,动力黏度的量纲是力·时间/长度^2,在国际单位制中,它的单位是 N·s/m^2(即 Pa·s)。动力黏度的厘米克秒制单位是 P(poise,单位名称为泊),1 P = 1 dyn·s/cm^2。

此外,还有运动黏度 ν,它等于动力黏度与液体密度 ρ 的比值,即

$$\nu = \frac{\eta}{\rho} \tag{13-2}$$

在国际单位制中,ν 的单位是 m^2/s。实际上这个单位较大,故常采用它的厘米克秒制单位 St(stokes,单位名称为斯)或 cSt(厘斯),$1\ St = 1\ cm^2/s = 100\ cSt$。我国石油产品是用运动黏度(单位为 cSt 或 mm^2/s)标定的,见表 13-2。

表 13-2 常用润滑油的主要性质

名称	牌号	主要质量指标					主要性能和用途
		运动黏度/ $(mm^2 \cdot s^{-1})$ (40 ℃)	凝点/ ℃ ($\leqslant$)	倾点/ ℃ ($\leqslant$)	闪点/ ℃ ($\geqslant$)	黏度指数	
L-AN 全损耗系统用油 (GB 443—89)	15	13.5～16.5	−15		150		适用于对润滑油无特殊要求的轴承、齿轮和其他低负荷机械等部件的润滑,不适用于循环系统
	22	19.8～24.2	−15		170		
	32	28.8～35.2	−15		170		
	46	41.4～50.6	−10		180		
	68	61.2～74.8	−10		190		
L-HL 液压油 (GB 11118.1—94)	32	28.8～35.2		−6	180	90	抗氧化、防锈、抗腐蚀等性能优于普通机油。适用于一般机床主轴箱、齿轮箱和液压系统及类似的机械设备的润滑
	46	41.4～50.6		−6	180	90	
	68	61.2～74.8		−6	200	90	
	100	90.0～100		−6	200	90	
L-CKB 工业闭式齿轮油 (GB 5903—95)	100	90～110		−8	180	90	具有抗氧化、防锈性能。适用于正常油温下运转的轻载荷工业闭式齿轮润滑
	150	135～165		−8	200	90	
	220	198～242		−8	20	90	

【例 13-1】 试求 L-TSA32 汽轮机油的动力黏度。

解 按表 13-2 查得 L-TSA32 汽轮机油在 40 ℃时,其运动黏度平均值 $v = 32\ mm^2/s = 32 \times 10^{-6}\ m^2/s$。一般油的密度 $\rho = 900\ kg/m^3$。由式(13-2)知,在 40 ℃时 L-TSA32 汽轮机油的动力黏度为

$$\eta = \nu p = 32 \times 10^{-6} \times 900 = 0.029\ Pa \cdot s$$

润滑油的黏度并不是不变的,它随着温度的升高而降低,这对于运行着的轴承来说,必须加以注意。描述黏度随温度变化情况的线图称为黏温图,如图 13-8 所示。

润滑油的黏度还随着压力的升高而增大,但压力不太高(如小于 10 MPa)时,变化极微,可略而不计。

选用润滑油时,要考虑速度、载荷和工作情况。对于载荷大、温度高的轴承,宜选黏度较小的油。

2.润滑脂

润滑脂是由润滑油和各种稠化剂(如钙、钠、铝、锂等金属皂)混合稠化而成。润滑脂密封简单,不需经常加添,不易流失,所以在垂直的摩擦表面上也可以应用。润滑脂对载荷和速度的变化有较大的适应范围,受温度的影响不大,但摩擦损耗较大,机械效率较低,故不宜用于高速。且润滑脂易变质,不如润滑油稳定。总的来说,一般参数的机器,特别是低速或带有冲击的机器,都可以使用润滑脂润滑。

目前使用最多的是钙基润滑脂,它有耐水性,常用于 60 ℃以下的各种机械设备中轴承的润滑。钠基润滑脂可用于 115℃～145℃以下,但不耐水。锂基润滑脂性能优良,耐水,且可在 −20℃～150℃ 范围内广泛适用,可以代替钙基、钠基润滑脂。

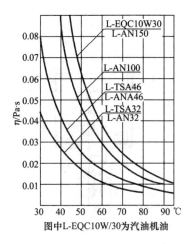

图中L-EQC10W/30为汽油机油

图 13-8　几种润滑油的粘－温曲线

3.固体润滑剂

固体润滑剂有石墨、二硫化钼（MoS_2）、聚氟乙烯树脂等多种品种。一般在超出润滑油使用范围之外才考虑使用，例如在高温介质中，或在低速重载条件下。目前其应用已逐渐广泛，例如可将固体润滑剂调和在润滑油中使用，也可以涂覆、烧结在摩擦表面形成覆盖膜，或者用固结成型的固体润滑剂嵌装在轴承中使用，或混入金属或塑料粉末中烧结成型。

石墨性能稳定，在 350℃ 以上才开始氧化，并可在水中工作。聚氟乙烯树脂摩擦系数低，只有石墨的一半。二硫化钼与金属表面吸附性强，摩擦系数低，使用温度范围也广（－60℃～300℃），但遇水则性能下降。

二、润滑装置

滑动轴承的给油方法多种多样。图 13-9(a)是针阀式油杯，平放手柄 1 时，针杆 3 借弹簧的推压而堵住底部油孔。直立手柄时，针杆被提起，油孔敞开，于是润滑油自动滴到轴颈上。在针阀油杯的上端面开有小孔，供补充润滑油用，平时由簧片 4 遮盖。图中 5 是观察孔，6 是滤油网，螺母 2 可调节针杆下端油口大小，以控制供油量。图 13-9(b)是 A 型弹簧盖油杯，扭转弹簧 2 将盖 1 紧压在油杯体 3 上，铝管中装有毛线或棉纱绳 5，依靠毛线或棉纱的毛细管作用，将油杯中的润滑油滴入轴承。虽然这种油杯给油是自动且连续的，但不能调节给油量，油杯中油面高时给油多，油面低时给油少，停车时仍在继续给油，直到滴完为止。图 13-9(c)是润滑脂用的油杯，油杯中填满润滑脂，定期旋转杯盖，使空腔体积减小而将润滑脂注入轴承内，它只能间歇润滑。上述三种油杯均已列入国家标准，选用时可查阅有关手册。

图 13-10 为油环润滑，在轴颈上套一油环，摩擦力带动油环旋转，把油引入轴承。油环浸在油池内的深度约为其直径的四分之一时，给油量已足以维持液体润滑状态的需要。它常用于大型电机的滑动轴承中。

最完善的给油方法是利用油泵循环给油，给油量充足，给油压力只需 0.05 MPa，在油的循环系统中常配置过滤器、冷却器。还可以设置油压控制开关，当管路内油压下降时可

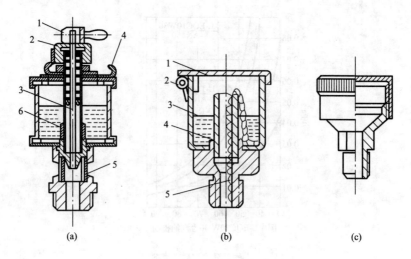

图 13-9 润滑装置

以报警,或启动辅助油泵、或指令主机停车。所以这种给油方法安全可靠,但设备费用较高,常用于高速且精密的重要机器中。

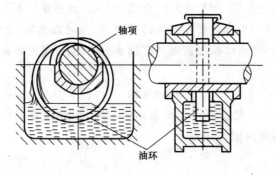

图 13-10 油环润滑

习　题

13-1　滑动轴承的摩擦状态有几种？各有什么特点？

13-2　校核铸件清理滚筒上的一对滑动轴承。已知装载量加自重为 18 000 N,转速为 40 r/min,两端轴颈的直径为 120 mm,轴瓦宽径比为 1.2,材料为锡青铜(ZCuSn5Pb5Zn5),润滑脂润滑。

13-3　有一非液体摩擦向心滑动轴承,已知轴颈直径为 100 mm,轴瓦宽度为 100 mm,轴的转速为 1 200 r/min,轴承材料为 ZCuSn10PI,试问它允许承受多大的径向载荷？

13-4　试设计某轻纺机械一转轴上的非液体摩擦向心滑动轴承。已知轴颈直径为 55 mm,轴瓦宽度为 44 mm,轴颈的径向载荷为 24 200 N,轴的转速为 300 r/min。

第14章 滚动轴承

导学导读

主要内容：轴承的功用与分类，滚动轴承的类型、代号、特点及选用，滚动轴承的失效形式、计算准则和寿命计算，滚动轴承的组合设计。

学习目的与要求：了解滚动轴承的组成和工作原理；了解滚动轴承的特点和类型；掌握滚动轴承的代号；了解滚动轴承的失效形式；掌握滚动轴承的组合设计；了解轴承的调整、配合、装拆及润滑、密封和使用。

重点与难点：重点是滚动轴承的代号、滚动轴承的组合设计；难点是滚动轴承的组合设计。

§14-1 滚动轴承的组成、特点和类型

一、滚动轴承的组成和工作原理

滚动轴承的典型结构如图14-1所示，通常由外圈1、内圈2、滚动体3、保持架4组成。内圈装在轴承座孔内，多数情况下内圈与轴一起转动，外圈保持不动。工作时，滚动体在内、外圈间滚动，保持架将滚动体均匀地隔开，以减少滚动体之间的摩擦和磨损。滚动轴承的内、外圈和滚动体采用强度高、耐磨性好的含铬合金钢制造，保持架多用软钢冲压而成，也有采用铜合金或塑料保持架制造的。

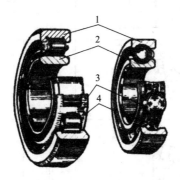

图 14-1 滚动轴承的典型结构

1—外圈；2—内圈；3—滚动体；4—保持架

滚动轴承中滚动体与外圈接触处的法线与垂直于轴承轴线的径向平面之间的夹角 α 称为滚动体轴承的公称接触角。它是滚动轴承的一个重要参数,如图 14-2 所示。

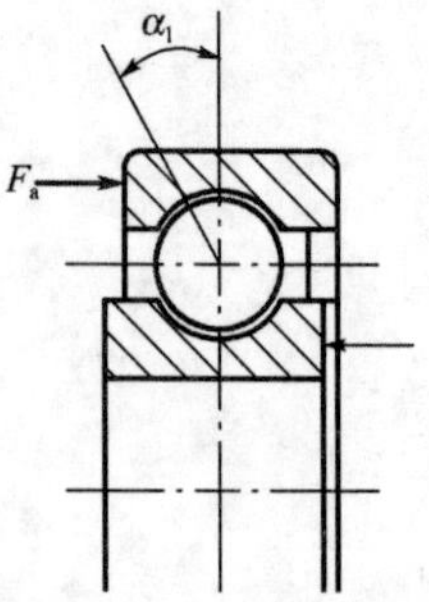

二、滚动轴承的特点

滚动轴承具有摩擦力小、启动灵敏、效率高、润滑简便、维护方便等优点,并且已标准化,便于选用与更换,因此使用十分广泛。

三、滚动轴承的类型

图 14-2 接触角的变化

滚动轴承按其所能承受的载荷方向可分为:

向心轴承,$0° \leqslant \alpha \leqslant 45°$,主要承受径向载荷。$\alpha = 0°$ 的称径向接触轴承,$\alpha > 0°$ 的称为轴向接触轴承,$45° < \alpha < 90°$ 的称为推力角接触轴承。

按照滚动体的形状,滚动轴承可分为球轴承、滚子轴承(圆柱滚子,圆锥滚子和滚针)等,如图 14-3 所示。

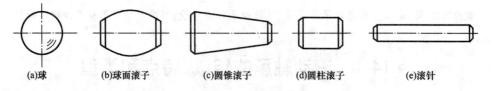

| (a)球 | (b)球面滚子 | (c)圆锥滚子 | (d)圆柱滚子 | (e)滚针 |

图 14-3 滚动体的种类

按其工作时能否调心,滚动轴承还可分为刚性轴承和调心轴承。常见滚动轴承的重要类型、尺寸系列代号及性能特点见表 14-1。

表 14-1　　　　　　滚动轴承的主要类型和特性

轴承名称、类型及代号	结构简图及承载方向	极限转速比	允许角偏位	主要特性和应用
调心球轴承 10000	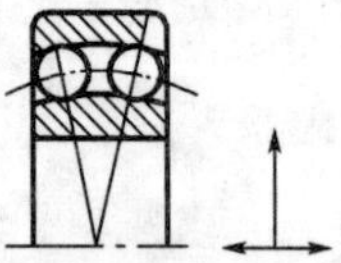	中	2°~3°	主要承受径向载荷,同时也能承受少量轴向载荷。因为外滚道表面是以轴承中点为中心的球面,故能自动调心
调心滚子轴承 20000	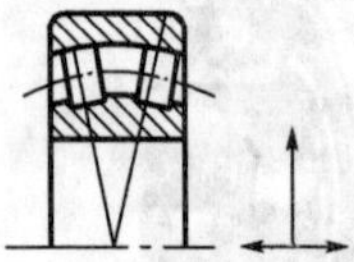	低	0.5°~2°	与"1"类相似,但承载能力更大,而角偏位较小,也能自动调心
圆锥滚子轴承 30000	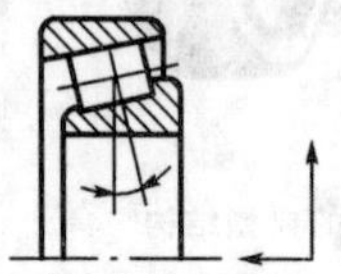	中	2′	能同时承受较大的径向载荷和单向载荷,接触角 $\alpha = 11°~16°$,内、外圈可分离,装拆方便,成对使用。因系线接触,故承载能力大于"7"类轴承

续表

轴承名称、 类型及代号	结构简图及 承载方向	极限 转速比	允许 角偏位	主要特性和应用
推力球轴承 单列 51000 双列 52000		低	不允许	$\alpha=90°$，只能承受单向（51000 型）或双向（52000 型）轴向载荷，而且载荷作用线必须与轴线重合，不允许有角偏位。高速时滚动体离心力大，故极限转速低
深沟球轴承 60000		高	$8'\sim16'$	主要承受径向载荷，同时也能承受一定的双向载荷，应用最为广泛。高转速情况下可用来代替推力球轴承承受不太大的纯轴向载荷
角接触球轴承 70000C （$\alpha=15°$） 70000AC （$\alpha=25°$） 70000B （$\alpha=40°$）		高	$8'\sim16'$	能同时承受径向载荷和单向轴向载荷，公称接触角越大，轴向承载能力也越大。通常成对使用，也可分装于两个支点或同装于一个支点上
推力圆柱滚子轴承 80000		低	不允许	能承受很大的单向轴向载荷
圆柱滚子轴承 N0000		高	$2'\sim4'$	能承受较大的径向载荷，承载能力较深沟球轴承大，抗冲击能力较强。内、外圈可分离，可以作为游动支承
滚针轴承 NA0000		低	不允许	只能承受径向载荷，承载能力大，径向尺寸特小，内、外圈可分离

§14-2 滚动轴承的类型选择及代号

一、滚动轴承的类型选择

滚动轴承的类型选择应考虑多种因素,如轴承所受载荷的大小、方向和性质,转速条件,装调性能,调心性能,经济性和其他特殊要求等。

1. 载荷条件

轴承所受载荷的大小、方向和性质是选择轴承类型的主要依据。

2. 转速条件

在同样条件下,球轴承的极限转速比滚子轴承的极限转速高,所以在转速较高且旋转精度要求较高时,应优先选用球轴承。受不太大的纯轴向载荷作用且转速较高时,可用深沟球轴承或角接触球轴承代替推力轴承。如轴承的工作转速超过其极限转速,还可通过提高轴承的公差等级、适当增大径向游隙等措施来满足要求。

3. 装调性能

如轴承的径向尺寸受安装条件限制时,应选用径向尺寸较小的轻系列、特轻系列轴承或滚针轴承;轴向尺寸受安装条件限制时,应选用轴向尺寸较小的窄系列轴承;为便于安装、拆卸和调整轴承间隙,还可选用内、外圈可分离的轴承,如圆锥滚子轴承、圆柱滚子轴承、滚针轴承等。

4. 调心性能

对刚度较差或安装时难以精确对中的轴系,应选用具有调心性能的调心球轴承或调心滚子轴承支承。

5. 经济性

在满足使用要求的情况下应尽量选用性价比高的轴承。

二、滚动轴承的代号

滚动轴承的代号是用字母加数字组成的产品符号,用来表示轴承的结构、尺寸、公差等级、技术性能等特征。为了便于制造、标记和选用滚动轴承,国家标准 GB/T 272—1993 规定了轴承代号由前置代号、基本代号和后置代号组成。基本代号是核心标志,前置代号和后置代号是补充代号,只有遇到对轴承的结构、形状、材料、公差等级或技术条件有特殊要求时才补充表示说明,一般情况可以部分或全部省略。其代号的含义见表 14-2。

表 14-2　　　　　　　　　　　滚动轴承的代号构成

前置代号	基本代号				后置代号						
	五	四	三	二 一							
轴承分部件代号	类型代号	尺寸系列代号		内径代号	内部结构代号	密封与防尘圈变形代号	轴承材料代号	公差等级代号	游隙代号	配置代号	其他代号
		宽度系列代号	直径系列代号								

1. 基本代号

基本代号表示轴承的基本类型、结构和尺寸,是轴承代号的基础,由以下三部分内容构成:

(1) 类型代号　轴承类型代号用数字或字母表示,见表 14-1。当用字母表示时,则类型代号与右边的数字代号之间空半个汉字的宽度。

(2) 尺寸系列代号　尺寸系列代号由轴承的宽(高)度系列代号(基本代号左起第二位)和直径系列代号(基本代号左起第三位)组合而成,如图 14-4 所示。直径系列是指同一内径的轴承,配有不同外径的尺寸系列,常用代号有 0(窄)、1(正常)、2(宽)、3、4、5、6(特宽)等;轴承的宽度系列常用的代号有 0(特轻)、2(轻)、3(中)、4(重)等。向心轴承和推力轴承的常用尺寸系列代号见表 14-3。

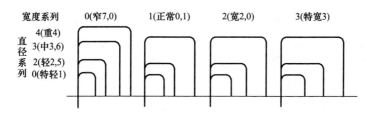

图 14-4　滚动轴承的直径系列和宽度系列

表 14-3　　　滚动轴承常用尺寸系列代号

直径系列代号		向心轴承			推力轴承	
		宽度系列代号			高度系列代号	
		(0)	1	2	1	2
		窄	正常	宽	正常	
		尺寸系列代号				
0	特轻	(0)0	10	20	10	—
1		(0)1	11	21	11	
2	轻	(0)2	12	22	12	22
3	中	(0)3	13	23	13	23
4	重	(0)4	—	24	14	24

(3) 公称内径代号　公称内径为 10 mm、12 mm、15 mm、17 mm 时,它们的代号分别为 00、01、02、03;公称内径在 20～480 mm 时,代号为内径除以 5 的商数,见表 14-4;公称内径为 22 mm、28 mm、32 mm、500 mm 特殊值时,代号直接用公称内径表示,加"/"与尺寸系列代号隔开。

表 14-4　　　常用轴承内径代号

内径代号	00	01	02	03	04～99
轴承内径尺寸/mm	10	12	15	17	数字×5

2. 前置代号、后置代号

(1) 前置代号　前置代号表示轴承组件,用字母表示。代号及含义见表 14-5。

(2) 后置代号　后置代号为补充代号,用字母和数字表示轴承的结构、公差及材料等特殊内容,与左边的基本代号空半个汉字(代号中有"—"、"/"符号的除外)。后置代号中部分轴承内部结构的代号见表 14-6。

表 14-5 滚动轴承的前置代号

代 号	含 义
L	可分离轴承的内圈或外圈,如 LN207 表示轴承外圈可分离
R	可分离内圈或外圈的轴承,如 RNU207
K	轴承的滚动体与保持架组件,如 K81107
NU	内圈无挡边的圆柱滚子轴承

表 14-6 滚动轴承内部结构代号

代 号	含 义
B	角接触轴承,$\alpha=40°$,如 7210B
C	角接触球轴承,$\alpha=15°$,如 7210AC
AC	角接触球轴承,$\alpha=25°$
E	加强型,如 NU207E

滚动轴承共有 6 个公差等级,其代号由低到高分为/P0、/P6、/P6x、/P5、/P4、P2。/P0 级为普通级,在代号中省略不标。

常用轴承径向游隙由小到大依次为 1 组、2 组、0 组、3 组、4 组、5 组 6 个级别。其中,0 组为常用游隙级别,在代号中不标注,其余的游隙组别分别用/Cl、/C2 、/C3 、/C4 、/C5 表示。

【例 14-1】 试说明 30210、7314B/P6 轴承代号含义。

解 30210 表示圆锥滚子轴承,宽度为 0 系列,直径为 2 系列,轴承内径为 50 mm,公差等级为 0 级,游隙为 0 组。

7314B/P63 表示角接触轴承,宽度为 0 系列,直径为 3 系列,轴承内径为 70 mm,公称接触角 $\alpha=40°$,公差等级为/P6 级,游隙为 3 组。

§14-3 滚动轴承的失效形式

一、疲劳点蚀

滚动轴承工作时,在安装、润滑、维护良好的情况下,绝大多数轴承由于滚动体沿着套圈滚动,在相互接触的物体表层内产生变化的接触应力,经过一定次数循环后,此应力就导致表层下不深处形成微观裂缝。微观裂缝被渗入其中的润滑油挤裂而引起点蚀。疲劳点蚀是滚动轴承的主要失效形式。疲劳点蚀的发展会使轴承运转时产生噪声和振动,从而导致轴承实效。

二、塑性变形

在过大的静载荷和冲击载荷作用下,滚动体或套圈滚道上出现不均匀的塑性变形凹坑。这种情况多发生在转速极低或摆动的轴承。这时,轴承的摩擦力矩、振动、噪声将增加,运转精度也会降低。

三、磨损

滚动轴承在密封不可靠以及多尘的运转条件下工作时,易发生磨粒磨损。通常在滚动体与套圈之间,特别是滚动体与保持架之间有滑动摩擦,当润滑不好、发热严重时,可能使滚动体回火,甚至产生胶合磨损。转速越高,磨损越严重。此外,装配不当时轴承卡死、胀破内圈、挤碎内(外)圈和保持架等,这些失效形式虽存在,但是可以避免的。

轴承在不同工况下,其失效形式不同。对于中速运转的轴承,其主要失效形式是疲劳点蚀,设计约束时保证轴承具有足够的疲劳寿命,应按疲劳寿命进行校核计算;对于高速轴承,由于发热大,常产生过度磨损和烧伤,设计约束除保证轴承具有足够的疲劳寿命之外,还应限制其转速不超过极限值,即除进行寿命计算外,还要校核其极限转速;对于不转动或转速极低的轴承,其主要的失效形式是产生过大的塑性变形,设计约束时要防止产生过大的塑性变形,需要进行静强度的校核计算。

此外,轴承组合结构的设计要合理,要保证充分的润滑和可靠的密封,这对提高轴承的寿命和保证其正常工作是非常重要的。

§14-4　滚动轴承的组合设计

为了保证滚动轴承的正常工作,除正确选择轴承的类型和型号外,还应合理地进行轴承部件的组合设计。轴承部件的组合设计主要解决支承结构形式选择,轴承固定,调整、配合、预紧、润滑和密封等问题。

一、滚动轴承的轴向固定

(1)内圈固定

滚动轴承内圈轴向固定的常用方式如图 14-5(a)所示,适用于轴上零件受轴向力较小、转速不高的情况。如图 14-5(b)所示,常与轴肩或圆锥面联合使用,可用于高转速下轴向力大的场合。如图 14-5(c)所示,常用在轴上多个需要固定的零件的间距较大时,这种固定方法承载能力较大,固定可靠,但由于对轴的强度削弱较大,所以在载荷较大的轴段上不宜使用,常用于轴端零件的轴向固定。内圈的另一端常以轴肩或套筒作为定位面,为保证可靠定位,轴肩圆角半径应该小于轴承的圆角半径。为了便于拆卸,轴肩的高度应低于轴承内圈厚度的 3/4。图 14-5(d)所示为紧定衬套与圆螺母结构,用于光轴上轴向力和转速都不大的调心轴承。

(2)外圈固定

滚动轴承外圈在轴承孔中轴向固定的常用方式如图 14-6 所示,有轴承端盖(图 14-6(a))、孔用弹性挡圈(图 14-6(b))、止动卡环(图 14-6(c))、螺纹环(图 14-6(d))等固定方式。

二、轴系的轴向固定

由轴、轴承和轴上零件等组成的轴系相对于机座必须具有确定可靠的工作位置,在工作中受热伸长后的伸长量也必须得到补偿,因此需要对轴系的轴向固定方式进行设计。

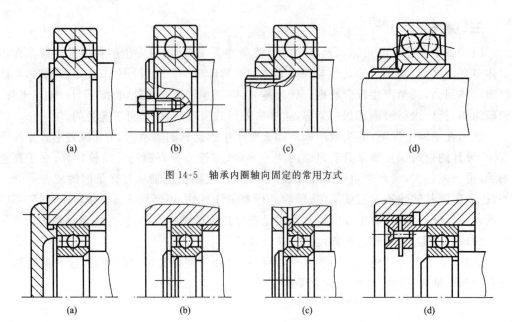

图 14-5　轴承内圈轴向固定的常用方式

图 14-6　轴承外圈轴向固定的常用方式

　　如图 14-7 所示,轴系中的每个轴承分别承受轴系一个方向的轴向力。限制轴系的一个方向的移动,两个支点的轴承合起来就能承受双向的轴向力,从而限制了轴系沿轴向的双向移动,这种固定方式称为两端单向固定。它适用于工作温度变化不大的短轴(跨距 $L<400$ mm),为允许轴工作时有少量热膨胀,轴承安装时应留有 $0.25\sim0.4$ mm 的轴向间隙,结构图上不必画出间隙,间隙量常用垫片或调整螺钉调节。轴向力较大时,则可选用一对角接触球轴承或一对圆锥滚子轴承,如图 14-8 所示。

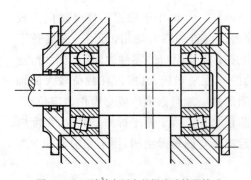

图 14-7　两端单向固定的深沟球轴承轴系

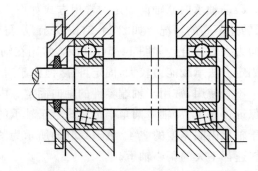

图 14-8　两端单向固定的角接触球轴承轴系

注:上半部分为角接触球轴承,下半部分为圆锥滚子轴承

三、一端固定、一端游动

　　如图 14-9 所示,轴系中一个支点为固定端,由单个轴承或轴承组承受轴系的双向轴向力,限制轴系的双向移动;另一个支点为游动端,能使轴沿轴向自由游动。为避免松脱,游动轴承内圈应与轴采取轴向固定(常采用弹性挡圈)。用圆柱滚子轴承做游动支点时,轴承外圈要与机座轴向固定,靠滚子与套筒间的游动来保证轴的自由伸缩。这种固定方式适用

于较长的轴(跨距 $L>400$ mm)或工作温度变化大的轴,此时轴的热膨胀伸缩量大。

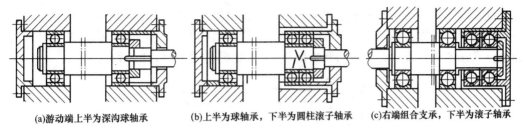

(a)游动端上半为深沟球轴承   (b)上半为球轴承,下半为圆柱滚子轴承   (c)右端组合支承,下半为滚子轴承

图 14-9   一端固定、一端游动的支承方案

四、两端游动

要求能左右双向游动的轴,可采用两端游动的轴系结构。图 14-10 所示为人字齿轮传动的高速主动轴,为了自动补偿轮齿两侧螺旋角的制造误差,使轮齿受力均匀,采用允许轴系左右少量轴向游动的结构,故两端都选用圆柱滚子轴承。与其相啮合的低速齿轮轴系则必须两端固定,以便两轴都得到轴向定位。

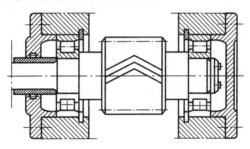

图 14-10   两端游动

§14-5   轴承组合的调整

一、轴承间隙的调整

为保证轴承正常工作,在装配轴承时,一般需要留有适当的轴向间隙。轴向间隙常用调整垫片、调节压盖或调整环等方式来进行调整,如图 14-11 所示。

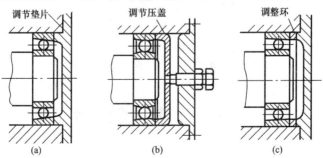

调节垫片   调节压盖   调整环

(a)   (b)   (c)

图 14-11   轴承间隙的调整

二、轴承的预紧

轴承的预紧就是在安装轴承时给予一定的轴向压力(预紧力),以消除轴承的游隙,并使滚动体和内外圈接触处产生弹性预变形。预紧的目的在于增加轴承刚度,提高其旋转精度。常用的预紧方法有在套圈间加垫片、磨窄套圈等,如图 14-12 所示。

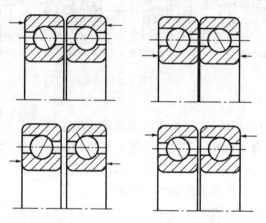

图 14-12　轴承的预紧图

三、轴承组合位置的调整

轴承组合位置调整的目的是使轴上零件具有准确的工作位置。如锥齿轮传动要求两锥齿轮的节锥顶点相重合,蜗杆传动要求蜗轮中间平面要通过蜗杆的轴线等,都需要进行轴向位置的调整来满足要求。

如图 14-13 所示为锥齿轮轴承组合位置的调整方法,套杯与机座之间的垫片 1 用来调整锥齿轮的轴向位置,而垫片 2 则用来调整轴承游隙。

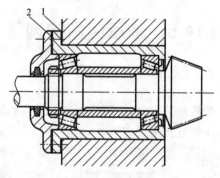

图 14-13　轴承组合位置的调整
1—轴向位置调整垫片;2—轴向游隙调整垫片

§14-6　轴承的配合

由于滚动轴承是标准件,因此轴承内圈与轴的配合采用基孔制,轴承外圈与轴承座孔的配合采用基轴制。但滚动轴承的公差带与一般圆柱面配合的公差带不同,轴承内孔和外径的上极限偏差为零,下极限偏差为负,所以一般内圈与轴的配合较紧,而外圈与座孔的配合较松。

选择配合时,应考虑载荷的大小、方向和性质,以及轴承类型、转速和使用条件等因素。当外载荷方向不变时,转动套圈应比固定套圈的配合紧一些。一般情况下是内圈随轴转动,外圈不转,故内圈与轴常取具有过盈的过渡配合,如 r6、n6、m6、k6、j6;外圈与座孔常取较松的过渡配合,如 G7、H7、J7、K7、M7 等。滚动轴承配合的具体选择可查阅《机械设计手册》。

§14-7 轴承的装拆

轴承内圈通常与轴颈配合较紧,对于小型轴承一般可用压力法,直接将轴承的内圈压入轴颈,如图 14-14 所示。对于尺寸较大的轴承,可先将轴承放在温度 80℃～100℃ 的热油中预热,然后进行安装。拆卸轴承一般可用压力机或拆卸工具(见图 14-15)。为拆卸方便,设计时应留拆卸高度,或在轴肩上预先开槽,以便安放拆卸工具,使钩爪能钩住内圈。

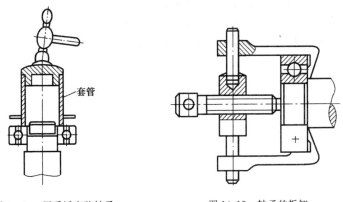

图 14-14 用手锤安装轴承   图 14-15 轴承的拆卸

§14-8 滚动轴承的润滑、密封和使用

在滚动轴承的工作过程中,选择合适的润滑方式并设计可靠的密封装置,是维持正常运转,保证使用寿命的重要条件。

一、滚动轴承的润滑

滚动轴承润滑的主要目的是减少摩擦和磨损,同时起到冷却、吸振、防锈及降低噪声等作用。

滚动轴承常用的润滑剂有润滑油、润滑脂以及固体润滑剂。

选择润滑油时,可根据轴承的 d_n 值和工作温度确定润滑油的黏度值,然后按黏度值从润滑油产品目录中选出适用的润滑油牌号。

二、滚动轴承的密封

滚动轴承工作时需要有可靠的密封装置进行密封,其目的是防止外界灰尘、杂质和水分的侵入,阻止润滑油的外泄,以维持良好的工作环境和润滑效果。

密封装置的选择与润滑的种类、工作环境、温度以及密封表面的圆周速度等因素有关,常用的有接触式密封和非接触式密封两大类。

三、滚动轴承的使用

为了保证滚动轴承的正常工作,除了合理选择轴承的类型和尺寸,以及正确地进行轴承的组合设计之外,还需要在使用过程中注意轴承的具体使用条件(载荷的波动、环境的变化等),对轴承进行定期或不定期的维护保养和检修,防事故于未然,确保轴承运转的安全可靠。有关轴承的使用注意事项如下:

①维护保养应严格按照机械运转条件的作业标准,定期进行。内容包括监视运转状态、补充或更换润滑剂、定期拆卸的检查等。

②运转中发现异常状态,包括轴承运转的声音、振动、温度、润滑剂的状态等的变化,应立即停机检修。

③保持轴承及其周围环境的清洁,防止灰尘、杂质的侵入。

④操作时使用恰当的工具,防止轴承的意外损坏。

⑤操作时注意避免轴承与手的直接接触,以防止锈蚀。

第 15 章 联轴器和离合器

导学导读

主要内容：联轴器和离合器的功用与类型、常用联轴器及其选择、常用离合器。

目的与要求：通过本章的学习，应能了解联轴器和离合器的一般知识，并能进行相应的结合设计和强度计算。

重点：常用联轴器及其选择、常用离合器，其中常用联轴器及其选择也是难点。

学习指导：在平时的学习过程中要注意观察和分析实物及部件装配图，以不断增强感性认识；要在掌握结构设计基本要求的基础上，从实例分析中学习分析问题和解决问题的方法，并通过思考题和习题的反复训练，以掌握联轴器和离合器的结构设计方法。

§15-1　联轴器和离合器的功用与类型

联轴器和离合器主要是用作轴与轴之间的连接，使它们一起回转并传递转矩。用联轴器连接的两根轴，只有在机器停车后，经过拆卸才能把它们分离。用离合器连接的两根轴，在机器工作中就能方便地使它们分离或接合。

联轴器分为刚性和弹性两大类。刚性联轴器由刚性传力件组成，又分为固定式和可移式两类。固定式刚性联轴器不能补偿两轴的相对位移；可移式刚性联轴器能补偿两轴的相对位移。弹性联轴器包含有弹性元件，能补偿两轴的相对位移，并具有吸收振动和缓和冲击的能力。

离合器主要分为牙嵌式和摩擦式两类。另外还有安全离合器和定向离合器。

联轴器和离合器大都已标准化了。一般可先根据机器的工作条件选定合适的类型，然后按照计算转矩、轴的转速和轴端直径从标准中选择所需的型号和尺寸。必要时还应对其中的某些零件进行验算。

联轴器、离合器的种类很多，本章仅介绍几种有代表性的结构。

§15-2 常用联轴器及其选择

一、固定式刚性联轴器

固定式刚性联轴器中应用最广的是凸缘联轴器,如图 15-1 所示,它是用螺栓连接两个半联轴器的凸缘,以实现两轴的连接。螺栓可以用普通螺栓,也可以用配铰制孔的螺栓。这种联轴器有两种主要的结构型式:图 15-1(a)是普通的凸缘联轴器,通常靠铰制孔用螺栓来实现两轴同心;图 15-1(b)是有对中榫的凸缘联轴器,靠凸肩和凹槽(即对中榫)来实现两轴同心。为运行安全,凸缘联轴器应加防护罩或将凸缘制成轮缘型式(图 15-1(c))。

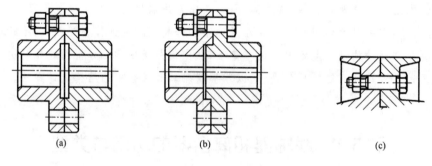

(a)   (b)   (c)

图 15-1 凸缘联轴器

制造凸缘联轴器时,应准确保持半联轴器的凸缘端面与孔的轴线垂直,安装时应使两轴精确同心。

半联轴器的材料通常采用铸铁,当受重载或圆周速度 $v \geqslant 30$ m/s 时,可采用铸钢或锻钢。

凸缘联轴器的结构简单、使用方便、可传递的转矩较大,但不能缓冲减振。常用于载荷平稳的两轴连接。

二、可移式刚性联轴器

由于制造、安装误差或工作时零件的变形等原因,不一定都能保证被连接的两轴精确同心,因此就会出现两轴间的轴向位移 Δx(图 15-2(a))、径向位移 Δy(图 15-2(b))、角位移 $\Delta \alpha$(图 15-2(c))和这些位移组合的综合位移。如果联轴器没有适应这种相对位移的能力,就会在联轴器、轴和轴承中产生附加载荷,甚至引起强烈振动。

可移式联轴器的组成零件间构成的动连接,具有某一方向或几个方向的活动度,因此能补偿两轴的相对位移。常用的可移式刚性联轴器有以下几种。

1. 齿轮联轴器

齿轮联轴器如图 15-3 所示,它是利用内、外齿啮合以实现两轴相对偏移的补偿。内、外齿径向有间隙,可补偿两轴径向偏移;外齿顶部制成球面,球心在轴线上,可补偿两轴之

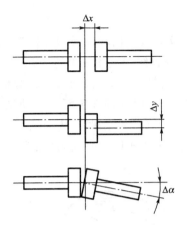

图 15-2 轴线的相对位移

间的角偏移,两内齿凸缘用螺栓连接。齿轮联轴器能传递很大的转矩,又有较大的补偿偏移的能力,常用于重型机械,但结构笨重,造价较高。

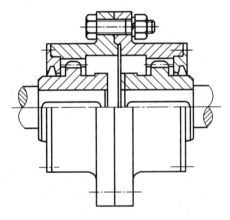

图 15-3 齿轮联轴器

2. 滑块联轴器

滑块联轴器如图 15-4 所示。它利用中间滑块 2 与两半联轴器 1、3 端面的径向槽配合以实现两轴连接。滑块沿径向滑动补偿径向偏移 Δy,并能补偿角偏移 $\Delta\alpha$(图 15-4),结构简单、制造方便。但由于滑块偏心,工作时会产生较大的离心力,故只用于低速运转的轴。

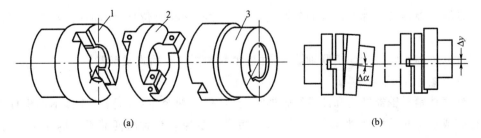

(a)   (b)

图 15-4 滑块联轴器

3. 万向联轴器

万向联轴器中常见的有十字轴式万向联轴器,如图 15-5 所示。它利用中间连接件十字轴 3 连接两边的半联轴器。两轴线间夹角 α 可达 $40°\sim50°$,单个十字轴万向联轴器的主动轴 1 作等角速转动时,其从动轴 2 作变角速转动,为避免这种现象,可采用两个万向联轴器,使两次角速度变化的影响相互抵消,从而使主动轴 1 与从动轴 2 同步转动(图 15-6)。但各轴相互位置必须满足:(1)主动轴 1、从动轴 2 与中间轴 3 之间的夹角相等,即 $\alpha_1 = \alpha_2$;(2)中间轴两端叉面必须位于同一平面内(如图 15-6(a)、(b))。图 15-6(c)是双十字轴式联轴器的结构图。

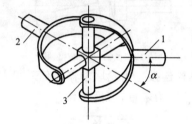

图 15-5 万向联轴器示意图

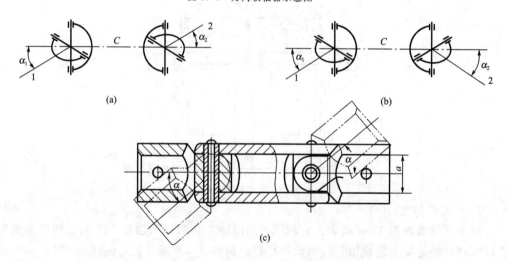

(a)　　　　　　　　　　(b)

(c)

图 15-6 十字轴式万向联轴器

三、弹性联轴器

弹性联轴器是利用弹性元件的弹性变形来补偿两轴相对位移,缓和冲击和吸收振动的。

弹性联轴器有弹性套柱销联轴器、弹性柱销联轴器和轮胎式联轴器等。

1. 弹性套柱销联轴器

弹性套柱销联轴器结构和凸缘联轴器很近似,但是两个半联轴器的连接不用螺栓而用带橡胶或皮革套的柱销,如图 15-7 所示。为了更换橡胶套时简便而不必拆卸机器,设计时应注意留出距离 A;为了补偿轴向位移,安装时应注意留出相应大小的间隙 C。弹性套柱销联轴器在高速轴上应用得十分广泛。

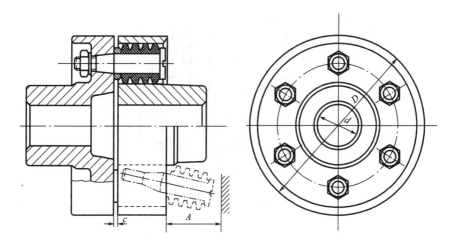

图 15-7

2. 弹性柱销联轴器

如图 15-8 所示，弹性柱销联轴器是利用若干非金属材料制成的柱销置于两个半联轴器凸缘的孔中，以实现两轴的连接。柱销通常用尼龙制成，而尼龙具有一定的弹性。弹性柱销联轴器的结构简单，更换柱销方便。为了防止柱销滑出，在柱销两端配置挡圈。装配时应注意留出间隙 C。

弹性套柱销联轴器和弹性柱销联轴器的径向偏移和角偏移的许用范围不大，故安装时，需注意两轴对中，否则会使柱销或弹性套迅速磨损。

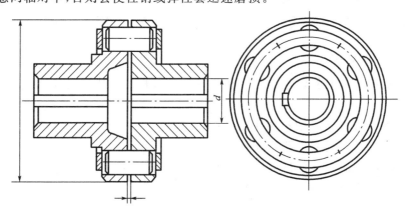

图 15-8 弹性柱销联轴器

3. 轮胎式联轴器

轮胎式联轴器如图 15-9 所示，利用轮胎式橡胶制品作为中间连接件。这种联轴器结构简单可靠，能补偿较大的综合位移。可用于潮湿多尘的场合，它的径向尺寸大，而轴向尺寸比较紧凑。

以上三种弹性联轴器适用于起动频繁、正反向运转、转速高（可达 5 000 r/min）的场合。

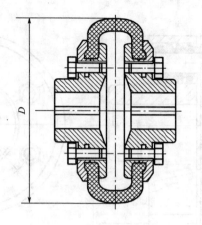

图 15-9　轮胎式联轴器

四、联轴器的选择

常用联轴器多已标准化,一般先依据机器的工作条件选择合适的类型;再依据计算转矩、轴的直径和转速,从标准中选择所需型号及尺寸;必要时对某些薄弱、重要的零件进行验算。

1. 类型的选择

选择类型的原则是使用要求和类型特性一致。例如:两轴能精确对中,轴的刚性较好,可选刚性固定式的凸缘联轴器;否则选具有补偿能力的刚性可移式联轴器;两轴轴线要求有一定夹角的,可选十字轴式万向联轴器;转速较高、要求消除冲击和吸收振动的,选弹性联轴器。由于类型选择涉及因素较多,一般要参考以往使用联轴器的经验,进行选择。

2. 型号、尺寸的选择

选择类型后,根据计算转矩、轴径、转速,由手册或标准中选择型号、尺寸。选时要满足:

(1)计算转矩不超过联轴器的最大许用转矩;

(2)轴径不超过联轴器的孔径范围;

(3)转速不超过联轴器的许用最高转速。

计算转矩 T_c 按下式计算:

$$T_c = KT \tag{15-1}$$

式中　K——工作情况系数,见表 15-1。

　　　T——名义转矩 N·m。

表 15-1　工作情况系数 K

原动机	工作机					
	Ⅰ类	Ⅱ类	Ⅲ类	Ⅳ类	Ⅴ类	Ⅵ类
电动机	1.3	1.5	1.7	1.9	2.3	3.1

注:工作机分类:

Ⅰ类:转矩变化很小;Ⅱ类:转矩变化小;Ⅲ类:转矩变化中等;Ⅳ类:转矩变化和冲击载荷中等;Ⅴ类:转矩变化和冲击载荷大;Ⅵ类:转矩变化大并有极强烈冲击。

§15-3　常用离合器

一、牙嵌式离合器

牙嵌式离合器是由两个端面带牙的套筒所组成（图 15-10），其中套筒 1 紧固在轴上，而套筒 2 可以沿导向平键 3 在另一根轴上移动。利用操纵杆移动滑环 4 可使两个套筒接合或分离。为避免滑环的过量磨损，可动的套筒应装在从动轴上。为便于两轴对中，在套筒 1 中装有对中环 5，从动轴在对中环内可自由转动。

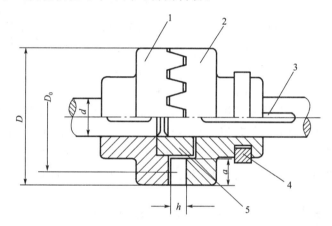

图 15-10　牙嵌离合器

离合器的牙型有三角形、梯形和锯齿形（图 15-11）。三角形牙传递中、小转矩，梯形和锯齿形牙可传递较大的转矩。梯形牙可以补偿磨损后的牙侧间隙。锯齿形牙只能单向工作，反转时由于有较大的轴向分力，会迫使离合器分离。

牙嵌离合器结构简单、紧凑，能传递较大的转矩，故应用较多。但牙嵌离合器只宜在两轴不回转或转速差很小时进行接合，否则牙齿会因受撞击而折断。

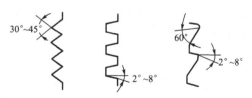

图 15-11　牙嵌离合器的牙形

二、圆盘摩擦离合器

圆盘摩擦离合器是利用接触面间产生的摩擦力传递转矩的，圆盘摩擦离合器可分为单片式和多片式等。

1. 单片式摩擦离合器

图 15-12 所示为单片式摩擦离合器的简图，它主要由圆盘 1、2 和移动滑环 3 所组成。

其中圆盘 1 紧固在主动轴上,圆盘 2 可以沿导向键在从动轴上移动。若移动滑环 3,并将压力 Q 加在从动盘 2 与主动盘 1 的接触面上,使两圆盘接合,靠摩擦力使从动轴随主动轴一起转动而传递转矩。若反向移动滑环,则两圆盘分离,从动轴不随主动轴转动,达到切断动力的目的。单片式摩擦离合器结构简单,但径向尺寸大,而且只能传递不大的转矩,常用在轻型机械上。

2.多片式摩擦离合器

图 15-13 所示为多片式摩擦离合器,主动轴 1 与外壳 2 相连接,从动轴 3 与套筒 4 相连接,外壳内装有一组摩擦片 5,如图 15-13(b)所示,它的外缘具有凸齿插入外壳 2 内的纵向凹槽,因而随外壳 2 一起回转,它的内孔不与任何零件接触。套筒 4 上装有另一组摩擦片 6,如图 15-13(c)所示,它的外缘不与任何零件接触而内孔具有花键,与套筒 4 上的花键槽相连接,因而带动套筒 4 一起回转。这样,就有两组形状不同的摩擦片相间叠合,如图 15-13(a)所示。图中位置表示杠杆 8 和压紧

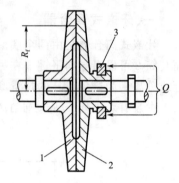

图 15-12 圆盘摩擦离合器

板 9 将摩擦片压紧,离合器处于接合状态,若将滑环 7 向右移动,杠杆 8 逆时针方向摆动,压板 9 松开,离合器即分离。若把图15-13(c)中的摩擦片改用图 15-13(d)的形状,则分离时摩擦片能自行弹开。另外,调节螺母 10 用来调整摩擦片间的压力。

多片式摩擦离合器由于摩擦面的增多,传递转矩的能力显著增大,径向尺寸相对减小,但是结构比较复杂。

利用电磁力操纵的摩擦离合器称为电磁摩擦离合器。其中最常用的是多片式摩擦离合器,如图 15-14 所示。摩擦部分的工作原理与前述相同。电磁操纵部分及原理如下:当直流电接通后,电流经接触环 1 导入电磁线圈 2,线圈产生的电磁力吸引衔铁 5,压紧两组摩擦片 3、4,使离合器处于接合状态。切断电流后,依靠复位弹簧 6 将衔铁 5 推开,两组摩擦片随着松开,使离合器处于分离状态。电磁离合器可以在电路上实现改善离合器功能的要求,例如利用快速励磁电路可实现快速接合,利用缓冲励磁电路可 避免起动冲击。

与牙嵌式离合器相比,摩擦片式离合器的 任何转速下都可接合;(2)过载时摩擦面打滑,能保护其他零件,不致损坏;(3)接合平稳、冲击和振动小,缺点为接合过程中,相对滑动引起发热与磨损,损耗能量。

三、定向离合器

图 15-15 所示为定向离合器。星轮 1 和外环 2 分别装在主动件或从动件上。星轮与外环间有楔形空腔,内装滚柱 3。每个滚柱都被弹簧推杆 4 以适当的推力推入楔形空腔的小端,且处于半楔紧状态(即稍加外力便可楔紧或松开的状态)。星轮和外环都可作主动件。按图示结构,外环为主动作分析:当外环逆时针回转,小端便楔紧内、外接触面,驱动星轮转动。当外环顺时针回转,大端便松开内、外接触面,外环空转。由于传动具有确定转向,故称为定向离合器。

星轮和外环都作顺时针回转时,根据相对运动关系,如外环转速小于星轮转速,则滚柱楔紧内、外接触面,外环与星轮接合。反之,滚柱与内、外接触面松开,外环与星轮分离。

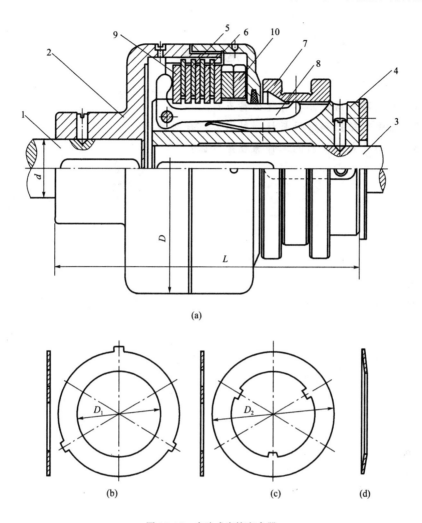

图 15-13 多片式摩擦离合器

可见只有当星轮超过外环转速，才能起到传递转矩并一起回转的作用，故又称为超越离合器。定向离合器是自动离合器的一种。

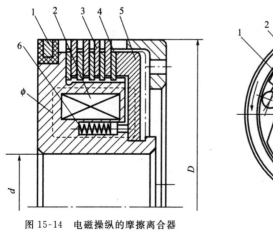

图 15-14 电磁操纵的摩擦离合器

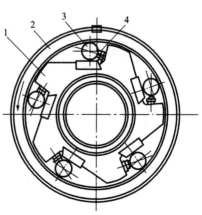

图 15-15 定向离合器

思考题

15-1 联轴器和离合器各有什么特点？

15-2 凸缘联轴器和弹性套柱联轴器各有什么特点？

15-3 摩擦片式离合器的工作原理是什么？

第16章 弹 簧

导学导读

主要内容:常用弹簧的类型、特点、功用、材料及制造工艺;圆柱螺旋弹簧的设计计算。

学习目的与要求:了解常用弹簧的特性和功能,增强对各种弹簧的认识,为今后设计选型开阔视野;了解弹簧常用材料及制造常识;掌握圆柱螺旋压缩弹簧的强度、变形计算和结构尺寸的确定。

重点:圆柱螺旋压缩弹簧的强度、变形计算和结构尺寸的确定。

§16-1 弹簧的功用与类型

弹簧受外力作用后能产生较大的弹性变形,在机械设备中广泛应用弹簧作为弹性元件。弹簧的主要功用有:(1)控制机构的运动或零件的位置,例如凸轮机构、离合器、阀门以及各种调速器中的弹簧;(2)缓冲和吸振,例如车辆弹簧、各种缓冲器等;(3)储存能量,例如钟表、仪器中的弹簧;(4)测量力的大小,例如弹簧秤中的弹簧。

弹簧的种类很多,从外形看,有螺旋弹簧、环形弹簧、碟形弹簧、蜗卷弹簧和板弹簧等。

螺旋弹簧是用金属丝(条)按螺旋线卷绕而成,由于制造简便,所以应用最广。按其形状可分为:圆柱形(图 16-1(a),(b),(d))、圆锥形(图 16-1(c))等。按受载情况又可分为拉伸弹簧(图 16-1(a))、压缩弹簧(图 16-1(b),(c))和扭转弹簧(图 16-1(d))。

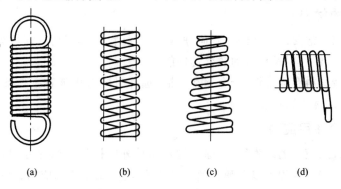

(a)　　　　　(b)　　　　　(c)　　　　　(d)

图 16-1　螺旋弹簧

环形弹簧(图 16-2(a))和碟形弹簧(图 16-2(b))都是压缩弹簧。在工作过程中,一部分能量消耗在各圈之间的摩擦上,因此具有较高的缓冲吸振能力。多用于重型机械的缓冲装置。

平面蜗卷弹簧或称盘簧(图 16-2(c)),它的轴向尺寸很小,常用作仪器和钟表的储能装置。

板弹簧(图 16-2(d))是由许多长度不同的钢板叠合而成,主要用作各种车辆的减振装置。

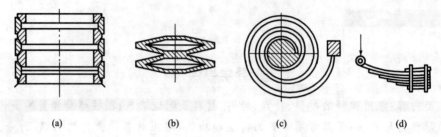

(a)　　　　　(b)　　　　　(c)　　　　　(d)

图 16-2　环形弹簧、蝶形弹簧、平面蜗卷弹簧和板弹簧

本章主要介绍圆柱拉伸、压缩螺旋弹簧的结构和设计。

§16-2　弹簧的制造、材料和许用应力

一、弹簧的制造

圆柱螺旋弹簧制造过程为:卷绕、两端加工(压簧的两端面的加工和拉簧、扭簧两端钩环的制作)、热处理和工艺性能试验。

大批生产由专用的自动机床卷绕,小批生产则由普通车床以至手工制作。弹簧丝直径小于或等于 8 mm 时,常用冷卷法,卷前要热处理,卷后要低温回火。直径大于 8 mm 时,采用热卷法,热卷后经淬火和低温回火处理。弹簧成形后要进行表面质量检验,表面应光洁、无伤痕、无脱碳等缺陷;受变载荷的弹簧,还须进行喷丸等表面处理,以提高弹簧疲劳寿命。

二、弹簧的材料

弹簧在机械中常受冲击性的变载荷,所以弹簧材料应具有高的弹性极限、疲劳极限,一定的冲击韧性、塑性以及良好的热处理性能。

常用的弹簧材料有碳素钢、合金钢和青铜,选择时应考虑弹簧工作条件、功用及经济性等因素,一般应优先选用碳素钢。

三、弹簧的许用应力

影响弹簧许用应力的因素很多,除了材料品种外,材料质量、热处理方法、载荷性质、弹簧的工作条件和重要程度以及弹簧丝的尺寸等,都是确定许用应力时应予以考虑的。

通常,弹簧按其载荷性质分为三类:Ⅰ类——受变载荷作用次数在 10^6 次以上或重要的弹簧,如内燃机气门弹簧,电磁制动器弹簧;Ⅱ类——受变载荷作用次数在 $10^3 \sim 10^5$ 次及承受冲击载荷的弹簧,如调速器弹簧、安全阀弹簧、一般车辆弹簧等;Ⅲ类——受变载荷

作用次数在 10^3 以下的,基本上可看作静载荷的弹簧,如摩擦式安全离合器弹簧等。各类弹簧的许用应力分别列于表 16-1 中。

表 16-1 螺旋弹簧的常用材料和许用应力

材料	牌号	许用扭应力/MPa			推荐使用温度/℃	推荐硬度范围/HRC	特性及用途
		I 类弹簧 $[\tau_I]$	II 类弹簧 $[\tau_{II}]$	III 类弹簧 $[\tau_{III}]$			
碳素弹簧钢丝(可分为 B、C、D 三级)	65、70	$(0.3\sim0.38)$ σ_B	$(0.38\sim0.45)$ σ_B	$0.5\sigma_B$	$-40\sim130$		强度高,但尺寸大则不易淬透。B、C、D 级分别适用于低、中、高应力弹簧
	65Mn	340	455	570	$-40\sim130$		
合金弹簧钢丝	60Si2Mn	445	590	740	$-40\sim200$	$45\sim50$	弹性好,回火稳定性好,易脱碳,用于重载弹簧
	50CrVA	445	590	740	$-40\sim210$	$45\sim50$	疲劳强度高,淬透性和回火稳定性好,常用于受变载荷弹簧
	60CrMnA	430	570	710	$-40\sim250$	$47\sim52$	抗高温,用于重载、大尺寸弹簧
青铜丝	QSi-3	196	250	333	$-40\sim120$		耐腐蚀,防磁
	QSn4-3	196	250	333	$-250\sim120$		

注:1. 钩环式拉伸弹簧因钩环过渡部分存在附加应力,其许用切应力取表中数值的 80%。

2. 对重要的、其损坏会引起整个机械损坏的弹簧,许用切应力 $[\tau]$ 应适当降低。例如受静载荷的重要弹簧,可按 II 类选取许用应力。

3. 经强压、喷丸处理的弹簧,许用切应力可提高约 20%。

4. 极限切应力可取为:I 类 $\tau_s = 1.67[\tau_I]$;II 类 $\tau_s = 1.25[\tau_{II}]$;III 类 $\tau_s = 1.12[\tau_{III}]$。

表 16-2 碳素弹簧钢丝的抗拉强度 (MPa)

级别	钢丝直径													
	0.5	0.8	1.0	1.2	1.6	2.0	2.5	3.0	3.5	4.0	4.5	5.0	6.0	8.0
B 级	1 860	1 710	1 660	1 620	1 570	1 470	1 420	1 370	1 320	1 320	1 320	1 320	1 220	1170
C 级	2 200	2 010	1 960	1 910	1 810	1 710	1 660	1 570	1 570	1 520	1 520	1 470	1 420	1 370
D 级	2 550	2 400	2 300	2 250	2 110	1 910	1 760	1 710	1 660	1 620	1 620	1 570	1 520	—

注:按力学性能的不同,碳素弹簧钢丝分为 B、C、D 三级。表中的 σ_B 为下限值。

§16-3 螺旋弹簧的端部结构和几何尺寸

一、弹簧端部结构

压缩弹簧在自由状态下,各圈间留有一定的间距 δ,以备承载时变形。弹簧除参加变形的有效圈数 n 外,两端各有 $\frac{3}{4}\sim1\frac{3}{4}$ 圈并紧不参与变形,并紧的几圈称为死圈或支承圈。支承圈端部有磨平端(Y I 型)和不磨平端(Y III 型)等两种基本形式,见图 16-3(a),(b)。磨平端结构能使弹簧端面与轴线垂直,用于比较重要的场合。磨平部分不应小于

3/4 圈,末端厚度近于 $d/4$,d 是弹簧丝直径。包括支承圈在内的弹簧总圈数 $n_1 = n + 2\left(\dfrac{3}{4} \sim 1\dfrac{3}{4}\right)$,$n_1$ 的尾数推荐为 1/2 圈,这种结构的弹簧工作比较平稳。

拉伸弹簧各圈间并紧,端部钩环有四种形式(图 16-4)。半圆形(LⅠ型)、圆形(LⅡ型)钩环制作比较方便,可调式(LVⅡ型)和可转式(LVⅢ型)钩环可避免钩环根部应力集中。

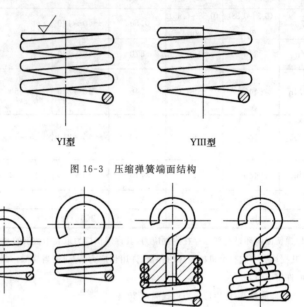

YⅠ型   YⅢ型

图 16-3 压缩弹簧端面结构

LⅠ型   LⅡ型   LVⅡ型   LVⅢ型

图 16-4 拉伸弹簧端部结构

二、主要参数及几何尺寸

圆柱形螺旋压缩弹簧(图 16-5)的主要参数为弹簧丝直径 d、弹簧中径 D_2 和有效圈数 n,其中 d_1、D_2 已系列化,分别见表 16-2 及表 16-3。圆柱形螺旋压缩弹簧的几何尺寸见图 16-5,几何尺寸的计算见表 16-4。

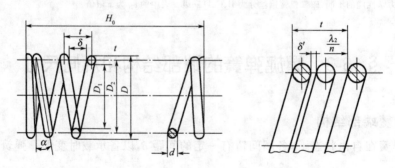

图 16-5 弹簧的几何参数

表 16-3					弹簧中径 D_2					(mm)
5	6	7	8	9	10	12	16	20	25	30
35	40	45	50	55	60	70	80			

表 16-4	圆柱形螺旋压缩弹簧几何尺寸计算表
中径 D_2	$D_2 = Cd$, 旋绕比 $C = \dfrac{D_2}{d} = 5 \sim 10$, d 为弹簧丝直径
外径 D	$D = D_2 + d$
内径 D_1	$D = D_2 - d$
间距 δ	$\delta \geqslant \dfrac{\lambda_2}{0.8n}$, λ_2 为最大工作载荷 F_2 作用时的变形量, n 为弹簧的有效圈数
节距 t	$t = d + \delta$
总圈数 n	$n_1 = n + 2\left(\dfrac{3}{4} \sim 1\dfrac{3}{4}\right)$
螺旋升角 α	$\alpha = \arctan \dfrac{t}{\pi D_2}$
展开长度 L	$L = \dfrac{\pi D_2 n_1}{\cos \alpha} \approx \pi D_2 n_1$
自由长度 H_0	$H_0 = n\delta + (n_1 - 0.5)d$ (端面磨平) $H_0 = n\delta(n_1 + 1)d$ (端面不磨平)

压缩弹簧的细长比 H_0/D_2 如果过大, 承压时会丧失稳定, 见图 16-6(a), 一般取 $H_0/D_2 \leqslant 3.7$, 否则应在弹簧内侧加导向杆 1 或者在外侧加导向套 2, 见图 16-6(b)。

圆柱形螺旋拉伸弹簧没有间距 δ, 计算展开长度 L 与自由长度 H_0 时, 应计入钩环部分尺寸, 其余尺寸与压缩弹簧相同。

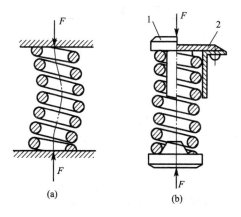

图 16-6 压缩弹簧的侧弯及防止侧弯的措施

§16-4 弹簧的应力、变形和特性曲线

一、弹簧的应力与变形

1. 弹簧的应力

图 16-7(a)为圆柱螺旋压缩弹簧, 承受轴向载荷 F, 由截面法分析, 得知弹簧丝截面

受剪力 F 及扭矩 $T=\dfrac{FD_2}{2}$，扭矩引起的剪应力为

$$\tau=\frac{T}{W_p}=\frac{F\cdot\dfrac{D_2}{2}}{\dfrac{\pi}{16}d^3}=\frac{8FD_2}{\pi d^3}=\frac{8FC}{\pi d^2}$$

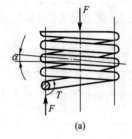
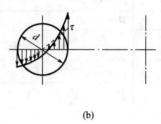

(a)　　　　　　　　　　　　　　　　　(b)

图 16-7　弹簧的受力分析

若考虑剪力 F 引起剪应力的影响和弹簧丝呈螺旋状曲率影响，最大剪应力 τ 发生在弹簧内侧（图 16-7(b)），其数值与强度条件应为

$$\tau=K\frac{8FC}{\pi d^2}\leqslant[\tau] \tag{16-1}$$

式中　K——弹簧曲度系数，$K=\dfrac{4C-1}{4C-4}+\dfrac{0.615}{C}$。

也可由表 16-5 中查得，由表可知，旋绕比 C 越大，曲度系数 K 对应力 τ 的影响越小。

表 16-5　　　　　　　　压缩、拉伸弹簧的曲度系数 K

C	4	5	6	7	8	9	10	12	14
K	1.4	1.31	1.25	1.21	1.18	1.16	1.14	1.12	1.1

2. 弹簧的变形

弹簧受轴向载荷 F 后产生的变形量

$$\lambda=\frac{8FD_2^3n}{Gd^4}=\frac{8FC^3n}{Gd} \tag{16-2}$$

式中：G——弹簧材料的切变模量（钢为 8×10^4 N/mm^2，青铜为 4×10^4 N/mm^2）。

3. 弹簧的刚度

弹簧产生单位变形所需的载荷称为强簧刚度 k，即

$$k=\frac{F}{\lambda}=\frac{GD^4}{8D_2^3n}=\frac{Gd}{8C^3n} \tag{16-3}$$

由式(16-3)可知，k 为常数，载荷与变形呈线性关系。

从式(16-3)可看出，旋绕比 C 是影响弹簧性能的重要参数，C 越大，弹簧刚度越小，即弹簧越软，工作时，会引起颤动；C 越小，弹簧刚度越大，卷绕时越困难；一般取 C 为 $4\sim16$，常用范围为 $5\sim10$。

二、弹簧的特性曲线

弹簧特性曲线是表示弹簧工作时载荷 F 与变形量 λ 之间的关系曲线（图 16-8），纵坐

标表示载荷,横坐标表示变形量或弹簧刚度。以下说明弹簧在压缩过程中,载荷、变形量(弹簧长度)的关系。

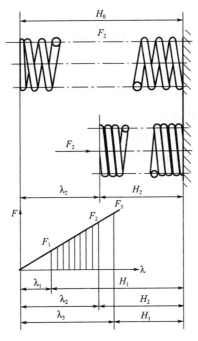

图 16-8　压缩弹簧的特性线

H_0——未受载荷时,弹簧的自由长度;

F_1——最小载荷,即弹簧在安装时所受的预加压力,目的是使弹簧紧贴在弹簧座上,这时的变形量为 λ_1,弹簧长度为 H_1;

F_2——最大工作载荷,这时的变形量为 λ_2,弹簧长度为 H_2;

F_3——极限载荷,这时的变形量为 λ_3,弹簧长度为 H_3。

弹簧承受最大工作载荷 F_2 时,弹簧丝内的应力不得超过弹簧材料的许用应力 $[\tau]$。承受极限载荷 F_3 时,应力不得超过剪切弹性极限,以免出现塑性变形,故对 F_3 有一定限制:Ⅰ类载荷 $F_3=1.25F_2$;Ⅱ类载荷 $F_3=1.2F_2$;Ⅲ类载荷 $F_3=F_2$,最小载荷 F_1 一般取 $(0.2\sim0.5)F_2$。在弹簧的工作图中,应绘出弹簧特性曲线图,以便检验。

由于圆柱螺旋拉伸弹簧与压缩弹簧都承受轴向载荷,参与变形部分结构,尺寸相同,所以它们的应力,变形计算公式相同,特点曲线也相似。

思考题

16-1　找出实际中使用的三个不同弹簧,说明它们的类型、结构和功用。

16-2　弹簧材料应具备什么性质,为什么表面质量特别重要?

16-3　座椅上的弹簧和列车底盘上承载的弹簧,要求有什么不同,反映在旋绕比的选择上,又有什么不同?

16-4 增大圆柱螺旋弹簧直径 D_2 和弹簧丝直径 d，对弹簧的强度和刚度有什么影响？如果弹簧强度不够，增加弹簧圈数行不行？

习 题

16-1 仓库中有一圆柱形螺旋拉伸弹簧，测得弹簧外径 $D=4$ mm，弹簧钢丝直径 $d=4$ mm，有效圈数 $n=8$ 圈，并验得材料为Ⅱ组碳素弹簧钢丝，载荷性质属于Ⅱ类，试求此弹簧可承受的最大工作载荷和相应的变形。

16-2 设计一圆柱形螺旋压缩弹簧。已知最小载荷 $F_1=200$ N，最大工作载荷 $F_2=500$ N，工作行程 $h=20$ mm，载荷是均匀增加的，承载循环次数为 10^6 次，弹簧外径限制在 30 mm 以内。

第17章 减速器

导学导读

主要内容：减速器的应用、类型和特点；减速器的结构；减速器的润滑和密封。

学习目的与要求：了解减速器的应用、类型和特点；掌握减速器的结构，了解其润滑与密封。

§17-1 减速器的应用、类型和特点

减速器是由封闭在箱体内的齿轮传动或蜗杆传动所组成。常用在原动机与工作机之间作为减速的传动装置。图 17-1 所示为一带式输送机传动系统。高速的电动机经带传动和减速器，降低速度后驱动带式输送机。

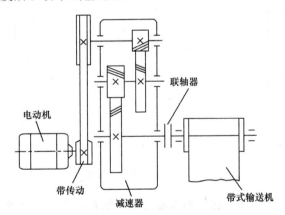

电动机

带传动

减速器

联轴器

带式输送机

图 17-1 带式输送机传动系统

由于减速器结构紧凑、效率高，使用维护方便，因而在工业中应用广泛。减速器已作为一个独立的部件，由专业工厂成批生产，并已系列化。下面简单介绍减速器常用的类型和特点。

一、圆柱齿轮减速器

圆柱齿轮减速器按其齿轮传动的级数可分为单级、两级、三级减速器。单级圆柱齿轮减速器(图 17-2(a))的最大传动比为 8。若传动比超过 8，由于大、小齿轮直径相差悬殊，

箱体结构不合理(图 17-2(b))此时应选用两级减速器(图 17-2(c))。两级减速器的传动比范围为 8～40。

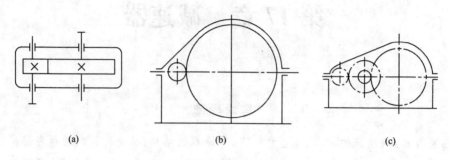

图 17-2 圆柱齿轮减速器类型

两级或两级以上(i>40)的减速器其传动布置形式有展开式、分流式和同轴式三种。

(1)展开式(图 17-3(a)) 它的结构简单、紧凑,为常用形式。由于齿轮不对称于两侧的轴承,在受载时产生载荷集中。该减速器应用于载荷平稳的场合。

(2)分流式(图 17-3(b)) 它由于受载较大的低速级处在两轴承的中间,故载荷沿齿宽的分布很均匀。高速级常采用斜齿,一为左旋,一为右旋,使轴向力正好抵消。但这种形式比展开式所需零件多,结构不够紧凑。

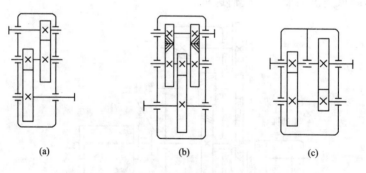

图 17-3 减速器传动布置

(3)同轴式(图 17-3(c)) 它的输入轴与输出轴布置在同一轴线上,以适应工作场地的特殊要求,但该减速器的轴向尺寸长、结构不紧凑。由于中间轴较长,刚性差,齿轮又不对称安装,故沿齿宽载荷集中严重。同时减速器的两级中心距相等,显然高速级的承载能力未充分利用。

二、单级圆锥齿轮减速器

单级圆锥齿减速器图(17-4(a))常用的传动比为 1～5。当传动比大时可采用两级圆锥——圆柱齿轮减速器(图 17-4(b))。因圆锥小齿轮为悬臂支承,不宜承受重载,因而圆锥齿轮常置于高速级。

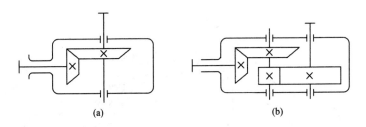

图 17-4 圆锥齿轮减速器

三、蜗杆减速器

它可分为蜗杆上置式(图 17-5(a))及蜗杆下置式(图 17-5(b))两种。一般采用蜗杆下置式,可保证良好的润滑。

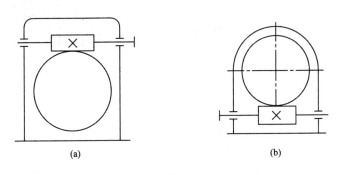

图 17-5 蜗杆减速器布置

§17-2　减速器的结构

单级圆柱齿轮减速器的构造见图 17-6。减速器中齿轮、轴、轴承和箱体都是重要零件。箱体是安装所有传动件的基座,必须有足够的刚度,因此对它的壁厚有一定的要求,并且在轴承座附近制有加强筋。为了保证齿轮传动啮合精度,箱体上的轴承孔必须精确加工。一般先将箱盖与底座的剖分面加工平整,合拢后用螺栓连接,并以定位销定位,然后加工轴承孔。同一轴的二轴承孔应一次镗出。装配减速器时,在剖分面上不允许用垫片,否则将破坏轴承孔的圆度。

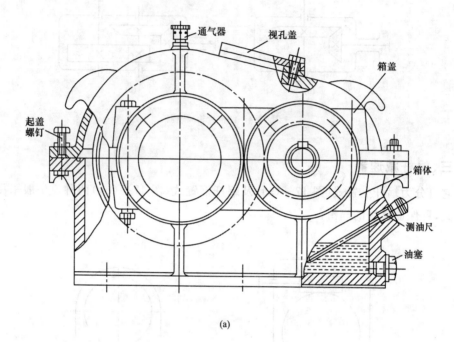

(a)

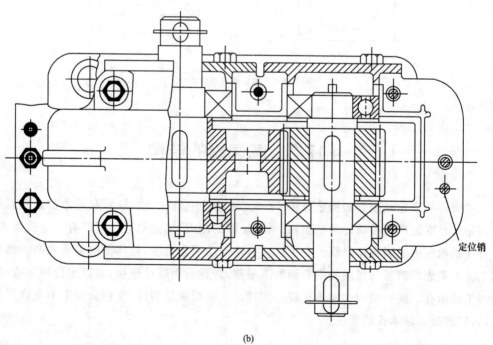

(b)

图 17-6　减速器构造

　　箱体一般用灰铸铁铸成,因为铸铁价廉,易于成形、易切削,并具有良好的刚度及抗振性能。在单件急需生产时,为了制造方便,也可采用钢板焊成。焊接箱体的重量比铸铁箱体轻 1/4~1/2。

　　连接箱盖和底座的螺栓布置应合理。为保证轴承孔的连接刚度,轴承附近的螺栓宜大一些,并尽可能靠近轴承孔,因此在箱体上制有凸台。图 17-7(a)为不合理布置;图17-7(b)为合理布置。

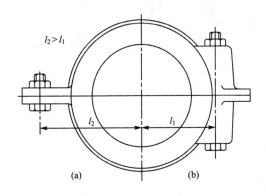

图 17-7　连接箱盖和底座的螺栓布置

　　底座与地基用地脚螺栓连接,螺栓配置尽可能靠近底板边缘,螺栓个数按实际情况而定。为了能将螺母放平,地脚螺栓的孔必须制有沉孔或凸台。在设计安装螺栓处应注意留出扳手活动空间。

　　装拆时为了起盖容易,在箱盖的凸缘上制有螺栓孔,在起盖时将螺钉拧入便能顶起箱盖。为了保证箱盖与底座相互位置的正确,在剖分面的凸缘上装有两个定位销。为提取箱盖,在箱盖上铸有吊钩。为搬运整个减速器,在底座上铸有吊耳。为检查齿轮啮合情况,在顶部开有视孔,平时用视孔盖盖住。

　　图 17-8 为二级圆柱齿轮减速器结构。

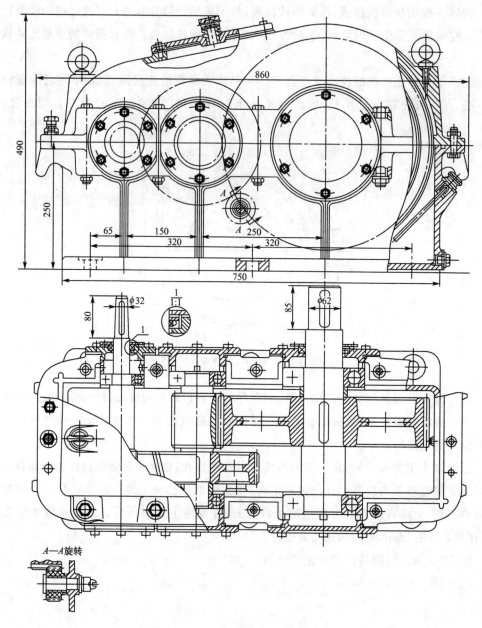

图 17-8 二级圆柱齿轮减速器

§17-3 减速器的润滑与密封

为了使减速器能正常工作,必须考虑齿轮与轴承的润滑。

齿轮一般采用油池润滑。

滚动轴承的润滑方式与齿轮的圆周速度有关,当浸入油池中的齿轮圆周速度在

2～3 m以上时,可采用飞溅润滑。飞溅到箱盖上的油汇集到油沟中(图 17-8)沿油沟穿过轴承盖上的小缺口流入轴承座,润滑轴承后流回油池。

当圆周速度低于 2～3 m/s 时,可采用润滑脂润滑轴承。此时应在轴上装挡油盘,见图 17-9。以免油池中的油进入轴承稀释润滑脂。

减速器内的润滑油可由视孔注入。油污从放油孔排出,放油孔的位置应在油池的最低处,平时用油塞堵住。用测油尺检查油面高度。油面高度以浸 1～2 齿为宜。当箱体内的温度升高时,气压增大,对密封极为不利,因而在顶部装有通气器。

减速器不应有漏油现象,因此必须保证接缝面有良好的密封性。减速器的密封性,主要取决于减速器的加工质量。例如,若轴承孔与其端面的垂直度很差,润滑油将从轴承与端面接缝处渗漏。为防止漏油,装配时可在分箱面上涂以密封胶;在轴承端盖、视孔盖板、测油尺及油塞等与箱体的接缝间加封油垫片;主、从动轴外伸轴段与轴承盖接触处必须装密封圈。图 17-9 中轴外伸端与轴承盖间采用的是毡圈密封,但在实际使用中这种密封的效果不如皮碗密封。图 17-10 为 J 型骨架式橡胶油封,该油封的皮碗用耐油橡胶制成,密封唇用小弹簧圈轻压在轴段上。这种密封件性能可靠,安装方便,易于更换。

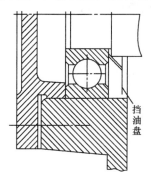

图 17-9　用润滑脂润滑轴承图

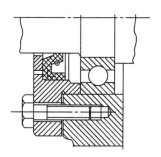

图 17-10　J 型骨架式橡胶油封

参考文献

[1] 唐剑兵.机械设计基础.北京:清华大学出版社,2010

[2] 陈庭吉.机械设计基础.2版.北京:机械工业出版社,2010

[3] 杨可桢,程光蕴,李仲生.机械设计基础.5版.北京:高等教育出版社,2006

[4] 吴宗泽,卢颂峰,冼健生.简明机械零件设计手册.北京:中国电力出版社,2011

[5] 孙敬华.机械设计基础.2版.北京:机械工业出版社,2013

[6] 李国斌.机械设计基础(含工程力学).北京:机械工业出版社,2011

[7] 刘颖.工程力学.2版.北京:化学工业出版社,2012

[8] 王颀,赵凤婷.工程力学.北京:国防工业出版社,2011

[9] 于荣贤.工程力学.上海:上海科学技术出版社,2011